U0565565

国家社科基金西部项目（项目编号：17XZZ003）成果

基于公民满意度的
环境基本公共服务供给侧改革研究

向俊杰　陈威 ◎ 著

上海三联书店

摘　要

　　本世纪以来,我国在环境基本公共服务供给方面的财政投入、人力资源投入、组织投入越来越多,但我国的总体生态环境质量依然不高,以政府为主体的公共组织所提供的环境基本公共服务总体供给不足、供给错位,人民群众很不满意。特别是在我国进入中国特色社会主义新时代、人民群众的需求层次提高、社会主要矛盾发生变化的背景下,人民群众对于环境基本公共服务供给状况的不满意程度尤其突出。这说明我国亟须进行环境基本公共服务供给侧改革,以提高环境基本公共服务的数量和质量,满足人民群众的环境需求。

　　环境基本公共服务是指以政府为主体的公共组织为满足公民生存与发展所产生的基本环境需求,通过维护、保持一定的环境质量,而向全体公民所提供的一系列环境方面的公共服务。环境基本公共服务供给侧改革是政府采用改革的方法推进环境基本公共服务供给结构的调整,通过环境基本公共服务供给的主体、方式、过程、动力等方面进行改革,以矫正供给要素的扭曲,提高环境基本公共服务供给质量和效率的过程,其内容包括大力发展节能环保产业、严控高能耗高排放产业、加强环保技术创新和避免生态环境风险四个方面。虽然进行环境基本公共服务供给侧改革的途径较多,但本课题主要关注环境基本公共服务供给侧改革的过程和动力问题。

　　从环境基本公共服务供给侧改革的过程来看,环境基本公共服务供给侧改革主要包括改革方案制定、试验、实施、效果评估等主要环节。进入中国特色社会主义新时代以后,我国环境基本公共服务供给侧改革方案的制定要逐步由渐进式改革转变为强调改革方案设计的系统性、整体性、协同性,强调顶层设计。改革试验是指对较为重大的改革方案在一定的空间和时间范围内进行试验或检验的过程,它遵循"试验——扩散"的基本路径。改革试验是我国改革开放取得成功的一条重要的经验,是我国改革进入"深水区"的必然选择,其本质是将试错机制前置于环境基本公共服务供给侧改革方案全面实施之前,以尽可能减少改革方案失误所带来的成本。改革方案的实施是将改革方案在现实中全面予以落实的过程,是整个环境基本公共服务供给侧改革过程的核心环节。有效的实施是真正解决环境基本公共服务、提升环境基本公共服务质量与数量,提升公民环境满意度的主要环节。改革方案的质量、执行者、执行对象以及执行环境都会影响到环境基本公共服务供给侧改革执行的效果。改革的效果评价是指在环境基本公共服务供给侧改革方案执行一段时间后或者执行结束后,按照评价的指标体系对改革方案执行的结果做出的评估和总结。改革效果评价对整个改革过程具有规范和引导作用。环境基本公共服务供给侧改革的方案制定、试验、实施和效果评估是一个前后相继、密切联系的整体过程。

从环境基本公共服务供给侧改革的动力来看,环境基本公共服务供给侧改革是环境承载力的驱动力、政府高位发动力、市场机制推动力和公民环境需求拉动力共同作用的结果。环境承载力的驱动力是指脆弱的环境承载力会促使相关主体积极行动起来,提高环境基本公共服务供给的数量和质量,以改善环境质量。政府高位发动力是指政府基于自身的环保职能而发动环境基本公共服务供给侧改革,以改善环境质量、提高公民满意度。市场机制的推动力是指市场中的供求机制、价格机制、竞争机制和风险机制的运行导致市场主体在客观上产生发展节能环保产业、减少高耗能高排放产业、加强环保技术创新的需求与行为。公民环境需求的拉动力是指通过表达自身对环境基本公共服务的不满意状态和高度需求,导致政府和市场主体行动起来进行环境基本公共服务供给侧改革。

环境基本公共服务供给侧改革的过程与动力是相互联系、相互融合的一个整体。由于案例研究法的特性和中国环境基本公共服务供给侧改革实践的特点,本课题选择案例研究法作为主要的研究方法。

山东省清洁取暖改革方案制定案例仍然是一个渐进性改革方案制定的过程,表现出过渡时期改革方案制定的特点。但它将改革的渐进性和整体性、系统性和协同性有机统一起来,整个改革方案中所采用的强制型政策工具、激励型政策工具、能力建设型政策工具和机制转换型政策工具都有效,但能力建设型政策工具的效果最显著。这表明环境基本公共服务供给侧改革过程中最需要地方政府及其官员的能力建设。鲁陕两省节能减排一票否决改革试验案例,通过比较改革试验四个阶段的试验结果,说明环境基本公共服务供给侧改革不仅要在技术上可行,管理层面可行,还需要在政治上可行,需要注意维护制度威信。太原市"禁煤"改革执行案例,说明改革方案的执行是多方面压力作用于执行者身上并且压力的大小和方向不断发生变化的过程,执行者会根据压力的变化不断地调整改革方案执行的方式,同时也说明改革方案执行的过程是央地政府之间、地方政府间、执行者与执行对象之间相互博弈的过程,博弈的结果决定了执行中改革方案的调整和执行方式的选择。节能减排绩效考核案例说明环境基本公共服务供给侧改革的科学化绩效考核是相对最优的改革效果评估方式,能够有效地规范和引导执行者和执行对象的行为。这四个环境基本公共服务供给侧改革案例都涉及发展节能环保产业、严控高耗能高排放产业、环保技术创新和避免生态环境风险四个方面改革内容。虽然每个案例发挥作用的动力源有所不同,但是政府高位的发动力在每个案例中都起到了强有力的动力作用,这表明政府高位发动力的主导作用是中国环境基本公共服务供给侧改革在动力机制方面的重要特征。

公民环境满意度的提升是环境基本公共服务供给侧改革的根本目的。公民环境满意度可以从公民态度方面进行测量,也可以从公民的环境信访行为方面进行分析。通过分析四个案例中的公民态度和公民环境信访行为,发现环境基本公共服务供给侧改革能够提升公民的环境满意度,但在改革初期却不一定,原因在于改革引发了公民的不安心理,进而导致了公民的信访行为。

总体而言,我国的环境基本公共服务供给侧改革应该以提升公民环境满意度为根本目的,重视改革方案的制定、试验、实施、效果评估,以及上述环节的相互影响,应该重视政府高位发动力在改革过程中的主导作用,同时重视环境承载力的驱动力、市场机制的推动力和公民环境需求的拉动力对于促进环境基本公共服务供给侧改革的重要作用。

自　序

　　环境基本公共服务供给侧改革是新时代政府职能转变的重要彰显。伴随我国政府供给侧结构性改革的持续推进以及人们对环境公共服务需求的日益增强,环境基本公共服务供给侧改革被迫提上议事日程,其实质就是政府采用改革的方法推进环境基本公共服务供给结构的调整,通过大力发展节能环保产业、严控高能耗高排放产业、加强环保技术创新和避免生态环境风险,以矫正供给要素的扭曲,提高环境基本公共服务供给的质量和效率的过程。它是推动政府公共服务职能转变与提升的重要驱动力。本书从供给侧结构性改革与环境公共服务公民满意度提升相结合的角度,运用公共管理学科的相关知识和理论,剖析了环境基本公共服务供给侧改革的一系列重大问题,对当前深入推进高质量发展和“双碳”目标的实现具有一定的启示和借鉴意义。本书主要有以下四个方面的特点:

　　第一,坚持以人民为中心。坚持以人民为中心,主要体现在改革成败的评价标准方面,突出了公民满意度标准。邓小平同志在南方谈话中提出了判断改革成败得失成败的“三个有利于”标准,其中重要的一点是“有利于提高人民的生活水平”,这一点在今天仍有其重要的现实意义。习近平总书记在中央全面深化改革领导小组第十次会议上首次提出“让人民群众有更多获得感”的治国理政目标。提高人民的生活水平、让人民群众有更多的获得感,最终都落实到公民满意度提高上来,因此,公民满意度的提高是判断改革效果的重要标准,是环境基本公共服务供给侧改革的重要标准,也是坚持以人民为中心思想的重要体现。

第二,突出问题导向。即在研究内容方面,重点突出了我国环境基本公共服务供给侧改革过程中重要的现实问题。本书整体上按照环境基本公共服务供给侧改革的方案制定、改革试验、改革政策执行、改革效果评估等四个环节来进行论述,但是,在改革方案制定方面,该书没有一般性地分析改革方案制定过程,而是重点论述了改革方案制定的渐进性及其效果问题;在改革试验方面,该书没有论述改革试验的一般性过程和常规性的"试验——推广"机制,而是重点回答了为什么有些改革试验效果好的改革方案却没有被推广的问题;在改革政策执行方面,没有分析改革政策执行的一般性流程,重点分析了改革政策执行中的"一刀切"现象;在改革效果评估方面,没有研究改革效果评价的指标设计、权重确定、评价信息收集等问题,而是重点研究了改革效果评估中的一票否决绩效考核问题。上述研究内容不是环境基本公共服务供给侧改革的全部内容,但是中国环境基本公共服务供给侧改革过程中值得重点关注的现实问题。

第三,注重机理分析。要深入研究中国环境基本公共服务供给侧改革必须深入到具体的改革过程中去;而要想改革取得预期的效果,就必须弄清楚改革的动力之源,提高改革的"动能"。为此,本书构建了"过程——动力"的分析框架,以分析我国环境基本公共服务供给侧改革的内在机理。过程与动力是环境基本公共服务供给侧改革的两个关键点。本书将环境基本公共服务供给侧改革的过程抽象为改革方案制定、改革试验、改革政策执行、改革效果评估等四个环节,将改革的动力明确为环境承载力的驱动力、政府的高位发动力、市场机制的推动力、公民需求的拉动力四个方面,并将这四个环节和四个方面结合起来分析,可以深入地揭示环境基本公共服务供给侧改革的内在机理。

第四,关注本土叙事。本书主要采用了案例研究法来关注环境基本公共服务供给侧改革的本土叙事。中国的环境问题由来已久,而中国政府下大力气采取有效措施来解决环境问题,却是本世纪以来的事情,也是一件需要以"持之以恒、久久为功"为态度必须做好的、一件涉及子孙后代的大事情。环境基本公共服务供给侧改革还处于发展中的事实,更适合采取案例研究法来进行探索性研究。因此,本书在改革方案制定方面采用了山东省清洁取暖渐进式改革方案制定案例,改革试验环节方面采用了鲁陕两省节能减排一票否决案例,改革政策执行方面采用了太原市"禁煤"改革实施案例,改革效果评估方面采用了节能减排一票否决绩效考核案例。这些案例能够在很大程度上反应我国环境基本公共服务供给侧改革的真实情况。

当然,上述四个方面的特点和优势,换个角度来看也可能是本书的缺点。例如,本书重点突出了改革政策执行中"一刀切"问题的研究,可能忽视了改革政策执行的一般过程的介绍;"过程——动力"的分析框架亦可能忽视了环境基本公共服务供给侧改革中的主体、环境等其他因素的作用,等等。这些问题,涉及到社会科学研究更深层次的价值问题,相信读者在阅读之后会有自己的判断。

著者

2023 年 3 月

目　录

图表目录

1

绪 论

2015 年 11 月 10 日,在中央财经领导小组第十一次会议上,习近平总书记正式提出了"供给侧结构性改革的要求"。2017 年党的十九大报告中也明确提出要"深化供给侧结构性改革"。2020 年 10 月 29 日,中国共产党十九届五中全会通过的《中共中央关于制定国民经济和社会发展第十四个五年规划和二〇三五年远景目标的建议》中则明确提出:"坚定不移贯彻创新、协调、绿色、开放、共享的新发展理念,……以深化供给侧结构性改革为主线,以改革创新为根本动力,以满足人民日益增长的美好生活需要为根本目的",实现经济行稳致远、社会安定和谐。深化供给侧结构性改革是在我国进入中国特色社会主义新时代、社会的主要矛盾转变为人民日益增长的美好生活需要和不平衡不充分的发展之间矛盾的背景下,党中央做出的一项战略选择,它涉及经济社会生活的各个方面,其中就包括环境基本公共服务方面。如何贯彻"深化供给侧结构性改革"的要求,提高我国的环境基本公共服务的质量与效率,是一个亟须加以研究的课题。

第一节 问题的提出

进入本世纪以来,我国在环境基本公共服务方面的投入逐年增加,但环境质量问题依然很严重,已成为"民生之患、民心之痛"①。这说明我国环境基本公共服务供给无效的状况很突出。在环境基本公共服务需求刚性的背景下,如何贯彻习近平总书记提出的"以供给侧改革为主线"的指导思想,探讨环境基本公共服务供给侧改革的路径,以实现环境基本公共服务的有效供给,提升公民的满意度,是一个值得关注的课题。

明确问题是分析问题、解决问题的逻辑起点。明确我国环境基本公共服务供给所面临的各种问题是进行环境基本公共服务供给侧改革的逻辑起点。下面,本书从环境基本公共服务供给的投入状况、供给总量、供给的均衡性和供给的公民满意度四个方面来明确本课题研究的问题。

一、环境基本公共服务供给的投入状况

进入 21 世纪以来,生态文明建设成为我国现代化建设的重要方略,为广大人民提供充分的环境基本公共服务成为党和政府的工作重点。为此,我国政府在环境基本公共服务方面的投入不断增加,主要体现在环境基本公共服务的财政投入、人力资源投入和人力资源的组织投入三个方面。

在环境基本公共服务供给的财政投入方面,我国的环境污染治理投资总额总体上呈逐年增加的趋势。根据《中国环境统计公报》(2000—2018 年)的数据显示,环境污染治理方面的支出从 2000 年的 1060.7 亿元增加到 2018 年的 8987.6 亿元,累计增加了 7.47 倍;19 年累计支出52231.0 亿元,年均支出达 2749 亿元(具体数据见表 1)。这在一定程度上说明我国政府越来越重视环境基本公共服务,财政投入量越来越多。

---

① 《十八大以来主要文献选编》(下),北京:中央文献出版社,2018:164。

表1　本世纪以来全国环境污染治理投资情况表

单位:亿元/%

年度	投资总额		城市环境基础设施建设投资		工业污染源治理投资		建设项目"三同时"环保投资	
	额度	增长率	额度	增长率	额度	增长率	额度	增长率
2000	1060.7	—	561.3	—	239.4	—	260.0	—
2001	1106.6	4.33%	595.7	6.13%	174.5	−27.11%	336.4	29.38%
2002	1363.4	23.20%	785.3	31.83%	188.4	7.97%	389.7	15.84%
2003	1627.3	19.36%	1072.4	36.56%	221.8	17.73%	333.5	−14.42%
2004	1909.8	17.36%	1141.2	6.42%	308.1	38.91%	460.5	38.08%
2005	2388.0	25.04%	1289.7	13.02%	458.2	48.72%	640.1	39.00%
2006	2566.0	7.45%	1314.9	1.95%	483.9	5.61%	767.2	19.86%
2007	3387.6	32.02%	1467.8	11.63%	552.4	14.16%	1367.4	78.23%
2008	4490.3	32.55%	1801.0	22.70%	542.6	−1.77%	2146.7	56.99%
2009	4525.2	0.77%	2512.0	39.47%	442.5	−18.45%	1570.7	−26.83%
2010	6654.2	47.05%	4224.2	68.16%	397.0	−10.28%	2033.0	29.43%
2011	6026.2	−9.44%	3469.4	−17.87%	444.4	11.94%	2112.4	3.91%
2012	8253.6	36.96%	5062.7	45.92%	500.5	12.62%	2690.4	27.36%
2013	9037.2	9.49%	5223.0	3.17%	849.7	69.77%	2964.5	10.19%
2014	9575.5	5.96%	5463.9	4.61%	997.7	17.42%	3113.9	5.04%
2015	8806.3	−8.03%	4946.8	−9.46%	773.7	−22.45%	3085.8	−0.90%
2016	9219.8	4.70%	5412.0	9.40%	819.0	5.86%	2988.8	−3.14%
2017	9539.0	3.46%	6085.7	12.45%	681.5	16.79%	2771.7	−7.26%
2018	8987.6	−5.78%	5893.2	−3.16%	697.5	2.35%	2397.0	−13.52%
总额	100524.3	—	58322.2	—	9772.8	—	32429.7	—

注:从2012年起,城市环境基础设施建设投资中包括城市的环境基础设施建设投资,还包括县城的相关投资。

在表中:增长率＝(本年度的额度—前一年的额度)÷前一年的额度。

数据来源:2000—2020年的《中国生态环境统计年报》。

在人力资源投入方面,我国各级政府中从事生态环境公共服务的人数逐年上升。相关机构中年末实有总人数由2005年的166774人上升到

2015 年的 232388 人,增长了 39.34％,年均增长 4100.88 人,年增长率达 2.46％;环境监测机构的年末实有人数由 2005 年的 46984 人上升到 2018 年的 59431 人,增长了 26.49％,年均增长 655.1 人,年均增长率达 1.29％(具体数据见表 2)。可见,我国在环境基本公共服务的人力资源投入方面是逐年增加的,投入总量是巨大的。

表 2　环保行政机构、监察机构、监测机构年末实有人数表

单位:人/％

年度	年末实有人数	环保行政机构		环保监察机构		环境监测站	
		实有人数	占比	实有人数	占比	实有人数	占比
2001	142766	39175	27.4	37934	26.6	43629	30.6
2002	154233	40709	26.4	41878	27.2	46515	30.2
2003	156542	40598	25.9	44250	28.3	45813	29.3
2004	160246	42134	26.3	47189	29.4	45849	28.6
2005	166774	44024	26.4	50040	30	46984	28.2
2006	170290	44141	25.9	52845	31.2	47689	28.2
2007	176988	43626	24.6	57427	32.4	49335	27.9
2008	183555	44847	24.4	59477	32.1	51753	28.3
2009	188991	45626	24.1	60896	32.2	52944	28
2010	193911	45938	23.7	62468	32.2	54698	28.2
2011	201161	46128	22.9	64426	32	56226	28
2012	205334	53286	26.0	61081	29.7	56554	27.5
2013	212048	52845	24.9	62686	29.6	57884	27.3
2014	215871	52189	24.2	63389	29.4	59165	27.4
2015	232388	57061	24.6	66379	28.6	61668	26.5
2016	—	—	—	—	—	64253	—
2017	—	—	—	—	—	58670	—
2018	—	—	—	—	—	59431	—

注:"—"表示该数据缺失。

数据来源:2001—2020 年的《中国生态环境统计年报》。

在环保机构的设置方面,我国各级政府中设置的生态环境机构数量总体上呈逐年上升的趋势。历年环境基本公共服务的机构由 2005 年的 11528 个上升到 2015 年的 14812 个,增长了 28.49%;其中,环境监测机构的数量由 2015 年的 2854 个上升到 2018 年的 3494 个,增长了 22.42%(具体见表 3)。可见,我国在环境基本公共服务方面人力资源的组织化程度是逐步提高,逐步强化。

表 3　环保行政机构、监察机构、监测机构年末实有机构数量表

单位:个

年度	年末实有机构总数	环保行政机构		环保监察机构		环境监测机构	
		数量	占比	数量	占比	数量	占比
2005	11528	3226	27.98%	2289	19.86%	2854	24.76%
2006	11321	3226	28.50%	2322	20.51%	2803	24.76%
2007	11932	3160	26.48%	2954	24.76%	2399	20.11%
2008	12215	3164	25.90%	3037	24.86%	2492	20.40%
2009	12700	3175	25.00%	3068	24.16%	2535	19.96%
2010	12849	3175	24.71%	3060	23.82%	2587	20.13%
2011	—	—	—	—	—	—	—
2012	14225	3177	22.33%	2892	20.33%	2725	19.16%
2013	14257	3176	22.28%	2923	20.50%	2754	19.32%
2014	14694	3180	21.64%	2943	20.03%	2775	18.89%
2015	14812	3181	21.48%	3039	20.52%	2810	18.97%
2016	—	—	—	—	—	3503	—
2017	—	—	—	—	—	3336	—
2018	—	—	—	—	—	3494	—

注:"—"表示该数据缺失。

数据来源:2005—2020 年的《中国生态环境统计年报》。

总体而言,我国政府在环境基本公共服务的财政支出、人力资源配备、组织机构设置方面,都是逐年增加的,体现了我国政府对环境基本公共服务工作的高度重视,体现了我国政府提高环境基本公共服务供给数

量和质量的不懈努力。

二、环境基本公共服务总体供给不足

为公民提供基本的环境公共服务是政府的职责。环境基本公共服务的供给状况主要体现为生态环境的质量。目前,我国的生态环境质量虽然逐年改善,相对于本世纪初有了明显的进步,但是仍然存在着较为严重的问题。

据生态环境部 2021 年 5 月发布的《2020 年中国生态环境状况公报》显示,2020 年,在生态质量方面,"全国生态环境状况指数值为 51.7,生态质量一般(采用五级制评价),与 2019 年相比无明显变化,生态质量优和良的县域面积占国土面积的 46.6%,生态质量一般的县域面积占22.2%,较差和差的县域面积占 31.3%"。在大气质量方面,在全国 337个地级及以上城市中,在扣除尘沙天气以后,"有 202 个城市的空气质量达标,占总数的 59.9%,有高达 135 个城市的空气质量超标,占总数的40.1%"。如果将空气质量极其糟糕的尘沙天气考虑在内,空气质量达标的城市比例为 56.7%,空气质量超标的城市比例则高达 43.3%;337 个城市平均空气质量优良天数占 87.7%,其中有 74 个城市的空气质量优良的天数占全年的 50%—80%,还有 3 个城市的空气质量优良天数低于50%;337 个城市累计发生严重污染天气 345 天,重度污染天气 1152 天。在降雨方面,酸雨区面积高达 46.6 万平方公里,465 个降水检测城市中酸雨平均频率为 10.3%,比 2019 年上升了 0.1%,出现酸雨的城市比例为 34.0%,比 2019 年上升了 0.7%。在地表水方面,全国地表水检测的1937 个水质断面中,Ⅲ 类水以下的比例占 16.6%,其中 Ⅳ 类水占13.6%,Ⅴ 类水占 2.4%,劣 Ⅴ 类水的比例占 0.6%,全国主要河流的1614 个水质断面中,Ⅲ 类水以下的比例占 12.6%,其中 Ⅳ 类水占10.8%,Ⅴ 类水占 1.5%,劣 Ⅴ 类水的比例占 0.2%,辽河流域和海河流域的污染相对较重。

上述数据说明,我国环境基本公共服务的供给量还是不充分的,还有很大的提升空间。

三、环境基本公共服务供给错位

环境基本公共服务供给错位是指政府向社会所提供的环境基本公共服务供给严重不均衡,具体表现为社会中的一部分人(或地区)得到了超额的环境基本公共服务,而另一部分人(或地区)所得到的环境基本公共服务严重不足。

由于环境基本公共服务是由特定的主体在具体的时间与空间中供给的,因此,环境基本公共服务的供需错位应从主体、空间、时间三个方面进行分析。事实上,环境基本公共服务的供需错位也的确存在着主体错位、空间错位、时间错位三个方面。

(一) 主体错位

环境基本公共服务供给的主体错位是指承担环境基本公共服务供给的多个主体中存在着角色认知错位的问题,即过多地承担了自己不应该承担的职能,而对自己应该承担的职能又没有能很好地承担。环境基本公共服务具有公共性,但环境基本公共服务不同组成部分的公共性程度是不一样的。萨瓦斯从服务的排他性和消费的共同性两个维度将公共服务分成了个人物品、可收费物品、共用资源和集体物品四种典型类型,他认为空气污染控制是最纯粹的集体物品,空气是共用资源,地下水是非纯粹的共用资源,城区垃圾清运是两方面都居中的公共物品,乡村垃圾清运则更接近个人物品一些,自来水是具有排他性和消费共同性的可收费物品,同时他认为"私人物品和可收费物品能够由市场来提供,集体行动在其中扮演着较弱的角色",共用资源和集体物品应由集体行动来提供,即由政府或者自愿组织供给[1],总之政府不应该是环境基本公共服务的唯一提供者,而且政府也不应该是全能的提供者。

---

[1] E. S. 萨瓦斯. 民营化与公私部门的伙伴关系. 北京:中国人民大学出版社,2002:48—63。

　　环境基本公共服务由于其公共性往往"理所当然"地被认为是政府的职能,政府对于实现生态控制是绝对必要的。但是,环境公共服务的特殊性使政府难以保证环境治理就可以绝对成功,因为政府存在办事效率低下、政府规模膨胀、公正性并非必然、政府决策失误、寻租行为等问题①,因此,环境治理应由市场和政府共同进行,环境基本公共服务也应由二者提供。简言之,基于客观存在的政府失灵,在客观上要求市场主体也参与到环境基本公共服务提供中来。但是,市场也会失灵,这就为社会主体参与到环境基本公共服务中来提供了理论前提。然而,由于慈善不足、特殊主义、家长式作风和业余主义②,社会主体参与提供环境基本公共服务也存在志愿失灵的情况。事实上,政府通过命令——控制手段,市场主体通过经济手段,社会主体通过自愿的方式提供环境基本公共服务,都各有其优劣之处③,这就必然要求政府、市场、社会三者协同提供环境基本公共服务。而三者协同提供环境基本公共服务的基本要求就在于三者各自承担起自己的角色,履行自己的职能。

　　我国的环境基本公共服务基本上是由政府来提供的。句华的统计表明,"2000年以来,地方政府公共服务合同外包发展迅猛","在卫生保洁、园林绿化领域"最为活跃,但自2000—2009年,"卫生保洁案例85个,所占比例为41%""园林绿化案例31个,所占比例为15%",而且这两类环境公共服务的政府采购在年度采购额度中均不是最高的④。可见市场主体参与提供环境基本公共服务的量非常有限。而我国的环境社会组织参与环境基本公共服务还存在着组织发育不足的前提困境、公共精神发育不足的精神困境、基层民主发育不足的路径困境和志愿失灵的结果困境⑤。这种现实,导致在本应由政府、市场、社会三者协同提供环境基本

---

① 于晓婷、邱继洲.论政府环境治理的无效与对策.哈尔滨工业大学学报:社会科学版,2009,11(6)127—132。

② 莱斯特·M·萨拉蒙.公共服务中的伙伴——现代福利国家中的政府与非营利组织的关系.田凯译,商务印书馆,2008:47。

③ 杨华峰.后工业社会的环境协同治理.吉林大学出版社,2013:82—104。

④ 句华.中国地方政府公共服务合同外包的发展现状.北京行政学院学报,2012(1):24—29。

⑤ 向俊杰.我国生态文明建设的协同治理体系研究.中国社会科学出版社,2016:66。

公共服务的过程中,市场主体和社会主体存在着"缺位"的情况,而政府则承担了本应由市场主体、社会主体承担的职能。环境基本公共服务的供给存在着典型的供给主体"错位"情况。正是由于主体错位的存在,加上政府自身内在的不足,在很大程度上导致了我国在环境基本公共服务方面虽然投入巨大,但是收效甚微。

(二) 空间错位

环境基本公共服务供给的空间错位是指我国政府向公民所提供的环境基本公共服务在地理空间方面上存在分布不合理,即在"最需要的地区没有得到最及时的服务、不是最需要的地区却得到了过多的服务"的情况,本质上是环境基本公共服务供给的空间对象存在问题。环境基本公共服务的空间错位主要表现为环境基本公共服务供给的城乡错位和东中西部之间错位。

第一,城乡错位。城乡错位是指我国政府对于城市与乡村在环境基本公共服务的供给存在着明显的不均衡,导致城乡环境基本公共服务的无效供给和严重的生态环境问题。我国城乡环境基本公共服务供给的不均衡主要体现在投资资金、环境基本公共服务的机构与人员数量、环境保护设施等方面。

环境基本公共服务的提供必须要有一定的资金支持,离开了必要的资金,公共服务的供给将是无源之水。据历年《中国环境统计公报》的统计表明,我国历年的环境污染治理投资总额占国民生产总值的 $1\%\sim2\%$ 之间,而城市环境基础设施建设约占环境污染治理投资总额的 60% 左右,其余的投资基本上都用于工业污染源治理和建设项目"三同时"环保投资(具体数据见表4)。环境基础设施是政府向公民提供环境基本公共服务的载体,工业污染源治理和建设项目"三同时"环保投资则是从源头上防止环境污染,也是间接提供环境基本公共服务的内容,具有城乡普惠性。这说明我国政府将绝大部分环境污染治理资金用于向城市提供环境基本公共服务。而在"十二五"期间,我国共计向农村投资了 275 亿元用于环境保护①,仅仅相当于 2011—2014 年城市环境基础设施建设资金总额的 1.43%。我国政府向城市和农村提供环境基本公共服务非常不均衡,农村地区的资金缺口非常大。

表4 2008—2014 年我国环境污染治理投资去向表

单位:亿元

年份	环境污染治理投资总额及其占当年 GDP 比重	城市环境基础设施建设占治理总额及比例	工业污染源治理投资占治理总额及比例	建设项目"三同时"环保投资占治理总额及比例
2014	9575.5 (1.51%)	5463.9 (57.1%)	997.7 (10.4%)	3113.9 (32.5%)
2013	9037.2 (1.59%)	5223.0 (57.8%)	849.7 (9.4%)	2964.5 (32.8%)
2012	8253.6 (1.59%)	5062.7 (61.3%)	500.5 (6.1%)	2690.4 (32.6%)
2011	6026.2 (1.27%)	3469.4 (57.6%)	444.4 (7.4%)	2112.4 (35.1%)
2010	6654.2 (1.67%)	4224.2 (63.5%)	397 (6.0%)	2033 (30.6%)
2009	4525.2 (1.35%)	2512 (55.5%)	442.5 (9.8%)	1570.7 (34.7%)
2008	4490.3 (1.49%)	1801.0 (40.1%)	542.6 (12.1%)	2146.7 (47.8%)

数据来源:《中国环境统计公报》(2008—2014 年)。

人是提供环境基本公共服务的主体,而环保机构则是将人有效地组织起来完成单个的人所无法提供的环境公共服务。《中国环境统计公报(2014 年)》的数据显示,截至 2014 年,全国环保人员为 205334 人,其中农村环保人员为 7653 人,占全国环保人员数量的 3.7%,城市的环保人员有 197681 人,占全国环保人员数量的 96.3%,城市环保人员数量是农村的近 26 倍;全国环保机构有 13225 个,农村环保机构有 1883,占全国环

① 2015 年中国环境状况公报。(2016 - 06 - 02)[2021 - 03 - 16]http://www.zhb.gov.cn/gkml/hbb/qt/201606/t20160602_353138.htm。

保机构数的 14.5％左右,城市的环保机构有 11342 个,占全国环保机构数的 85.5％,城市环保机构数是农村的 6 倍多。在农村,平均每个环保机构的工作人员数量不足 4 人,可见农村环保机构是非常单薄的。人员和机构并不一定意味着必然会提供充分的环境基本公共服务,但是没有人和机构,或者没有足够的人和机构,就一定不能提供充分的环境基本公共服务。我国农村和城市之间在环保人员和机构方面的巨大差距,说明我国将环境基本公共服务更多地投向了城市。

我国政府在提供环境基本公共服务的过程中,在资金、人力和机构设置方面向城市大力倾斜的结果是城市环境基本公共服务的覆盖面远远超过了农村。《中国城乡建设统计年鉴(2014 年)》的数据表明,截至 2014 年末,全国 62.5％的行政村有集中供水,9.98％的行政村对生活污水进行了处理,63.98％的行政村有生活垃圾收集点,48.18％的行政村对生活垃圾进行处理;而城市的用水普及率为 97.64％,城市污水处理率90.18％,城市生活垃圾处理率为 91.79％,在这种情况下,2014 年,城市供水能力是 28673.3 万吨/日,而全年城市供水总量则仅有 5466613 万吨,仅仅发挥出了 52.23％的能力;城市污水处理厂的污水处理能力是13086.8 万立方米/日,而全年污水处理总量只有 3827239 万立方米,只发挥出了 80.12％的功能;全国城市生活垃圾无害化处理总量是16393.74 万吨,而无害化处理能力是 53.3455 万吨/日,仅仅发挥出84.20％的功能。环境基本公共服务的城乡不均衡分布导致我国农村地区的生态环境急剧恶化,农村公民的身体受到极大的伤害,甚至生命受到威胁。相关研究表明,我国"癌症村"的总数已达 450 个,而且绝大部分是本世纪内产生的[1],这充分说明了我国环境基本公共服务的供给存在着城市与乡村之间的错位。

第二,东中西部错位。东中西部的错位是指我国政府在环境基本公共服务的供给在东部、中部、西部地区存在着明显的不均衡,东部地区的

---

[1] 彭向刚等.论生态文明建设视野下农村环保政策的执行力.中国人口·资源与环境,2013(7):13—21。

环境基本公共服务供给远远高于中部地区和西部地区。

表5反映了我国东中西部地区集中供水行政村的比例。在我国东部地区的行政村中,省均集中供水的行政村比例达到了81.1%,在考虑到村自建的集中供水设施以后,省均达到了95.6%,中部地区则仅仅只有55.0%,考虑自建设施以后才达到了64.7%;在西部地区省均只有60.4%,考虑到自建设施以后达到了68.6%,东部地区比中西部地区高出27个百分点,北京、天津、山东、上海、江苏和福建的集中供水行政村比例甚至超过了100%,东部地区近半数的省份存在着农村集中供水设施过度供给的情况,而中部地区的湖南省和西部地区的四川省,其农村集中供水的比例只有34.9%和35%。

表5 我国东中西部地区集中供水行政村比例表

单位:%

东部地区			中部地区			西部地区		
省份	非自建	自建	省份	非自建	自建	省份	非自建	自建
北京	85.5	19.2	黑龙江	75.1	21.6	四川	29.7	5.3
天津	90.2	20.7	吉林	56.9	13.9	重庆	59.0	8.1
河北	74.0	16.8	山西	73.6	10.9	广西	48.1	5.4
辽宁	59.8	16.0	安徽	51.6	5.6	云南	69.0	14.8
山东	93.0	18.1	河南	48.9	5.5	贵州	57.8	10.9
上海	99.9	0.2	湖北	55.9	7.1	宁夏	78.8	1.6
江苏	94.8	8.5	江西	48.7	7.7	甘肃	51.5	2.5
浙江	77.8	14.3	湖南	29.6	5.3	青海	65.2	0.2
福建	81.6	20.0				新疆	85.5	10.7
广东	61.4	14.9				内蒙古	55.5	9.5
海南	74.2	10.6				陕西	64.8	20.8
省均	81.1	95.6*	省均	55.0	64.7*	省均	60.4	68.6*

注:西藏、香港、澳门、台湾地区的数据缺失,未作统计,表6、表7、表8同。

上角标*此处数据是自建与非自建比例之和后的省均集中供水行政村的比例。

数据来源于《中国城乡建设统计年鉴(2014年)》。

表6反映了我国东中西部地区城市供水的情况,数据显示,东部地区

城市供水的功能发挥率和中部地区基本持平,均维持在50%左右,但低于西部地区近8个百分点。影响城市供水功能发挥的主要因素之一是供水管道的长度,即生活用水要通过供水管道输送到城市居民家里,然后才能供居民使用。东部地区省均供水管线长38570.62千米,中部地区省均17788.14千米,而西部地区省均只有9916.95千米,东部地区是西部地区的近4倍,是中部地区的2倍多。也就是说西部地区用相当于东部地区1/4的管线取得了比东部地区还高的功能发挥率,中部地区用不到东部地区1/2的管线取得了相同的功能发挥率,这说明国家在东部地区配置了过多的城市供水资源。

表6 我国东中西部地区城市供水情况对比表

东部地区			中部地区			西部地区		
省份	供水管长/km	功能发挥率%	省份	供水管长/km	功能发挥率%	省份	供水管长/km	功能发挥率%
北京	27285.89	20.48	黑龙江	14119.99	50.76	四川	27460.78	63.70
天津	14369.10	49.78	吉林	11764.12	43.02	重庆	11601.44	61.00
河北	15527.72	51.30	山西	9727.18	50.22	广西	15856.92	68.96
辽宁	36706.23	55.82	安徽	22247.14	42.77	云南	9586.56	59.64
山东	47372.90	55.23	河南	20590.38	48.29	贵州	8684.58	62.09
上海	35067.69	76.45	湖北	29644.18	54.53	宁夏	2308.71	56.63
江苏	78476.60	45.15	江西	13713.58	63.49	甘肃	5265.33	39.26
浙江	53604.16	49.11	湖南	20498.48	51.15	青海	2230.71	72.21
福建	16539.36	59.77				新疆	8651.92	48.02
广东	95463.08	64.75				内蒙古	10619.36	47.56
海南	3864.03	76.05				陕西	6820.21	67.09
省均	38570.62	50.79	省均	17788.14	50.53	省均	9916.95	58.74

注:功能发挥率=该省年度总供水量÷(每日供水能力×365日)。
数据来源:《中国城乡建设统计年鉴(2014年)》。

表7反映了我国东中西部地区污水处理厂建设的情况,数据显示,东部地区省均92.8座,中部地区省均52.6座,而西部地区省均只有33座,

东部地区是西部地区的近3倍。但是东部地区污水处理厂的功能发挥率
和中部地区、西部地区基本持平。影响污水处理厂发挥功能的主要因素
之一是排水管道的长度,即生活污水要通过管道收集到污水处理厂,然后
再通过管道将处理后的污水排放出去。东部地区省均排水管道长
27730.7千米,是中部地区的近2倍,是西部地区的3.4倍,但是其污水
处理厂的功能发挥率和中西部地区基本持平,说明东部地区污水处理厂
及相关设施的功能发挥率远低于中西部地区,东部地区的污水处理厂相
对过剩。

表7　我国东中西部地区污水处理厂数量对比表

东部地区				中部地区				西部地区			
省份	厂数/个	功能发挥率%	排水管长/km	省份	厂数/个	功能发挥率%	排水管长/km	省份	厂数/个	功能发挥率%	排水管长/km
北京	51	87.09	14290	黑龙江	53	66.49	9922	四川	75	78.66	20606
天津	40	78.27	18748	吉林	38	79.03	9870	重庆	42	93.15	11081
河北	73	78.52	15924	山西	33	78.63	7428	广西	34	72.46	8771
辽宁	90	89.18	16783	安徽	63	86.53	24580	云南	31	86.70	10136
山东	151	82.88	49554	河南	66	76.78	19348	贵州	28	83.02	5577
上海	51	72.27	20972	湖北	74	86.56	21484	宁夏	11	89.77	1460
江苏	189	76.62	66256	江西	35	81.91	10814	甘肃	22	59.48	5016
浙江	78	77.10	35960	湖南	59	86.71	12612	青海	8	83.90	1469
福建	49	84.22	12709					新疆	39	64.20	5997
广东	226	88.34	50320					内蒙古	40	73.79	12123
海南	23	63.55	3522					陕西	33	77.64	7237
省均	92.8	79.82	27730.7	省均	52.6	80.33	14507.3	省均	33.0	78.43	8133.9

注:功能发挥率=该省污水处理厂年处理污水量÷(每日污水处理能力×365日)。
数据来源:《中国城乡建设统计年鉴(2014年)》。

表8反映了我国在东部、中部和西部地区建设的生活垃圾无害化处
理厂(场)的数量,在东部地区省均建设35.5座,中部地区省均建设27.6

座,而西部地区省均建设量只有 18.7 座,东部省均生活垃圾无害化处理厂的数量是西部地区的近 2 倍。但是东部地区生活垃圾无害化处理厂的功能发挥率比中部地区低近 2 个百分点,比西部地区低 15 个百分点。西部地区的重庆、贵州、宁夏和东部地区的辽宁、海南省存在着较为严重的超负荷运行的情况,而东部地区的天津市的功能发挥率只有 60.83%。这说明东部地区相对而言建设了过多的生活垃圾无害化处理厂,政府在这方面的资源配置存在着"错位"的问题。

表 8　我国东中西部地区生活垃圾无害化处理厂(场)数量对比表

东部地区			中部地区			西部地区		
省份	厂数/个	功能发挥率%	省份	厂数/个	功能发挥率%	省份	厂数/个	功能发挥率%
北京	25	93.69	黑龙江	22	81.16	四川	40	94.02
天津	8	60.83	吉林	17	78.57	重庆	16	124.61
河北	40	84.80	山西	23	106.65	广西	19	99.41
辽宁	29	101.57	安徽	26	83.62	云南	23	89.05
山东	59	74.66	河南	43	91.27	贵州	14	126.14
上海	12	81.19	湖北	39	76.05	宁夏	8	101.52
江苏	58	71.87	江西	17	84.83	甘肃	16	96.95
浙江	59	73.23	湖南	34	75.94	青海	5	86.93
福建	27	88.47				新疆	22	98.43
广东	65	80.74				内蒙古	26	76.34
海南	9	101.65				陕西	17	90.32
省均	35.5	82.97	省均	27.6	84.76	省均	18.7	98.52

注:功能发挥率=该省无害化处理厂年处理生活垃圾吨数÷(每日无害化处理能力×365日)。

数据来源:《中国城乡建设统计年鉴(2014 年)》。

生活垃圾无害化处理厂(场)主要解决的是生活中的固体废弃物问题,是日常生活环境中的一个重要方面;集中供水的行政村、城市供水状况和污水处理厂主要针对的是居民对于清洁饮用水的需求,这些方面都是一个人在社会生活中所必需的基本环境。政府在这四个方面所提供的服务,反映了我国政府所提供的环境基本公共服务的基本情况。生活垃圾无害化处理厂(场)的数量、集中供水的行政村比例、城市供水状况和污水处理厂的数量在很大程度上反映了我国环境基本公共服务供给的情况,这四个方面在我国东部、中部和西部地区的差距反映了我国环境基本公共服务供给的不平衡状态,反映了我国环境基本公共服务供给的区域错位程度。

我国环境基本公共服务供给的城乡错位和东中西部错位,由于我国污染产业的空间转移而得以强化。相关调查显示,我国国内的污染产业的转移有三条路径:向西部、向欠发达地区和向农村转移[1],这表明我国西部和农村环境基本公共服务供给的不足由于污染产业的转移而进一步加剧。

(三) 时间错位

环境基本公共服务供给的时间错位是指我国政府在向公民提供基本的环境公共服务的时间选择上存在着提供的时机不科学的问题,即将本应在 A 时间段内提供的环境基本公共服务放到了 B 时间段内提供。环境基本公共服务供给的时间错位主要体现为"先污染、后治理"的政府行为。而"先污染、后治理"的政府行为在现实中主要有三个方面的表现:一是在本届政府的任期内为了实现经济的"发展"和 GDP 的增加而"先污染",将"治理"的任务留给下一届政府或者是本届政府之后的某一届政府;二是为了本地的"发展"或者是本地政府领导人的政绩而产生了"先污染"的效应,将"治理"的任务留给受污染影响的其他地区;三是为了实现某一经济政治目标而"先污染"了本地的环境,导致本地民怨沸腾,产生环境群体性事件以后,再着手进行治理。不管是哪一种表现,本质上都是某一主体的经济行为先导致了污染,而在此之后对这些污染的后果进行治理,都是治理污染的行为并没有产生在污染发生的时刻,而是产生在污染

---

① 李杨. 污染迁徙的中国路径. 中国新闻周刊,2006-1-23:28—29。

发生之后的一段时间内,都是污染已经产生了相当的消极后果以后,都是治理的时间大大地滞后于污染的时间,本质上是提供环境基本公共服务的时间滞后于污染发生的时间。

"先污染、后治理"的政策行为在我国,特别是在经济不发达的地区,还有很大的"市场"。这一"市场"在观念上表现为认同在"经济不发达的情况下,为了实现经济的起步,污染在一定程度上是不可避免的"[①];在行动上表现为一些贫困地区和西部部分地区无视环境保护、不加选择地承接发达地区的淘汰的高污染产业;在理论上表现为错误理解了环境库兹涅茨曲线的基本观点[②],并认为从经济发展的较低阶段到快速增长阶段,"以工业为代表的经济活动对资源的耗费大大超过资源自身的再生能力,从而导致环境急剧恶化"是不可避免的[③],等到经济发展到更高阶段(人均收入超过 8000 美元)就会出现"拐点","污染水平开始回落,环境质量逐步好转"[④]。甚至有人据此认为可以放心地"先污染"坐等"拐点"出现。

这种"先污染、后治理"的行为加剧了环境基本公共服务供给的压力。回顾日本工业化的历程,"先污染后治理"所付出的代价比事前污染防治投资高出 10 倍以上,并给社会和公众造成了巨大的损害;美国拉芙运河污染事件,其治理费用远远超过了在事前采取正确措施而花费的成本,此外还导致该地 1/3 的妊娠妇女出现流产,1/5 的儿童有先天性畸形,损失无法估量[⑤]。在我国,污染云南阳宗海的企业,从 2005—2008 年给当地上交的利税是 1160 万元,但云南省治理阳宗海,仅"十二五"期间要拿出 11 亿元来治理污染,而专家认为要真正治理达标大概需要 40 亿~70 亿元[⑥]。滇池周边的企业 20 年间总共只创造了几十亿元产值,而要初步恢复滇池水质(达到Ⅲ类水标准)至少就得花几百亿元;淮河流域小造纸厂

① 干伟卓等."先污染,后治理"发展模式的研究和反思.山西建筑,2011(11):188—189。
② 钟晓青.偷换概念的环境库兹涅茨曲线及其"先污染后治理"误区.鄱阳湖学刊,2016(2):102—110。
③ 周亚敏、黄苏萍.经济增长与环境污染的关系研究.国际贸易问题,2010(1):80—85。
④ 赵细康等.环境库兹涅茨曲线及在中国的检验.南开经济评论,2005(3):49。
⑤ 国家发展改革委经济体制与管理研究所.惨痛的教训——先污染后治理代价太高.中国经济导报,2009-3-26:B06。
⑥ 杨朝飞."先污染后治理"是教训不是规律.人民日报,2013-7-6:10。

的产值 20 年累计不过 500 亿元,而治理其带来的污染,即便只是干流全部达到最起码的灌溉用水标准(Ⅴ类)也需要 3000 亿元的投入,而要恢复到 20 世纪 70 年代的状态(Ⅲ类),则不仅花费是个可怕的数字,时间也至少需要 100 年[1]。可见,"先污染,后治理"行为给环境基本公共服务带来的压力有多大。如果在污染的时刻就提供环境基本公共服务,对污染进行治理,即在正确的时间提供环境基本公共服务,将会减少巨大的环境基本公共服务需求,提高公民的环境满意度。我国有限的环境基本公共服务资源将会发挥更大的作用。

四、环境基本公共服务供给的公民满意度低

对于社会中的环境基本公共服务问题,特别是环境基本公共服务供给中的总量不足和供给错位问题,"群众很不满意"[2]。这种不满意表现在行动方面是各种程度不同的环境抗争。环境抗争是公民基于自身的环境利益受损,进而产生高度的不满意心理而采取的维护自身环境权益的行为。环境抗争主要表现为制度外的环境群体性事件和制度内的环境信访和环境举报。环境群体性事件方面,在 2007 年,当时的国家环保总局的副局长潘岳指出,环境群体性事件还在以 29% 的速度增长[3]。

在环境信访与环境举报方面,我国公民环境信访举报的数量呈波浪式上升,由 2011 年的 1161928 件上升到 2019 年的 1592901 件(具体数据见表9)。这些数据,在一定程度上表明我国公民的环境需求也越来越高,公民对生态环境的满意度越来越低,同时也表明,我国的环境基本公共服务的供给总量是不充分的,这种不充分已经严重地降低了公民对环境基本公共服务供给的满意度。

---

① 苏扬. 先污染后治理与循环经济. 资源与人居环境,2008(3):51。
② 潘岳. 贯彻好实施好新环保法推进生态文明制度创新. 环境保护,2014(21):14—17。
③ 潘岳. 以环境友好促社会和谐. 求是,2006(15):15—18。

表9　2011—2019 年中国环境信访举报数量

单位:件

	举报总量	电话举报	微信举报	网上举报	来访人次	来信总数	电话网络
2011	1161928	—	—	—	107957	210631	852700
2012	1095613	—	—	—	96145	107120	892348
2013	1323113	—	—	—	107165	103776	1112172
2014	1734384	—	—	—	109426	113086	1511872
2015	1872490	—	13719	—	104323	121462	1646705
2016	263009	185919	65882	11208	—	—	—
2017	618843	409548	129417	79878	—	—	—
2018	696199	365361	250083	80771	—	—	—
2019	1592901	1334712	195950	62239	—	—	—

注:"—"表示该数据缺失。

数据来源:历年《环境统计年鉴》;历年全国"12369"环保举报工作情况通报;历年《中国生态环境统计年报》。

五、研究的问题

我国环境基本公共服务供给的财政投入、人力资源投入和组织投入都是逐年增加,而环境基本公共服务供给的总量依然不足、供给的不均衡现象依然很突出,公民的满意度不高甚至还降低了,表现为环境质量不高、政府承担了过多的环境基本公共服务职能而市场主体和社会主体参与不足、东部地区和城市供给相对过多而中西部和乡村供给不足以及"先污染、后治理"的现实,这说明我国的环境基本公共服务的供给不尽如人意,存在着主体、空间、时间方面的错位,需要从供给的角度深化供给侧改革,以改善环境基本公共服务的供给状况,提高供给的数量和质量,并通过减少污染和环境破坏,增加中西部地区和农村地区的环境基本公共服务,来平衡不同区域以及城乡之间的环境基本公共服务供给。

第二节　研究的意义

一、本课题研究的理论意义

本课题的研究可以发现在我国政治、经济、文化以及社会制度下的环境基本公共服务供给侧改革的过程与动力之间耦合关系及其一般规律，同时通过中国场景下的多个案例加以验证，能够在一定程度上丰富对环境基本公共服务供给模式的研究，同时可以发现环境基本公共服务的供给模式、供给侧改革路径与公民满意度之间的内在关系，为丰富我国政治学和公共管理的理论研究奠定基础。具体而言，包括以下三个方面：

第一，本课题的研究可以进一步丰富环境基本公共服务供给侧改革过程的理论。本课题在研究的过程中构建了改革方案制定、改革试验、改革方案执行和改革效果评估四环节的环境基本公共服务供给侧改革过程的理论，并通过四个不同的案例分别论证了这四个环节理论的一般性问题和特殊性问题。这四个环节构成的环境基本公共服务供给侧改革过程既反映了我国环境基本公共服务供给侧改革的实际过程，又是对该过程的理论抽象，具有较强的理论说服力。

第二，本课题的研究可以进一步丰富环境基本公共服务供给侧改革动力的理论。本项目的研究，结合我国环境基本公共服务供给侧改革的实际，构建了环境承载力驱动、政府高位发动、市场机制拉动、公民需求推动四个方面的动力所构成的环境基本公共服务供给侧改革动力系统，并运用四个案例从多方面进行了验证。该动力系统理论较为完整地阐述了环境基本公共服务供给侧改革的动力理论，针对以往的研究只针对某一方面动力研究的现状，进一步丰富、完善了该理论。

第三，本课题的研究可以进一步丰富环境基本公共服务供给模式的理论。本项目将环境基本公共服务供给侧改革的过程与动力结合起来，形成了环境基本公共服务供给侧改革的实践模式，进一步丰富了环境基本公共服务供给侧改革的中国实践模式。

二、本课题研究的实践意义

本课题的研究可以为地方环境基本公共服务供给侧改革路径的优化提供建议,为解决"民生之患、民心之痛",达到李克强总理要求的环境基本公共服务的"底线"提供智力支持,具体而言,包括以下三个方面:

第一,可以为各级政府在环境基本公共服务供给侧改革过程中的各个主要节点的有效推进提供智力上的支持与借鉴。本课题对环境基本公共服务供给侧改革的方案制定、改革试验、改革方案执行和改革效果评估等环节结合案例进行了较为深入的研究,其理论成果可以为相关政府及实践部门进行环境基本公共服务供给侧改革提供思想上的支持。

第二,可以为各级政府在环境基本公共服务供给侧改革过程中充分发挥各个方面的动力、有效推进改革进程。本课题对环境基本公共服务供给侧改革过程中环境承载力的驱动力、政府高位的发动力、市场机制的拉动力和公民需求的推动力进行了分析,并运用案例进行验证,其结论为实践工作者发挥各方面的动力,推动环境基本公共服务供给侧改革通过思想上的借鉴。

第三,可以为其他具有相似政治、文化背景的相关国家和地区环境基本公共服务的供给侧改革提供模式和机制方面的借鉴。

第三节　国内外研究现状

一、国外研究现状

环境基本公共服务的供给,在中国最早始于夏朝的排水系统建设[①],

---

① 余蔚茗、李树平、田建强. 中国古代排水系统初探. 中国水利,2007(4):51—53。

在西方始于古希腊的城邦排水系统建设①。环境基本公共服务的供给，一直被认为是政府当然的职能，直到 1920 年庇古（A. C. Pigou）提出对污染征收税费的思想以后，环境基本公共服务供给侧改革才成为可能。20 世纪 50 年代由于工业革命对环境产生的严重后果，西方学者开始关注环境基本公共服务供给的有效性，并探讨以环境税费的方式改进环境基本公共服务的现实可能性，并最终于 20 世纪 70 年代在美国及欧盟开始实施。至此，学术界研究的重点转向环境基本公共服务的政府主导模式、市场化模式及其他各种改进模式的有效性问题。

国外学术界没有基本公共服务的概念，但是有诸多关于具体领域环境基本公共服务的研究，如大气污染防治服务、清洁饮用水供应服务等。这些具体的环境基本公共服务的供给模式、供给侧改革的原因和影响因素，构成了西方学者的主要研究主题。

（一）关于环境公共服务供给的模式

关于公共服务供给的传统模式主要有政府主导模式、市场主导模式和社会主导模式三种。20 世纪 70 年代以来，西方发达国家进行了声势浩大的"新公共服务"运动。其中，戴维·奥斯本和特德·盖布勒主张用企业家精神来改造公共部门，以提高公共服务的效率和质量②；登哈特夫妇则主张要重视对公民的赋权，进一步增强政府的回应性，以提高公共服务的质量③；文森特·奥斯特罗姆则提出了公共服务供给的多中心供给机制④；莱斯特·M. 萨拉蒙则主张通过构建政府和非营利组织的伙伴关系，来解决公共服务供给过程中的"政府失灵"和"市场失灵"，以提高公共

① A. N. 安吉克斯. 古希腊城市供排水系统的发展. 光明日报，2014-01-08：16。

② 戴维·奥斯本和特德·盖布勒. 改革政府——企业家精神如何改革着公营部门. 上海译文出版社，1996。

③ 珍妮特·V. 登哈特、罗伯特·B. 登哈特. 新公共服务：服务，而不是掌舵. 中国人民大学出版社，2004。

④ 文森特·奥斯特罗姆. 美国联邦主义. 生活·读书·新知三联书店，2003。

服务供给的质量①。这些模式均适用于环境基本公共服务的供给问题。

哈丁通过对公共牧场的实证考察提出了"公地悲剧"博弈模型,说明了在公共物品所有权不明晰的情况下,理性的经济人基于自身利益最大化的考量,无限自由而不加节制地享受公共服务,最终会毁灭所有人的公共利益②;而囚徒困境模型则在微观上说明,理性的"经济人"个体难以实现集体行动的理性合作,在环境基本公共服务的供给方面也是如此。斯考特·戈登通过对渔业实证考察,都说明缺乏相关主体有意识的治理行为,对公地的无限制使用,社会个体是无法维持环境公共服务的持续性供给,反而只能降低现有的环境基本公共服务水平。后来的学者从不同的角度对"公地悲剧"模型和"囚徒困境"模型所做的不同分析,提出了不同的环境公共服务供给模式。

关于环境基本公共服务的政府主导模式。奥普尔斯认为,"由于存在着公地悲剧,环境问题无法通过合作解决……所以具有较大强制性权力的政府,其合理性,是得到普遍认可的","只有在悲剧性地把利维坦作为唯一手段时,我们才能避免公地悲剧"。③ 爱伦费尔德认为,如果人们不能期待私人对维护环境这一"公地"的兴趣,那么,就需要由公共机构、政府或者国际权威实行强制性的外部管制。④ 而海尔布罗纳则认为,"铁的政府",或许是军事政府,对实现生态控制是绝对必要的。⑤ 卡鲁瑟和斯通纳在对发展中国家水资源管理进行分析后认为:"没有公共控制,必然会发生过度放牧、公共牧场土壤的侵蚀,或者以较高的成本捕获到较少的鱼。"⑥虽然这些论述的对象和方式有所不同,但它们的基本观点是一致的,即政府应该在环境基本公共服务的供给中发挥积极的作用,甚至是唯一的作用。

---

① 莱斯特·M.萨拉蒙.公共服务中的伙伴——现代福利国家中政府与非营利组织的关系.北京:商务印书馆,2000。

② Hardin, G. The Tragedy of the Commons. *Science*. 1968(162):1243 - 1248.

③ Ophuls, W. Leviathan or Oblivion. In *Toward A Steady State Economy*, ed. H. E. Daly, San Francisco: Freeman, 1973:228 - 229.

④ Ehrenfeld, D. W. *Conserving Life on Earth*. Oxford University Press. 1972:322.

⑤ Heilbroner, R. L. *An Inquiry Into the Human Prospect*. New York: Norton. 1974.

⑥ Carruthers, I., and R. Stoner. Economic Aspects and Policy Issues in Groutndwater Development. World Bank staff working paper No. 496, Washington, D.C., 1981:29.

关于环境基本公共服务的市场化供给模式。罗伯特·J·史密斯认为:"无论是对公共财产资源所做的经济分析还是哈丁关于公地悲剧的论述",都说明在环境基本公共服务供给问题上"避免公共池塘悲剧的唯一方法,是通过创立一种私有财产权制度来终止公共财产制度"。[①] 韦尔奇拥护对环境公共服务建立完全的私有产权,他认为,"为避免过度放牧造成的低效率,完全私有产权的建立是必要的"。[②] 这些观点都认为,公共环境资源的私有化对所有公共池塘资源问题来说都是最优的解决办法。另外,有一些新制度主义者,主张凡是环境资源属于公共所有的地方都应强制实行私有财产权制度。[③] 公共环境资源的私有化和相应产权制度的有效建立是环境基本公共服务市场化供给的基础与核心。

关于环境公共服务供给的社会主导模式。丹尼尔·A.科尔曼认为当今美国出现的各种环境问题是环境公共服务供给不足的表现,其根本原因不在于人口爆炸、消费异化和技术失控,而在于资本主义制度,因而主张以基层民主的解决路径,"把基层民主视为生态社会的根本特征和转变运动得以取得成功的中心环节"[④]。这里的"转变运动"是指环境公共服务供给方式的"转变运动"。他认为,基层民主"让民众有权探寻一种对环境和社会负责任的生活方式"[⑤],具体而言是公民参与自治,特别是以组织化形态出现的社群有动力、有能力为自身提供充分、有效的环境公共服务。日本学者宫本宪一认为,"如果没有当地居民的参与,净化河流、保护绿地、保护街区等都是不可想象的"[⑥]。

关于环境基本公共服务的公私合作供给模式。萨瓦斯通过比较公共

① Robert J. Smith. Resolving the Tragedy of the Commons by reating Private Property Rights in Wildlife. *CATO Journal*, 1981(1):467.
② Welch, W. P. The Political Feasibility of Full Ownership Property Rights: The Cases of Pollution and Fisheries. *Policy Science*. 1983(16):171.
③ Demsetz, H. Toward a Theory of Property Rights. *American Economic Review* 1976(62): 347-359; Jolanson, O. G. Economic Analysis, the Legal Framework and Land Tenure Systems. *Journal of Law and Economics*. 1972(15):259-276.
④ 丹尼尔·A.科尔曼.生态政治——建设一个绿色社会.上海:上海译文出版社,2002:113。
⑤ 丹尼尔·A.科尔曼.生态政治——建设一个绿色社会.上海:上海译文出版社,2002:133。
⑥ 宫本宪一.环境经济学.北京:生活·读书·新知三联书店,2004:100。

部门和私人机构在街道清扫和固体垃圾收集方面的效率,发现政府服务的成本比承包商要高出 162%,①因此,他认为通过民营化的方式,在公共部门和私人部门之间建立起伙伴关系是提高环境基本公共服务供给效率的有效途径。

关于环境基本公共服务的多中心协同供给模式。奥斯特罗姆(Elinor Ostrom)认为,公地悲剧并不能因此而产生"利维坦"和市场化的治理需求,事实上,作为"唯一"方案的"利维坦"供给方案和作为"唯一"方案的市场主体供给方案在环境基本公共服务供给的过程中由于诸多严格的限制条件,使得政府失灵和市场失灵难以避免,因此,多中心、多主体的协同就成为理论上和实践上有效的替代供给方案。②

科斯在 1960 年研究社会成本问题时对政府主导模式提出了质疑,他认为政府通过管制或征税的手段治理污染会给社会带来损失,但是如果生态环境可以像普通商品一样明确产权,那么不论最初的权利如何分配,私人主体都可以就环境资源的配置进行协商,此时市场就可以有效地对环境外部性问题予以矫正,从而实现资源的有效配置,但他同时指出这种供给模式具有很强的理想性③。

(二) 环境公共服务供给改革的原因和影响因素

促使西方国家进行环境基本公共服务供给侧改革的现实因素有政府的财政危机、管理危机、信任危机和全球化的影响,理论上的因素则在于政府失灵、市场失灵和志愿失灵。

第一,政府失灵。行政国家往往遭到环境公共服务供给的"执行赤字"质疑,理由是立法机关与政府高层执行者宣称要实现的目标和现实生

---

① [美]E·S·萨瓦斯.民营化与公司部门的伙伴关系.北京:中国人民大学出版社,2002。
② [美]埃莉诺·奥斯特罗姆.公共事物的治理之道——集体行动制度的演进.上海:上海译文出版社,2012。
③ Coase R H. *The problem of social cost*. Classic papers in natural resource economics. Springer. 1960;87-137.

活中实际达到的目标之间,存在着一个巨大鸿沟[1]。客观存在的目标与实践差距表明政府的环境基本公共服务供给在某种程度上是失灵的。

第二,市场失灵。环境公共服务供给的市场主导模式在实践中有其内在的缺陷。基于数学模型建立起来的庇古税在现实中要达到什么样的比例才是科学的,难以确定,更何况科斯当时也认为"没有任何方式可以采集到实施庇古税制所需要的信息"[2],波斯纳也指出,对污染征税"远非包治百病的灵丹妙药",建立在私有化基础上的环境公共服务市场化供给不具有可行性[3]。实行环境公共服务的市场化供给,反而会让环境基本公共服务更加稀缺[4],且"私人财产体制能充分必要地解决所有环境问题不仅是非常不可能的,而且简直就是空想"[5]。上述观点对于环境基本公共服务供给的市场主导模式充满了悲观的态度。

第三,社会失灵。环境公共服务供给的社会失灵的主要原因在于,慈善不足、慈善的特殊主义、慈善的家长式作风和慈善的业余主义[6],以及经济资源雄厚的利益团体在实践中会极力使政策辩论和决策制定过程的结果偏向于他们自己,有利于自身[7]。

不同的实证研究之间还存在着相互冲突的情况。有研究成果显示,私有化模式的供给效率要比政府主导模式高,而且成本低[8],但也有相反的数据表明政府主导模式效率更高[9]。这种状况导致实践中,西方主要

[1] Albert Weale. *The New Politics of Pollution*. Manchester:Manchester University Press, 1992, pp. 17 – 18.

[2] 科斯. 社会成本问题的注释. 盛洪主编. 现代制度经济学. 北京:北京大学出版社,2003:52。

[3] 理查德·A·波斯纳. 法律的经济分析(上). 北京:中国大百科全书出版社,1997:495。

[4] 罗尼·利普舒茨. 全球环境政治:权力、观点和实践. 济南:山东大学出版社,2012。

[5] 丹尼尔·H. 科尔. 污染与财产权:环境保护的所有权制度比较研究. 北京:北京大学出版社, 2009:193。

[6] 莱斯特·M·萨拉蒙. 公共服务中的伙伴——现代福利国家中的政府与非营利组织的关系. 北京:商务印书馆,2008:47。

[7] George A. Gonz lez. *Corporate Power and the Environment:the Political Economy of US Environment Policy*. Lanham. MD:Rowman and Littlefield. 2001.

[8] Barbara J. Stevens. Comparing Public- and Private-Sector Productive Efficiency:An Analysis of Eight Activities. *National Productivity Review* 3,1984(4):395 – 406.

[9] William J. Pier, Rodert B. Vernon, John H. Wicks. An Enpirical Comparison of Government and Private Production Efficiency. *National Tax Journal* 27, NO. 4,1974:653 – 656.

发达国家的饮用水保障等环境基本公共服务在近代都经历了从私有化到国有化再到私有化的改革过程①,但一直都没有取得理想的效果。基于此,西方学者衍生出了政府与市场的混合路径模式(mixed way)②,政府与非政府组织的合作模式(Cooperative Governance)③、伙伴关系模式(Public-Private Partnerships)、整体性治理(Holistic Governance)④等。

而影响环境基本公共服务供给侧改革成败的因素主要有政府的能力、实施程序和监管机制、合同设置等。

第一,政府能力影响环境公共服务供给侧改革成功。凯特尔(Donald F. Kettl)通过实证考察美国的超级基金项目的实施情况,认为环境基本公共服务供给的主体主要有政府和企业,二者通过合同的方式来建立合作关系,而通过合同建立起来的购买关系要想有效,就要建立一个完善的市场,更为重要的是,政府要有能力,要成为一个精明的买主,否则,"对外承包既不能保证效率,也无法保证效力","在一个需求方面有严重缺陷的市场,一个精通采购技术的政府所实施的有力监督是非常重要的"。⑤

第二,政府与私人部门之间合同设置的科学化程度影响了环境公共服务供给侧改革的成功。西蒙·道姆博格和戴维·汉舍尔发现承包商的选择程序和合约实施机制对合同承包制绩效具有至关重要的影响。⑥

第三,种族偏见和歧视问题是环境公共服务供给不均衡的重要原因。种族偏见和种族歧视会导致不同种族聚居区所享受到的环境基本公共服

① The World Bank. Making Service Work for Poor People . 2004:159-178.
② 保罗·R. 伯特尼、罗伯特·N. 史蒂文斯. 环境保护的公共政策. 上海:上海三联书店,2004:32-37。
③ R. C. Feiock, S. A. Andrew. Introduction: Understanding the Relationships Between Nonprofit Organizations and Local Governments. *International Journal of Public Administration*, 2006(29):759-767.
④ Diana L. Perri 6, etc. *Towards Holistic Governance: The New Reform Agenda*. New York: Palgrave, 2002.
⑤ [美]唐纳德·凯特尔. 权力共享:公共治理与私人市场. 北京:北京大学出版社,2009:104。
⑥ Simon Domberger and David Hensherson, On the Performance of Competitively Tendered Public Sector Cleaning Contracts, *Public Administration*,1993, Autumn(71):441—454.

务数量和质量存在巨大的差异。种族问题会对危险废弃物处理设施的安置产生影响,进而影响着环境基本公共服务的供给,最终表现为不同种族聚居区的癌症发生率显著不同①。

西方国家在环境基本公共服务领域供给侧改革领域的理论探索,为我国的改革提供了经验和教训,但其研究的前提是以分权制衡和地方自治的西方政治社会体制为基础的,因而我国不能简单套用西方国家做法。

二、国内研究现状

2011 年,李克强同志在第七次全国环境保护大会上强调,"基本的环境质量、不损害群众健康的环境质量是一种公共产品,是一条底线,是政府应当提供的基本公共服务"。国内学者对于环境基本公共服务问题的研究主要集中在环境基本公共服务的均等化、环境公共服务的供给模式和环境公共服务供给侧改革三个方面。

(一) 环境公共服务的均等化

我国环境基本公共服务供给与分享,长期存在着供给水平低、均等化水平低、城乡分割等方面的突出问题,其根源在于相关制度安排存在缺陷,因而要通过制度创新加以解决,重点强化环境基本公共服务与公民权利、政府责任的"挂钩"问题,以及解决环境基本公共服务与地方财政能力、居民身份"脱钩"问题。②

部分学者从不同的角度测量了我国的环境公共服务绩效。乔巧等人根据"压力—状态—响应"(PSR)概念模型框架,构建了环境基本公共服务均等化评估指标体系,并选取江苏、湖北、贵州 3 个省份进行实证评估,

---

① Morello-Frosch R. , Pastor M. , Porras C. , Sadd J.. Environmental Justice and Regional Inequality in Southern California: Implications for Future Research. *Environment Health Perspect*. 2002,110(2):149-154.
② 卢洪友.环境基本公共服务的供给与分享——供求矛盾及化解路径.人民论坛·学术前沿,2013(2):98—103。

分别计算其环境基本公共服务水平分值,并采用基尼系数得出三省均等化差异程度[1]。卢洪友等人基于"投入——产出——受益"的视角下构建了我国环境基本公共服务绩效评估指标体系,并在考虑财政分权的情况下对 2003—2009 年环境公共服务效应进行了实证检验,结果表明中国各省级地方间的环境公共服务绩效水平显著不同,即中西部地区明显低于东部地区,经济发展水平和城镇化水平是导致这一显著不同的主要因素[2]。张启春等利用"纵横向"拉开档次评价法对我国 2002—2011 年间30 个省级政府的环境基本公共服务绩效进行了实证分析评价,结果表明省际差异显著:尽管中西部大部分地区绩效整体逐年上升,但是东部地区的综合绩效水平还是明显高于中西部地区的综合绩效水平,而且,环境安全性服务和环境信息性服务占综合绩效得分比重明显偏小[3]。

在评价环境公共服务供给绩效的基础上,国内学者提出了解决环境基本公共服务供给均等化问题的原则。李红祥等人认为,推行环境基本公共服务的均等化,需要理清四层关系,即"基本"与"非基本"的关系,政府与市场的关系、环境基本公共服务均等化与环境质量均等化的关系、公共服务均等化与财力均等化的关系。[4] 侯贵光等人认为,推进环境基本公共服务均等化要和推进新型城镇化工作紧密结合的原则[5]。

在上述相关原则的基础上,魏钰、苏杨提出了提高生态补偿的政策水平、合理划分中央和地方的事权等 11 条深化环境公共服务均等化的具体建议。[6] 卢洪友等则提出加大环境保护投入力度、构建环境监测与监管基本公共服务体系、建立环保信息公开常态机制、稳步推进环保管理大部

[1] 乔巧、侯贵光、孙宁等. 环境基本公共服务均等化评估指标体系构建与实证. 环境科学与技术,2014,37(12):241—246。

[2] 卢洪友等. 中国环境基本公共服务绩效的数量测度. 中国人口·资源与环境,2012(10):48—51。

[3] 张启春、江朦朦. 中国省际环境基本公共服务绩效差异分析. 财经理论与实践,2014(3):104—110。

[4] 李红祥、曹颖、葛察忠、逯元堂. 如何推行环境公共服务均等化. 中国环境报,2012‐3‐27:2。

[5] 侯贵光、吴舜泽、孙宁. 城镇化视角下环境基本公共服务均等化发展方向. 环境保护,2013(8):54—55。

[6] 魏柱、苏杨. 深化环境公共服务均等化的 11 条建议. 重庆社会科学,2012(4):116—117。

制改革和垂直管理改革、环保立法与执法监督并重、建立与健康有关的环境质量国家与地方标准等措施来构建环境公共服务供给体系。[①]

而宫笠俐等认为,公共环境服务的均等化不是简单的平均化和无差异化,因此政府应该以解决公众日益增长的公共环境服务需求和落后的公共环境服务生产及供给能力之间的矛盾为目标,通过采取公共环境服务供给主体的多元化,合理配置公共资源等措施,重构公共环境服务供给模式[②]。郭少青则主张实现环境基本公共服务的合理分配,而不是均等化。他认为要真正实现环境基本公共服务的合理分配,就应该在遵循公平、差别、补偿和预防的原则下,"不断提升政府间关系的法治化水平、提升环境民主的监督力量、加强环境行政的法治化和推进环境基本公共服务均等化政策"。[③]

(二) 环境公共服务供给的模式

国内学者多从具体的环境公共服务内容来探讨其供给模式问题。

第一,关于环境公共服务供给的协同治理模式。徐艳晴和周志忍认为应该围绕水环境的跨界特性与协同需求、结构性协同机制、程序性协同机制等三个方面,构建一个水环境治理的跨部门协同分析框架。[④] 而朱德米则通过对太湖流域水污染治理的分析提出环境基本公共服务的跨部门协同机制包括政策制定、政策执行和政策监督三个方面的内容[⑤]。严燕、刘祖云认为,环境公共服务的供给必须通过推进行政改革、构建公众参与机制以及完善法律制度等手段,来构建发挥政府主导作用和公众主体作用的协同治理模式[⑥]。而杨华锋则认为环境基本公共服务的供给应

① 卢洪友、祁毓. 均等化进程中环境保护公共服务供给体系构建. 环境保护,2013(2):35—37。
② 宫笠俐、王国锋. 公共环境服务供给模式研究. 中国行政管理. 2012(10):21—25。
③ 郭少青. 论环境基本公共服务的合理分配. 中国社会科学出版社,2016。
④ 徐艳晴、周志忍. 水环境治理中的跨部门协同机制探析——分析框架与未来研究方向. 江苏行政学院学报,2014(6):110—115。
⑤ 朱德米. 构建流域水污染防治的跨部门合作机制——以太湖流域为例. 中国行政管理,2009(4):86—91。
⑥ 严燕、刘祖云. 风险社会理论范式下中国"环境冲突"问题及其协同治理. 南京师大学报:社会科学版,2014(3):31—41。

该实现政府、市场和社会三者的协同①;

　　王俊敏、沈菊琴认为跨域政府间的有效协同系统是跨域水环境协同治理系统中最重要的组成部分,并提出建构以激活跨流域政府自组织性为目的的协同机制,是中国政府有效应对跨域水污染负外部性扩散的根本之策和必然选择②。彭向刚等人则提出环境公共服务供给从央地协同、区域政府间协同、部门协同和公务员与政府间协同四个方面实现政府协同③。针对京津冀的环境公共服务问题,高建等人提出"应从合作理念建设、利益协调机制、环保机构统一、环保政策统一、法制体系协同等方面,构建京津冀环境公共服务协同供给体系"④。余敏江对长三角水环境的协同治理问题研究后认为,"长三角地区在组织、政策、平台等方面的一体化实践为水环境协同治理中行动者网络的构建提供了较为充分的现实基础",但是长三角水环境协同治理中的行动者网络要进一步提高效能,就需要通过"制度赋权"与"共进式增能"才能实现。⑤ 张艳楠等人构建了城市群污染跨区域协同治理的三方演化博弈模型,并对不同策略组合的演化过程进行仿真模拟,并在此基础上提出建立联防联控机制、区域一体化协同机制、激励约束机制等发展建议⑥。

　　环境公共服务供给的协同治理包含问责环节的协同。司林波和王伟伟基于问责目标的整体性、问责过程的有序性以及问责标准的统一性等三个根本特性,构建了"包括绩效责任目标确定、目标执行、目标评估、目标反馈和目标改进五个环节的跨行政区生态环境协同治理绩效问责机制

① 杨华锋.后工业社会的环境协同治理.长春:吉林大学出版社,2013:86—105。
② 王俊敏、沈菊琴.跨域水环境流域政府协同治理:理论框架与实现机制.江海学刊,2016(5):214—219。
③ 彭向刚等.论论生态文明建设中的政府协同.天津社会科学,2015(2):75—78。
④ 高建、白天成.京津冀环境治理政府协同合作研究.中共天津市委党校学报.2015(02):69—73。
⑤ 余敏江.让社会活力激发出来:长三角水环境协同治理中的行动者网络建构.江苏社会科学,2022(1):43—51。
⑥ 张艳楠等.分权式环境规制下城市群污染跨区域协同治理路径研究.长江流域资源与环境,2021(12):2925—2937。

基本框架"①。

第二,关于环境公共服务供给的整体性治理模式。生态环境系统的不可分割性、我国"大环保"建设的政策要求和跨区域生态环境治理的现实需要,客观上要求环境公共服务的供给实现整体性治理。② 而丘水林和靳乐山认为,随着各种跨界流域生态环境问题不断显现,并且这类问题开始突破原有流域管理的组织边界,推进流域生态环境整体性治理已成为环境公共服务供给体制改革的新趋向③。吕建华和高娜认为以整合和协调为核心的整体性治理理论为解决我国海洋环境管理中的部门分立、多头管理及数字信息化发展不完善等现实问题提供了新的解决思路④。

范仓海和芮韦青认为,政策执行中组织结构碎片化是环境公共服务供给问题产生的根源,为此要整合政策执行理念、完善执行机制、创新执行技术,以此三方面构建环境政策执行的整体性制度体系和策略系统⑤。万长松和李智超主张采取建立跨区域环境治理专项委员会、构建一个整体性的环境治理网络、加强政府与私营组织、政府与非政府组织之间合作等措施来构建京津冀地区环境整体性治理的新模式⑥。李晓莉认为,当前长三角区域生态环境问题的整体性治理,应从纵向上明确中央与各级地方政府之间的权力与责任;从横向上整合长三角区域内地方政府之间的资源,并根据"污染者付费原则"或者相互间的生态补偿协议来处理区域环境治理难题;从公私关系的角度,鼓励社会组织与企业积极参与长三角生态环境治理⑦。

① 司林波、王伟伟.跨行政区生态环境协同治理绩效问责机制构建与应用——基于目标管理过程的分析框架.长白学刊,2021(01):73—81。
② 赵美欣.整体性治理理论下跨区域生态治理研究.云南农业大学学报:社会科学版,2022,16(02):39—44。
③ 丘水林、靳乐山.整体性治理:流域生态环境善治的新旨向——以河长制改革为视角.经济体制改革,2020(3):18—23。
④ 吕建华、高娜.整体性治理对我国海洋环境管理体制改革的启示.中国行政管理,2012(5):19—22。
⑤ 范仓海、芮韦青.环境政策执行组织结构碎片化的整体性治理.领导科学,2020(16):10—13。
⑥ 万长松、李智超.京津冀地区环境整体性治理研究.河北科技师范学院学报:社会科学版,2014(3):6—8。
⑦ 李晓莉.长三角区域生态一体化的整体性治理研究.党政论坛.,2020(12):49—51。

第三,关于环境公共服务供给的区域联动模式。由于区域大气污染联防联控的主体多元、利益多元,我国区域大气污染联防联控法律机制存在着主体机制不健全、信息共享机制不完善、协商民主机制不完备、利益平衡机制未建立等问题,有必要结合我国的生态文明体制改革,对区域大气污染联防联控的法律机制予以完善。[①] 谢宝剑、陈瑞莲认为应对区域大气污染的公共服务必须要形成制度联动、主体联动和机制联动三者的统一[②]。

曹锦秋、吕程从法律的角度提出确立"共同但有区别"的原则,通过健全区域大气污染联防联控的主体和完善区域联动措施,以实现区域大气污染联防联控,具体内容包括合作措施、联合预警体系与信息共享制度、区域利益平衡措施以及区域限批为主的约束方式[③];李辉等人基于京津冀大气污染联防联控的案例,采用扎根理论的方法,研究了公共服务供给中的"避害型"府际合作的问题,发现"中央纵向权力介入与地方横向协调间的策略性互动构成了'避害型'府际合作从提出到实施全过程的主轴","中央过程压力与地方合作行动间的策略性互动在推动合作的过程中发挥了非常重要的作用"。[④] 京津冀水污染联防联控联治的成效多呈现出局部性和暂时性的特点,亟须加强水环境联合监测执法、信息共享、应急联动以及完善水污染联防联控联治的责任制度等[⑤]。

第四,关于环境公共服务供给的公私伙伴模式。环境公共服务合同是联结公共部门与私人部门的一种有效形式。杨振锐认为,生态服务合同能够为私人组织参与生态补偿市场提供有效的保障,它在解决现有生态环境补偿资金来源单一等问题的同时,也能够进一步提升生态服务的价值。对于规范生态服务合同,不仅要理顺生态环境服务合同本身内部的各种法律关系,同时也要强化合同外部的政策保障,以更有效地推进生

① 康京涛.论区域大气污染联防联控的法律机制.宁夏社会科学,2016(2):67—74。
② 谢宝剑、陈瑞莲.国家治理视野下的大气污染区域联动防治体系研究——以京津冀为例.中国行政管理,2014(9):6—10。
③ 曹锦秋、吕程.联防联控:跨行政区域大气污染防治的法律机制.辽宁大学学报:哲学社会科学版,2014(6):32—40。
④ 李辉等."避害型"府际合作何以可能?——基于京津冀大气污染联防联控的扎根理论研究.公共管理学报,2020(4):53—61。
⑤ 璩爱玉.京津冀地区水污染联防联控联治机制研究.环境保护,2021(20):38—41。

态环境服务市场化的进程①。

公私伙伴关系即 PPP(Public-Private Partnership)。于宗绪等认为，"城市水环境治理 PPP 项目是在 PPP 融入城市水环境治理、提供与水有关的公共服务过程中的一种制度创新，对项目的过程、产出及最终运营效果进行绩效评估，可以更科学地检验 PPP 与城市水环境治理项目结合的紧密性和项目实施的最终社会效果"。②

为更好地实现生态补偿与 PPP 模式的联结与互动，程瑜、张学升认为可以尝试建立跨地区、跨部门生态补偿 PPP 项目的组织管理体系，进行社会资本参与生态补偿基金的探索，同时，还需要注意保持政策的前后衔接与一致性，进一步加强各部门之间的政策协作，加大政府财政政策的倾斜力度，建立健全生态补偿 PPP 模式的各种规范体系③。

王文彬、唐德善基于财政部政府与社会资本合作中心项目库数据，探究环境公共服务公私合作(PPP)项目的省际差异特征及影响因素，统计结果表明，从数量上看，"生态 PPP 项目主要集中在西部欠发达地区，重大项目主要集中在东部发达地区"；从投资主体来看，国有企业在社会投资群体中处于主导地位；从影响因素来看，"生态 PPP 项目立项受人均财政收入、GDP 增长速度、地方债务占 GDP 比重、受教育水平及自然资源因素影响，重大项目立项除受上述因素影响外，还受当地政府的效率影响，国有企业投资积极性受地方债务占 GDP 比重、政府效率和自然资源因素影响"④。

第五，关于环境公共服务供给的合作治理模式。环境合作治理模式的出现，"既是解决大量涌现的环境问题的内在需要，也是后工业时代对

① 杨振锐.生态服务合同：生态补偿制度民事合同路径.兰州财经大学学报.2020,36(05):117—124。

② 于宗绪等.基于 AHP 法和模糊综合评价法的城市水环境治理 PPP 项目绩效评价研究.生态经济.2020,36(10):190—194。

③ 程瑜、张学升.生态补偿领域运用 PPP 模式的困境分析及路径创新.财政科学.2020(07):66—73。

④ 王文彬、唐德善.生态 PPP 项目省际差异及影响因素研究.干旱区资源与环境.2019,33(01):9—16。

环境治理提出的更高要求"①,同时,生态环境问题具有无界性、蔓延性、外部性等特征,在治理实践中单一区域的治理存在着诸多现实困境,因而跨区域合作治理就成为解决生态环境问题、实现环境公共服务有效供给的必由之路②。环境公共服务的合作治理是"一带一路"倡议的题中应有之义,是"一带一路"沿线国家为应对复杂的跨区域生态环境问题、提高环境公共服务供给有效性而采取的协同共治机制,对于构建人类命运共同体具有十分重要的意义。③

跨域环境合作治理是新时代生态文明体制改革的重要内容和主攻方向,也是国家区域发展战略的必然要求和重要目标,李波、于水认为,新时代推进跨域环境合作治理应基于"区块链"的优势特征,建立全域化环境公共服务信息系统、构建协商性的合作组织平台、实施精准化联防联控行动、塑造以共赢为目标的生态发展格局④。

一方面区域环境府际合作治理的理念引导机制、利益激励机制、制度保障机制和信息减熵机制,是决定区域环境府际合作治理的重要因素⑤,另一方面,区域环境公共服务供给的合作治理也取决于地方政府的收入和偏好差异程度,以及对合作方行为损失的补偿水平或对不合作方行为所施加监管与惩罚的力度等因素;增加地方政府收入、加大对不合作者的监管以及适度的偏好异质性有利于提高地方政府参与环境公共服务合作供给的概率,而地区间收入异质性不利于促进区域环境公共服务的合作供给⑥。对合作方损失的补偿或对不合作方施加监管与惩罚,本质上是

① 王帆宇.生态环境合作治理:生发逻辑、主体权责和实现机制.中国矿业大学学报:社会科学版,2021(03):98—111。
② 党秀云、郭钰.跨区域生态环境合作治理:现实困境与创新路径.人文杂志,2020(03):105—111。
③ 杨美勤、唐鸣.生态合作治理:促进"一带一路"国际合作的新动力.当代世界社会主义问题,2020(1):157—167。
④ 李波、于水.基于区块链的跨域环境合作治理研究.中国环境管理,2021(04):51—56。
⑤ 毛春梅、曹онч富.区域环境府际合作治理的实现机制.河海大学学报:哲学社会科学版,2021(1):50—56。
⑥ 宋妍、陈赛、张明.地方政府异质性与区域环境合作治理——基于中国式分权的演化博弈分析.中国管理科学.2020,28(01):201—211。

形成了一种"选择性激励机制"。肖建华、金波认为,省际环境污染合作治理中的行政协议是解决跨域环境污染问题的一种有效政策工具,就长三角、珠三角、京津冀区域跨域环境污染频发的问题而言,进一步规范省际政府间合作的行政协议条款、构建履行协议主体的诚信自觉制度、建立多元的省际政府间纠纷解决机制、构建履行协议的监督约束机制,是完善省际环境污染合作治理行政协议履行机制的路径①。

(三) 环境公共服务供给侧改革

国内研究者近年来开始关注环境公共服务的供给侧改革内容、路径、政策框架和具体措施等问题的研究。

任勇认为应该将改善生态环境、促进绿色发展和建设生态文明纳入供给侧结构性改革的重要内容,将环境监管作为推进供给侧结构性改革的重要手段,抓住供给侧结构性改革的窗口机遇期以进一步完善环境治理体系和提升治理能力水平,高度重视供给侧结构性改革中的相关风险,精准应对。② 这事实上提出了环境公共服务供给侧改革的内容、手段等问题。

环境服务供给侧改革应该采取以下三个路径:基于"大环境"观和"大系统"观升级宏观管理模式、以"公平有效"为核心改进资源配置方式和以"社会共治"为目标发展社会组织体系。③

针对供给侧绿色改革的内涵,有学者提出了促进供给侧绿色改革的环境政策框架,首先,强化环境准入和退出机制;其次,完善资源环境成本内生化机制,包括改革资源环境价格政策,推进财税制度"绿色化",优化生态补偿机制和加快建立绿色金融体系等;最后,建立企业主体参与环境保护的激励机制,包括实施环保领导者制度和绿色供应链管理制度,加快

---

① 肖建华、金波. 省际环境污染合作治理行政协议履行机制困境与突破. 中南林业科技大学学报:社会科学版,2021(03):45—51。
② 任勇.供给侧结构性改革中的环境保护若干战略问题.环境保护,2016(16):17—24。
③ 秋缬滢.供给侧改革视阈下如何创新环境治理格局? 环境保护,2016(22):9—10。

环境治理市场主体培育。[①]

从改善大气质量的角度,提出能源供给侧改革的主要措施,主要包括减少甚至停止新建煤电项目、鼓励超低排放机组多发电,推进高污染机组退出市场、通过民用部门煤改电,减少终端煤炭使用量三点[②]。

三、简要的评价

国内外已有的研究成果在研究方法和观点方面,可以为本课题的研究提供一定程度的借鉴,但其理论分析和基本结论却不能完全适用于本课题的研究,主要理由有以下三点:

第一,我国与西方国家的政治制度和社会价值观不同。我国与以美国为代表的西方国家在政治制度和地方政府体制方面存在明显的差异,因而政府和政策的运行过程也就不同,同时,市场经济在西方经过长期的发展,已经比较成熟,并且塑造了西方人的价值观。在此背景下,西方学者的观点难免或明显或潜在地以西方国家的政府体制和政府运行过程、政策运行过程为背景,难免带有西方文化的印记。如在经济实力较强的西方发达国家、政府承担公共服务的经济基础较强,故而没有将公共服务区分为"基本的"和"非基本的";西方自由的市场经济体制和非政府组织发育都比较成熟,而我国的市场经济体制与西方国家明显不同且非政府发育非常滞后,故而西方学者极力主张的在环境公共服务的供给方面建立"伙伴关系"等观点,就与我国的现实存在较大的差距。因此,西方学者的观点不完全适应我国的情况,不能简单地运用于我国的环境基本公共服务供给侧改革过程。

第二,目前国内学者关于环境公共服务供给问题和环境基本公共服务问题所提出的解决方案,其目标定位于"均等化"。而均等化的本质是一种分配的过程和结果,但我国环境公共服务和环境基本公共服务供给

---

① 毛惠萍、刘瑜.促进供给绿色改革的环境政策研究.环境科学与管理,2017(6):12—17。
② 雷宇、陈潇君.基于大气环境质量改善的能源供给侧改革分析.环境保护,2016(16):25—28。

所面临的主要问题并不仅仅是分配不均的问题,还包括环境基本公共服务供给总量不足的问题,以及由这两方面问题所产生的人民满意度不高的问题。解决环境基本公共服务方面的这些问题并不是"均等化"这一目标所能完全涵盖的,而应该通过实施供给侧结构性改革来提升环境基本公共服务的总量和质量、改善不均衡的供给来解决。

第三,目前国内学者的研究成果主要是提供了不同类型的环境基本公共服务供给方案,但没有提供如何由目前实践中正在采用的方案过渡到理想的供给方案,也就是说,目前国内的研究成果往往注重论述不同的环境基本公共服务供给模式,但如何在实践中基于现实状况达到理想的环境基本公共服务供给模式,却很少有切中肯綮的研究成果。而要达到这一目标,就应该加强环境基本公共服务供给侧改革的研究。

目前,我国已经进入中国特色社会主义新时代,社会的主要矛盾已经转变为人民日益增长的美好生活需求和不平衡不充分发展之间的矛盾。在这种情况下,人民的环境基本公共服务需求数量将会更多、质量要求将会更高。本课题借鉴国内外已有的成果,采用案例研究为主的方法,深入探讨我国环境基本公共服务供给侧改革过程及改革过程中的动力问题,促使我国环境基本公共服务供给朝着理想的模式迈进,对于解决我国环境基本公共服务供给中的总量不足、供给错位问题,具有十分重要的意义。

第四节　研究内容与研究方法

一、研究内容

本研究主要分为以下几个章节的内容:

绪论部分。主要通过比较我国政府在环境基本公共服务方面的财政投入、人力资源投入及组织机构方面的投入与环境基本公共服务供给总量不足、供给错位的现实状况进行比较,提出研究环境基本公共服务供给侧改革的必要性。在此基础上通过文献综述进一步阐述了本课题研究的必要性，并提出了研究的主要方法。

第一章的内容是核心概念界定。主要在分析公共服务和基本公共服务内涵的基础上，界定了环境基本公共服务的内涵和外延，并基于这一界定提出了环境基本公共服务供给侧改革的内涵和内容。

第二章的内容是理论基础和分析框架。主要是提出本研究的理论基础，即环境基本公共服务供给侧改革的过程理论和动力理论，并在此基础上形成了环境基本公共服务供给侧改革的过程与动力耦合的分析框架。

第三章的内容是研究过程的设计。主要阐述了本课题研究采取多案例研究方法的原因；简要概述所选择案例的基本情况，并对案例的基本属性进行了初步的分析。

第四章的内容是环境基本公共服务供给侧改革方案制定的案例研究。主要通过山东省清洁取暖改革方案制定的案例，来分析我国环境基本公共服务供给侧改革的渐进性和政策工具选择的有效性问题。

第五章的内容是环境基本公共服务供给侧改革试验的案例研究。主要通过鲁陕两省的节能减排一票否决试验案例来分析我国改革试验的功能与作用。

第六章的内容是环境基本公共服务供给侧改革方案实施的案例研究。主要通过太原市"禁煤"政策实施的案例，来分析地方政府在执行环境基本公共服务供给侧改革方案时的压力与回应策略，以及执行过程中的三重博弈问题。

第七章的内容是环境基本公共服务供给侧改革效果评估的案例研究。主要通过对我国节能减排绩效考核的案例，来分析绩效考核过程中的央地博弈问题以及科学化绩效考核的重要性。

结论部分。总结归纳本义的观点，并提出未来进一步研究的展望。

二、研究方法

本课题的研究主要采取案例研究法、利益分析法、文本分析法等研究方法。

第一，案例研究法。案例研究法是以一个或者多个案例为对象围绕研究主题进行深入探索的一种研究方法。"案例研究在探索性研究中具有天然性的优势。"[1]本课题的研究主要以山东省清洁取暖案例、鲁陕两省节能减排一票否决试验案例、太原市"禁煤"改革实施案例以及节能减排绩效考核案例等来探究环境基本公共服务供给侧改革的方案制定、试验、实施、效果评估等方面的研究主题。

第二，利益分析方法。利益是指"处于不同生产关系、不同社会地位的人们由于对物的需要而形成的一种利害关系"。[2] 利益分析方法，就是从利益角度分析人们结成政治关系开展政治活动的深层动因，从而揭示社会政治的本质及其运动规律。[3] 本研究课题在探讨太原市"禁煤"改革实施案例和节能减排绩效考核案例时，会重点研究利益相关方在实施和考核过程中的利益冲突以及围绕利益冲突而进行的博弈。

第三，文本分析法。文本分析法是以文本为研究对象，针对特定的主题展开科学分析的一种研究方法。本课题的研究在探讨山东省清洁取暖方案时会收集山东省从 2016 年至 2020 年期间制定并公布的所有政策文本，并分析其改革方案的特征；在探讨鲁陕两省的改革试验时，会收集两省的改革方案文本以及相关改革效果的文件，分析改革试验与改革效果之间的关系。

第五节　可能的创新与不足

一、可能的创新

本课题在环境基本公共服务供给侧改革的过程与动力耦合的框架下

---

① 约翰·吉尔林. 案例研究:原理与实践. 重庆:重庆大学出版社,2017:31。
② 王沪宁. 政治的逻辑:马克思主义政治学原理. 上海:上海人民出版社,2004:169。
③ 张铭、严强. 政治学方法论. 苏州:苏州大学出版社,2003:106。

对环境基本公共服务供给侧改革问题进行了深入的研究。本课题的研究在以下几个方面可能存在着创新：

第一，研究主题有新意。目前国内外学者关于环境基本公共服务的研究主要集中在环境基本公共服务供给的有效性、均等化等方面，包括指标体系的构建、实证检验等内容，关于供给侧改革的研究只有少数成果集中在公共服务领域，但没有聚焦到环境基本公共服务领域。因此，研究环境基本公共服务供给侧改革具有一定的新意，能够进一步丰富供给侧改革和基本公共服务的研究。

第二，研究视角有新意。目前对于基本公共服务过程和供给侧改革过程的研究往往都是聚焦于某一个环节，对于基本公共服务动力和供给侧改革动力的研究往往是聚焦于某一个方面的动力，少有将动力和过程结合起来进行的研究。本课题将环境基本公共服务的动力和过程结合起来，构建了一个动力与过程相耦合的分析框架，具有一定的新意。

第三，研究方法有新意。本课题针对我国环境基本公共服务供给侧改革处于"进行中"的现实，有针对性地采取了案例研究法，有利于深入地探究环境基本公共服务供给侧改革中的内在规律。

第四，研究结论有新意。本课题的研究结果认为，环境基本公共服务供给侧改革的顺利进行必须实现改革方案的制定、试验、执行与效果评估等环境的协同；必须实现环境承载力的驱动力、政府高位发动力、市场机制的推动力和公民环境需求的拉动力四者的共同作用；必须实现环境基本公共服务供给侧改革过程与改革动力的有效耦合。上述观点相对于此前环境基本公共服务供给侧改革研究的结论而言有一定的新意。

二、存在的不足

本课题针对环境基本公共服务供给侧改革问题力图在多个方面有所创新，但由于主客观方面的原因，本课题在研究方法和研究数据方面存在着一定的不足。

第一，研究方法所带来的限制。本课题的研究以大数据的形式论证了我国的环境基本公共服务供给存在着严重的问题,亟须进行供给侧改革,但在具体分析环境基本公共服务供给侧改革的问题、提出环境基本公共服务供给侧改革的路径时,基于环境基本公共服务供给侧改革处于进行中的现实,无法获取全面的大数据,只能采取案例研究的方法,因此,本文的结论不可避免地受限于案例研究法的外推逻辑所产生的限制,即本文的观点受限于案例所代表的类型。

第二,研究数据方面的滞后性。本课题在研究过程中,大量采用了政府等组织公开的公共数据。而这些数据在公布时存在着较强的滞后性,这使得本课题研究成果中,个别地方的数据存在着一定的滞后性。

第一章
核心概念:环境基本公共服务及其供给侧改革

第一节　环境基本公共服务

一、公共服务

国内外的学者从不同的角度对公共服务进行了较为深入的研究。不同的学者对公共服务的理解和界定虽然都有区别,但是他们的界定有以下三个共同的特征:

第一,公共服务是由政府为主的公共组织来提供的。如有人认为,"公共服务,广义上可以理解为不宜由市场提供的所有公共产品……狭义上一般指由政府直接出资兴建或直接提供的基础设施和公用事业"。[①] 也有人认为,"公共服务主要是指由公法授权的政府和非政府公共组织以及有关工商企业在纯粹公共物品、混合性公共物品以及特殊私人物品的生产和供给中所承担的职责"。[②] 这种理解是将公共服务放在与"私人服务"对立面上来加以解释。但是在 20 世纪 90 年代,由于政府提供公共服务的低效甚至无效状况,以及政府财政的困难,西方国家的政

---

① 刘旭涛.行政改革新理论:公共服务市场化.中国改革,1999(3):7—9。
② 马庆钰.关于"公共服务"的解读.中国行政管理,2005(2):78—82。

府在公共服务供给方面进行了一系列改革,采取公私合作伙伴关系,通过构建政府购买的方式等,让一些非政府组织和私人企业也参与到公共服务的供给中来,从而拓展了公共服务供给主体的范围。但在实践中,非政府组织和私人组织参与公共服务的供给也是在政府的指导和参与下进行的,政府在公共服务的供给中处于主导和支配地位。

第二,公共服务供给的对象是全体公民,在特定区域、特定范围内的公共服务供给对象是特定范围的全体公民。这是政府使用公共财政资源、运用公共权力来提供公共服务的正当性基础。

第三,公共服务具有公共性。公共服务的公共性主要体现在其在生产上的外部性和在消费上的非竞争性和非排他性。生产上的外部性主要是指公共服务在供给时会对其他主体或者社会整体产生正的或者负的外部影响,使得私人主体没有动力供给或者产生供给的不经济性,从而影响整个社会的供给效率。消费上的非竞争性和非排他性主要是指某一个人在享有特定公共服务时无法排除或者无法经济地排除其他人对该公共服务的享有。公共服务的公共性是传统上认为公共服务应该由政府供给、全体公民享有的理论基础。

第四,公共服务在一定程度上等同于公共产品。目前学术界关于公共服务与公共产品的关系有两种不同的观点,一种认为二者是完全不同的两个概念,公共产品是有形的公共品,而公共服务是无形的公共品;而另一种完全相反的理解则认为二者的外延是完全相同的。第一种观点虽然在理论上对公共产品和公共服务的外延进行清晰的区分,但是在实践中却难以作出"有形"或"无形"的判断,特别是政府或者其他公共组织运用有形的工具提供了无形的产出,如政府运用相关设备净化特定地区的空气,减少了当地的空气污染,或者是政府的产出在某一角度来看是有形的,在另一角度来看又是无形的,如政府雇佣人员清扫了公共的公路,这既可以看成是政府提供了"清洁的公路"这一有形的公共产品,又可以看成是政府提供了"卫生的环境"这一无形的公共服务。因此,本文从广义上理解公共服务的外延。不对公共产品和公共服务的外延进行明确的区分,甚至在一定程度上将二者等同起来。

基于以上分析,本书认为公共服务是以政府为主体的公共组织运用公共权力和公共资源,为满足社会公众需要,向全体社会成员提供的、有形或者无形的公共产品。

公共服务的有效供给是现代政府与公民关系的必然要求。按照现代政治学理论的观点,政府的权力来源于公民权利的让与,形成了现代政府的公共权力,而不是受命于天或者神而产生的;而社会中的公众通过法定的程序、以选举的方式,而不是以禅让、世袭的方式来产生政府,政府受公民的委托,代表公民来行使公共权力;政府的财政资源获取与支出来源于公民或者民意的代表机构的认可,而不是政府单方面的强制;政府存在的目的在于为全体公民服务,而不是为某一人或者家族服务。简言之,政府的权力来源与行使、财政资源的获取与支出,都来源于公民的认可与支持,因此,政府必须以有效的公共服务来获得公民的认可与支持。反过来,政府提供的公共服务是政府获得公共权力与财政资源的合法性基础。

二、基本公共服务

基本公共服务是我国学者根据国家政策设定而形成的一种理论概念,国外鲜有对"基本公共服务"的探讨。基本公共服务的概念是我国在现阶段经济社会发展水平不能同时满足所有公共服务均衡供给的情况下,对不同类型公共服务的重要性和基础性进行排序的基础上而做出的范围界定[1]。不同的社会群体所享受的基本公共服务应该大体均等,"至少在一些与人民生存权息息相关的方面做到大体均等,也就是'底线均等'"[2]。基本公共服务应该是"公共财力能够承受得起的范围内的""完全免费的官方服务"。[3]

在我国的政策语境中,基本公共服务是公共服务中最为基本和核心的部分,是政府向全体社会成员提供的、平等的、无差别的公共服务,是以

① 吕炜、王伟同. 发展失衡、公共服务与政府责任. 北京:中国社会科学,2008(4):52—64。
② 张贤明. 基本公共服务均等化研究. 北京:经济科学出版社,2017:35。
③ 邱霈恩. 基本公共服务均等化:全民均等受益、共享发展成果. 红旗文稿,2010(3):28—30。

满足公民的生存与发展对公共资源最低需求为目的的公共服务。这些基本公共服务一般包括国防、外交、司法、社会保障、基础教育、基本医疗保健与公共卫生、生态环境保护等方面的内容。除此之外，具体哪些公共服务还可以纳入"基本""核心"的公共服务范畴，不同的国家在不同的历史时期可以根据自身的经济社会发展水平、公民的需求等因素做出略有不同的规定。

虽然专家学者对于基本公共服务的内涵和具体内容的理解略有不同，但一般都认为，基本公共服务具有基本权益性、政府负责性、公共负担性、普惠性、公平性和公益性等几个方面的特点[1]。

基本权益性是基本公共服务的基本特性，是指基本公共服务内容的范围主要涉及公民作为"人"和作为"公民"所应该享有的权益。基本公共服务应该保证每个公民作为一个"人"而存在，享有作为一个"人"而应该享有的尊严，是政府维护基本人权而进行的一系列活动，具体而言，是政府为保证公民基本的生存与发展、生产与生活而采取的一系列措施。

政府负责性是指基本公共服务供给的主体应该是政府，政府应该承担起基本公共服务供给的责任。虽然在特定的情境下，非政府组织和私人组织在一定程度上也可以参与到基本公共服务的供给中来，但它们都是在政府的主导和激励下而进行的服务行为。政府在基本公共服务的供给中承担着最主要的责任。

公共负担性是指基本公共服务供给所产生的成本应该由国家的公共财政来负担，而不应该由私人组织或个人来负担。私人组织或个人往往没有负担基本公共服务成本的动力。根据曼瑟尔·奥尔森的分析，在缺乏"选择性激励"的情况下，如果由私人组织或个人来负担基本公共服务的成本，基本公共服务供给往往是不充分的，而只有政府或者其他公共组织承担起基本公共服务的成本，或者提供充分的"选择性激励"，基本公共服务才能被充分地供给。

普惠性是指基本公共服务供给的对象是全体公民。公民只要享有公

---

① 晏荣.美国、瑞典基本公共服务制度比较研究.中共中央党校博士学位论文,2012:18。

民权，就不会因民族、肤色、性别、地域、年龄等方面的不同而在基本公共服务的享有方面存在着区别，原因在于，每个公民的公民权在法律面前都是平等的。

公平性是指基本公共服务被全体公民公平地享有。所有的公民都会在同样的时间范围内按照同样的标准享受基本公共服务的内容，不存在着特殊的个体和群体享受着超标准、超范围的基本公共服务内容。

公益性是指基本公共服务不仅对其直接作用群体是有益的，而且对其间接作用群体、乃至于全社会都是有益的；不仅社会的现在是有益的，而且对社会的未来也是有益的。如在我国作为基本公共服务的九年义务教育，受益的不仅是正在接受九年义务教育的学生本人，还包括学生本人所在的家庭，甚至全社会需要相关人力资源的公共组织和私人组织都会因此而受益，不仅如此，整个民族和国家未来的可持续发展都会因此而受益。

三、环境基本公共服务

李克强总理在第七次全国环境保护大会上指出"基本的环境质量、不损害群众健康的环境质量是一种公共产品，是一条底线，是政府应当提供的基本公共服务"。[①] 对于政府所提供的环境基本公共服务的内涵和外延，不同的学者从不同的角度进行了界定，形成了不同的观点：

根据公民对环境需求的层次，应该将环境公共服务划分为"基本环境公共服务"和"非基本的环境公共服务"两类。基本的环境公共服务是指政府根据社会条件进行良好生活所必须供给的环境物品，基本的环境公共服务必然包含生存性环境服务，但也可以包括部分舒适性环境服务。非基本的环境公共服务是指现实社会和经济条件无法满足全体社会成员普遍享有、未能在制度上得到承认和保护的环境物品供给。[②]

---

① 李克强副总理在第七次全国环境保护大会上的讲话. 环境保护，2012(1)：8—14。
② 宫笠俐、王国锋. 公共环境服务供给模式研究. 中国行政管理，2012(10)：21—25。

在此基础上,卢洪友认为,环境基本公共服务是指由政府主导提供的、为保障和满足全体公民在生存和发展过程中所产生的基本环境质量需要的公共服务,保障基本的环境质量需求是环境公共服务供给的最终落脚点①。对于环境基本公共服务的供给,"政府一视同仁地为全体公民大致均等化提供、由全体公民大致均等化分享环境基本公共服务的一种制度安排",②;乔巧等将环境基本公共服务界定为"由政府主导提供的,保障社会公众享有的基本的、在不同阶段具有不同标准的、最终以环境质量均等为目标的公共服务"③。李红祥等将环境基本公共服务定义为"由政府提供的,在一定发展阶段,保障公众基本环境权益的最小范围、最低标准的公共服务"④。

上述界定虽然表述不同,但可以看到一些基本的共同点,一是环境基本公共服务是由政府主导提供的;二是环境基本公共服务的对象是全体公民;三是环境基本公共服务的目的是保障公民生存与发展过程中基本环境质量需求。基于上述分析,本文将环境基本公共服务界定为:以政府为主体的公共组织为满足公民生存与发展所产生的基本环境需求,通过维护、保持一定的环境质量,而向全体公民所提供的一系列环境方面的公共服务。

环境基本公共服务除了具有一般基本公共服务所具有的基本权益性、政府负责性、公共负担性、普惠性、公平性和公益性等特点外,还具有极强的环境关涉性,即环境基本公共服务是与生态环境密切相关的基本公共服务,它构成了公民生存与发展、生产与生活的基本条件。

从不同的角度来看,环境基本公共服务具有不同的外延。

从服务的特性来看,环境基本公共服务包括"硬件和软件"两大方面。"硬件"主要集中在环境基础设施的建设上,包括管道铺设、污水处理、垃

---

① 卢洪友、祁毓. 均等化进程中环境保护公共服务供给体系构建. 环境保护,2013(2):35—37。
② 卢洪友. 环境基本公共服务的供给与分享. 人民论坛·学术前沿,2013(2):98—103。
③ 乔巧、侯贵光、孙宁等. 环境基本公共服务均等化评估指标体系构建与实证. 环境科学与技术,2014(12):48—54。
④ 李红祥、吴舜泽、葛察忠等. 构建中国环境基本公共服务体系的思考. 中国环境科学学会. 中国环境科学学会学术年会论文集,北京:中国环境科学出版社,2011:1900—1905。

坂处理设施、环境监测设备等;"软件"主要集中在政策、法规、监测监管、信息流通等方面①。

从政府行为的流程来看,环境基本公共服务包括"污水及垃圾等环境治理服务、环境监测与评估服务、环境监管服务、环境应急服务、环境信息服务以及环境公共设施等领域"②。

从环境公共服务的"基本性"来看,环境基本公共服务主要包括环境基础性服务、基本民生性环境服务、环境安全性服务、环境信息性服务③。

当然,上述类型学的划分,只是在理论上能够做出清晰的划分,在实践中有时候存在着交叉的情况,如对水灾的治理,它既有对硬件方面的服务需求,又有软件方面的服务需求;既属于环境应急服务的范畴,又属于民生性环境服务、环境安全性服务。

第二节 环境基本公共服务供给侧改革

一、环境基本公共服务供给侧改革的内涵

供给侧结构性改革就是"从提高供给质量出发,用改革的办法推进结构调整,矫正要素配置扭曲,扩大有效供给,提高供给结构对需求变化的适应性和灵活性,提高全要素生产率,更好满足广大人民群众的需要,促进经济社会持续健康发展"④。

环境基本公共服务供给侧改革是政府采用改革的方法推进环境基本公共服务供给结构的调整,通过对环境基本公共服务供给的主体、方式、过程、动力等方面进行改革,大力发展节能环保产业、严控高能耗高排放

---

① 刘培莹等.案例城市环境基本公共服务与现状比较研究.环境科学与管理,2015(6):9—14。
② 卢洪友.环境基本公共服务的供给与分享.人民论坛·学术前沿,2013(2):98—1。
③ 李红祥、吴舜泽、葛察忠等.构建中国环境基本公共服务体系的思考.中国环境科学学会.中国环境科学学会学术年会论文集,北京:中国环境科学出版社,2011:1900—1905。
④ 杨宜勇.公共服务体系的供给侧改革研究.人民论坛·学术前沿,2016(3):70—83。

产业、加强环保技术创新和避免生态环境风险,以矫正供给要素的扭曲,提高环境基本公共服务供给的质量和效率的过程。环境基本公共服务供给侧改革的这一界定包含着以下几个方面的涵义:

第一,环境基本公共服务供给侧改革是政府进行的一场自我革命。我国环境基本公共服务,基于其"基本"和"公共"的属性,一直以来都被认为是政府的职能,并应该由政府来供给,事实上,在实践中也是由我国各级政府供给的。而现在进行环境基本公共服务供给侧改革,也是由政府主导的。因此,环境基本公共服务供给侧改革在客观上形成了政府对自身行为的一种改革,是政府在环境基本公共服务领域进行的一场自我革命。

第二,环境基本公共服务供给侧改革的目的是提高环境基本公共服务供给的质量和效率。环境基本公共服务供给领域中存在的问题是环境基本公共服务供给的总量不足和供给错位。为了解决这一问题,我国从环境基本公共服务供给的方面进行了改革。因此,环境基本公共服务供给侧改革的最终目的是在供给投入基本不变的情况下,提高供给的效率,进而提高供给的总量,以满足人民日益增长的美好生活需求、提升公民的环境满意度。

第三,环境基本公共服务供给侧改革的途径是通过供给主体、供给方式、供给过程、供给动力等方面的改革,矫正供给要素的扭曲。从供给主体方面来看,环境基本公共服务供给侧改革是要改变以往政府单一主体供给的状况,实现政府、市场与社会多元主体的合力;从供给方式来看,环境基本公共服务供给侧改革是要改变以往政府单方供给的状况,充分考虑公民的生态环境需求和环境满意度,让政府强制、市场机制、社会和公民的自愿机制充分发挥作用的方式;从供给过程来看,环境基本公共服务供给侧改革是进一步实现供给科学化和民主化的过程;从供给动力来看,环境基本公共服务供给侧改革是在继续发挥环境承载力的驱动力和政府高位发动力的基础上,增加并强化公民需求的拉动力和市场机制推动力的过程。本书根据研究的需要,主要关注环境基本公共服务供给侧改革的过程与动力问题。

第四，环境基本公共服务供给侧改革的主要内容包括大力发展节能环保产业、严控高能耗高排放产业、加强环保技术创新和避免生态环境风险四个方面（具体论述见下文）。

二、环境基本公共服务供给侧改革的内容

胡鞍钢认为，进行供给侧结构性改革要做好"加减乘除"四则运算[①]，进行环境基本公共服务的供给侧改革也要做好"加减乘除"四则运算，并构成了环境基本公共服务供给侧改革的主要内容。

(一) 做好"加法"，大力发展节能环保产业

做"加法"是供给侧改革的核心目标，在经济发展领域主要是优化供给结构、提高有效供给能力，同时增加有效投资；对环境基本公共服务的供给侧改革而言，做好"加法"，就是要大力发展环保产业，提高环境公共服务的质量和数量。

保护环境，为社会公众提供环境公共服务离不开企业的参与。以提供环境基本公共服务为核心产品的众多企业组成了环保产业。环保产业是以满足生态环境保护需求、解决生态环境问题为目标，为改善生态环境、保护资源以及防治污染提供技术和物质支撑的产业。理论上，环境基本公共服务的外部性极强，应该由政府来供给，但部分环境基本公共服务并不是完全纯粹的"公共物品"，可以由政府向企业购买的方式来提供，由此产生了环保产业。

2010年，节能环保产业被我国确立为国家战略性新兴产业；党的十九大把"壮大节能环保产业"作为加快生态文明体制改革、建设美丽中国、推进绿色发展的重要举措；2021年党的十九届六中全会则重点指出"推动形成节约资源和保护环境的产业结构"。这说明党和政府充分认识到

---

① 胡鞍钢、周绍杰、任皓.供给侧结构性改革——适应和引领中国经济新常态.清华大学学报：哲学社会科学版,2016(2)：17—23。

了发展环保产业的重要性。据有关调查统计和测算，"十一五"至"十二五"期间，我国环保产业发展一直保持 25％～30％ 的较高增速。2015—2019 年，环保产业营业收入总额由 9600 亿元增长到 17800 亿元，年均复合增长率达 16.7％，远高于同期的国民经济增长速度；环保产业对国民经济的直接贡献率由 2004 年的 0.3％ 上升到 2019 年的 3.1％，环保产业对 GDP 增长的拉动从 2004 年的 0.03 个百分点扩大至 0.2 个百分点。环保产业对全国就业的贡献逐步增大，从业人数占全国就业总数的比值由 2004 年的 0.08％ 提升至 2019 年的 0.33％[1]。上述数据表明，我国的环保产业取得了良好的发展。

但是，一方面环保产业的发展总体上仍不能满足环境改善的需要，不能完全满足公众生存与发展过程中的需要，另一方面，近几年来，我国环保产业的运行呈现出增速放缓、效益下滑的趋势[2]。这两方面的叠加迫使环保产业发展的商业模式进行转型，即由设备加工、工程建设为主，升级到以污染治理设施运营为核心、面向环境治理效果的新阶段，这同时也要求我国进一步支持环保产业、加快环保产业的发展，将环保产业作为当前环境基本公共服务供给侧改革的核心目标。

因此，为了提供更好更充分的环境基本公共服务，基于环保产业对于环境保护、生态建设的主要作用和对于国民经济的重要贡献，就应该将大力发展节能环保产业作为推进环境基本公共服务供给侧改革的核心内容之一，做好节能环保产业的"加法"。

（二）做好"减法"：严控高能耗高排放产业

供给侧结构性改革的首要目标是做"减法"，在经济发展领域就是"通过资源合理配置，积极解决产能结构性过剩，淘汰落后产能"；在环境基本公共服务供给侧改革方面，"做减法"就是要严控高能耗高排放产业，即①通过直接取缔过剩产能的方式尽可能减少高能耗高排放产业；②通过

① 李宝娟.我国环保产业发展的现状、问题及建议.环境保护,2021(2):9—13。
② 李宝娟.我国环保产业发展的现状、问题及建议.环境保护,2021(2):9—13。

技术改造的方式将高耗能高排放的企业转化为环境友好型企业；③在保证单位 GDP 能耗不变或降低的情况下，根据国民经济发展的需要，可以通过能源置换的方式，适当增加一些必要的高能耗企业。

高能耗高排放产业是指国民经济中能源消耗量相对其他行业很高或者排放的污染性废气、废水等相对较多的行业。高能耗高排放产业对我国经济发展起着不可忽视的作用。从工业产值的角度来看，2001—2016 年工业内部 10 个高耗能行业产值占工业总产值比重一直维持在 44％左右[①]；从产业的重要性来看，煤炭采选业、石油和天然气开采业、有色金属冶炼及压延加工业、石油加工及炼焦业、化学原料及制品制造业、非金属矿物制品业、黑色金属冶炼及压延加工业、纺织业、造纸及纸制品业、电力蒸汽热水生产供应业这 10 个高能耗高排放产业中，有 7 个属于能源和化工基础性行业，另外 3 个属于民生领域的行业。因此，上述高能耗高污染产业对国民经济起着支撑性作用，对我国的工业现代化、城镇化进程做出了巨大的贡献。

目前，我国的高耗能高排放产业有"做减法"的巨大空间。从世界范围来看，我国的能源消耗量和 CO_2 排放量均不容乐观。据 2021 版 BP 报告（BP Statistical Review of World Energy），2020 年，中国的能源消费占世界总能源消费的 26.1％，一次能源消费比 2019 年增长 2.1％，而 CO_2 的排放量高达 99 亿吨，CO_2 排放量却占世界的 30％，比 2019 年增长 0.6％[②]。中国的能源消费和 CO_2 排放量均保持上升趋势。这说明与世界发达国家相比，我国的能源利用效率还有很大的改进空间。具体而言，我国部分高耗能高排放产业存在着产能严重过剩的情况。据统计，我国 10 种有色金属的矿山原料年生产能力为 550 万吨，而冶炼能力却高达 900 万吨[③]。因此，我国应该采取直接取缔、技术改造等方式严格控制部分高耗能高排放产业的发展。

---

① 郎威、陈英姿. 我国高耗能行业能源消费结构的实证分析. 经济纵横，2019(4)：95—102。

② BP 集团. BP 世界能源统计年鉴 2021 版. (2021 - 07 - 08)[2021 - 12 - 11]. https://www.bp. com/zh_cn/china/home/news/reports/statistical-review-2021.html。

③ 李增荣. 对西部矿业公司铅业管理的思考. 中国有色金属，2011(1)：232—235。

而且,我国对高耗能高排放产业"做减法"的环保效果将非常明显。从1997—2015年的数据来看,"高耗能行业的终端能耗对我国工业能耗总量的增长起到了巨大的带动作用"[①],因此,控制高耗能产业对于减少排放、降低污染水平,进而保护我国的生态环境,将起到非常重要的作用。

本世纪以来,考虑到高耗能高排放行业的高污染负面特征以及高耗能高排放产业总体产能过剩的状况,国家相关部门出台了一系列调控政策以严格控制高耗能高排放产业的低水平发展,进而达到化解产能过剩危机的目的,但是,高耗能高排放行业的产能、营业收入与能耗仍然在快速且持续增长,特别是2012年以来,国内对高耗能高排放产业的需求增速持续下降,其产能过剩问题越来越凸显出来[②]。在这种情况下,基于高耗能高排放产业对于国民经济的重要作用,及其产能过剩的情况,我国应该严格控制高耗能高排放产业的发展,对高耗能高排放产业做好"减法"。

具体而言,对我国高耗能高排放产业做"减法",应该考虑到其空间布局特征和发展趋势。我国高耗能高排放产业碳强度存在着极大的空间分异特征,具体表现出"西高东低"与"北高南低"并存的格局,并且"南北差距"比"东西差距"更大[③]。与此同时,我国高污染产业呈现出由我国东部发达地区向中西部欠发达地区转移的总体趋势[④],在这种情况下,严控高耗能高排放产业,就应该有针对性地对我国的西部地区、北方地区加以严格管控,从而避免高能耗高排放产业转移对西部地区和北方地区所带来的环境污染和环境破坏,从源头上减少环境污染和破坏所导致环境基本公共服务供给总量不足和局部供给不均衡的问题。

(三) 做好"乘法":加强环保技术创新

供给侧结构性改革的创新目标是做"乘法",在经济发展领域,就是通

---

① 邵文彬、李方一. 产能过剩背景下我国高耗能行业增长的动因分析. 软科学,2018(1):41—46。
② 邵文彬、李方一. 产能过剩背景下我国高耗能行业增长的动因分析. 软科学,2018(1):41—46。
③ 刘汉初等:中国高耗能产业碳排放强度的时空差异及其影响因素. 生态学报,2019,39(22):8357—8369。
④ 秦炳涛等:中国高污染产业转移与整体环境污染——基于区域间相对环境规制门槛模型的实证. 中国环境科学,2019(8):3572—3584。

过发挥创新对拉动发展的乘数效应；在环境基本公共服务供给侧改革方面，做"乘法"，就是要加强环保技术创新，发挥环保技术创新对环境基本公共服务供给侧改革的乘数效应。

环保技术创新是有利于强化环境治理、改善环境质量的技术创新。在社会经济发展的某些领域中，在现有的技术条件下，企业的经济行为往往伴随着环境污染、环境破坏。这使得政府、企业及社会公众都面临着经济增长与环境污染之间的两难选择，而环保技术创新则是"解决企业经济发展与环境恶化这一矛盾的有效方法"[①]。环保技术创新通过改变现有的技术约束，能够实现在现有污染水平下提高经济发展效率，或者在保持现有经济发展效率的情况下减少对环境的污染，最终实现在经济发展的同时保护环境，实现可持续发展。而多个不同的环保技术创新，能够在推动经济发展的同时降低污染水平，表现出对经济发展与环境保护的乘数效应。

相关实证研究说明了这一点。Carrion-Flores 和 Robert 针对美国的制造行业进行了量化研究，结果表明企业污染物的排放量和环保型技术专利数量之间存在着显著的负相关关系[②]，即增加环保技术方面的创新会减少企业的污染水平。李斌和赵新华研究了我国 37 个工业行业的技术进步对单位工业废气排放量所产生 GDP 的影响，发现规模效率技术进步和中性技术进步对其产生显著的促进作用[③]。企业技术创新有利于促进工业"三废"综合利用产品产值的增加，并有效提高工业 SO_2 的去除率，相比污染治理投资的影响效应，企业技术创新对污染治理的促进作用较强。[④] 在我国进行生态文明建设，美丽中国建设的背景下，加快环保技术创新是实现经济发展与环境保护协同的重要途径。

一直以来，我国非常重视环保技术的创新，并出台了一些政策来推

---

① 钟晖、王建锋. 建立绿色技术创新机制. 生态经济，2000(3)：41—44。

② Carrion-Flores C E, Robert I. Environmental Innovation and Environmental Performance. *Journal of Environmental Economics and Management*, 2010,59(1)：27 - 42.

③ 李斌、赵新华. 科技进步与中国经济可持续发展的实证分析. 软科学，2010(9)：1—7。

④ 王鹏等. 污染治理投资、企业技术创新与污染治理效率. 中国人口·资源与环境，2014(9)：51—58。

进环保技术创新。通过在上海知识产权公共服务平台的检索，可以发现2010年至2018年期间，我国的环保技术专利数一直持上升趋势（见表10），这表明我国的环保技术创新的意识较强，环保技术创新的量提升较快。但相关研究成果表明，"我国的环保技术装备水平与国际领先水平仍有5～10年的差距"①，"中国高技术产业的技术创新和能源效率协同发展的程度不高，高技术产业应该加强技术创新以降低能耗"②。

表10　2010—2018年我国环保技术专利数

单位：个

年度	2010	2011	2012	2013	2014	2015	2016	2017	2018
专利数	64392	79606	112475	137435	147908	188412	220594	236929	309159

数据来源：上海知识产权公共服务平台。

在这种情况下，为了进一步提高公民的环境获得感，保障全体公民生存与发展的环境需求，我国要采取有效的政策和措施，在推动生产技术、管理技术创新的同时，做好"乘法"，加强环保技术的创新，扩大企业对技术创新成果——特别是环保技术创新成果的应用，并依据区域发展特征和实际情况，提高不同地区污染治理效率③。

（四）做好"除法"：避免生态环境风险

供给侧结构性改革的保底目标是做"除法"，在经济发展领域，就是要通过宏观调控体系，有计划、多维度地避免金融风险、生态风险、环境风险、能源风险、资源风险等一系列发展过程中的风险；在环境基本公共服务供给侧改革方面，主要体现为避免生态环境风险。

生态环境风险是指"由自然原因或人类活动引起的，通过降低环境质

---

① 李宝娟. 我国环保产业发展的现状、问题及建议. 环境保护，2021(2)：9—13。
② 贾军、张卓. 中国高技术产业技术创新与能源效率协同发展实证研究. 中国人口·资源与环境，2013(2)：36—42。
③ 王鹏等. 污染治理投资、企业技术创新与污染治理效率. 中国人口·资源与环境，2014(9)：51—58。

量及生态服务功能,从而能对人体健康、自然环境与生态系统产生损害的事件及其发生的可能性(概率)"[1]。生态环境风险的存在,是我国未来经济社会可持续发展的重大制约因素。2018 年 5 月 18 日至 19 日,习近平总书记在全国生态环境保护大会上指出:"在长期的发展过程中,我们也积累了大量生态环境问题,各类环境污染呈高发态势,逐渐累积的生态风险不容忽视。"[2]在进行环境基本公共服务供给侧改革的过程中,尤其要注意避免生态环境风险。

生态环境风险主要有突发性生态环境风险和累积性生态环境风险两种类型。突发性生态环境风险是突然发生的生态环境风险,一般表现为突发性生态环境事件。《中国环境统计年鉴》数据表明,自 1993 以来,我国突发环境事件数量总体呈现出波动下降的趋势,2005 年之后下降趋势明显,2007 年后维持在每年 500 起左右平稳波动[3]。这表明,我国近年来生态环境风险管理和应急水平有了很大的提升[4],但生态环境风险的威胁依然很大,给人民的生命、财产带来巨大的威胁、损失。

累积性环境风险指的是源自较长时期的物理、化学、生物等多方面因素的综合暴露而对人们的生产与生活、身体与精神以及物质等方面产生的风险。累积性和长期慢性的环境风险如果不加以控制,在一定条件下甚至可能转化为突发环境事件[5]。美国、日本、英国、欧盟、澳大利亚等已经形成了本国的累积性生态环境风险管理应对政策,但我国在这方面的应对起步比较晚,还需要进一步加强。

总体而言,我国的生态环境风险管理还面临着"底数不清",缺乏环境风险管理的目标和战略,环境风险管理支撑体系不完善,环境风险信息公

① 毕军等. 我国环境风险管理的现状与重点. 环境保护,2017(5):14—19。
② 习近平. 在全国生态环境保护大会上的讲话. (2018 - 05 - 19)[2021 - 11 - 25]http://www.gov.cn/xinwen/2018-05/19/content_5292116.htm。
③ 毕军等. 我国环境风险管理的现状与重点. 环境保护,2017(5):14—19。
④ 丁镭、黄亚林、刘云浪等.1995—2012 年中国突发性环境污染事件时空演化特征及影响因素. 地理科学进展,2015,34(6):749—760。
⑤ 毕军、Green E. G. 、曲久辉等. 生态环境风险管理研究. 中国环境与发展国际合作委员会专题政策研究项目报告.2015。

开与风险交流体系有待提升①,环境风险评价不规范②等问题。这些问题的存在对环境基本公共服务供给侧改革的顺利进行,以及环境基本公共服务的有效供给,造成了极大的威胁。在环境基本公共服务供给侧改革过程中做好"除法",借鉴发达国家在生态环境风险预警、应急管理及常态化治理方面的经验,避免生态环境风险,是改革的题中应有之义。

目前,我国的环保产业存在着发展不充分与发展路径转型并存的问题、高耗能高排放产业发展过快过剩的问题、环保技术创新亟需提质问题和生态环境风险管理不足的问题等,构成了我国环境基本公共服务供给中的主要问题,因此,大力发展环保产业、严控高耗能高排放产业、加强环保技术创新、避免生态环境风险,共同构成了我国的环境基本公共服务供给侧改革的主要内容。

三、环境基本公共服务供给侧改革的当代价值

环境基本公共服务供给侧改革是从时间和空间两个维度对中国目前的环境及其他相关问题做出的有效回应。

(一) 时间维度的回应价值

环境基本公共服务供给侧改革是对我国过去环境问题、目前社会的主要矛盾以及未来的永续发展所做的回应。

第一,对我国过去环境问题的回应。环境基本公共服务总量供给不足和供给错位的问题是由我国过去的诸多环境问题累积而成的。正因为有诸多生态环境问题的存在,才显得我国目前的环境基本公共服务供给不足、供给错位。总书记在不同的场合多次指出,要"积极回应人民群众所想、所盼、所急,大力推进生态文明建设,提供更多优质生态产品,不断

---

① 毕军等. 我国环境风险管理的现状与重点. 环境保护,2017(5):14—19。

② 吕培辰等. 中国环境风险评价体系的完善:来自美国的经验和启示. 环境监控与预警,2018
  (2):1—5。

满足人民群众日益增长的优美生态环境需要"[1]，就是要通过环境基本公共服务供给侧改革来有效地回应这些问题。

第二，对目前社会主要矛盾的回应。党的十九大指出，我国进入了中国特色社会主义新时代，社会主要矛盾已经转化为人民日益增长的美好生活需要和不平衡不充分的发展之间的矛盾。优美的生态环境和充分的环境基本公共服务是美好生活的重要内容[2]。进行环境基本公共服务供给侧改革是从环境方面对目前社会主要矛盾的有效回应。

第三，对未来永续发展所做的回应。良好的生态环境就是生产力，保护好生态环境就是保护好生产力，保护好生态环境、提供充分的环境基本公共服务就是保护好中华民族永续发展的物质基础。要"为子孙后代留下天蓝、地绿、水清的生产生活环境"[3]，"建设生态文明是中华民族永续发展的千年大计"，"生态文明建设功在当代、利在千秋"[4]。提供充分的环境基本公共服务就是从生态环境的角度对中华民族永续发展做出的回应。

（二）空间维度的回应价值

环境基本公共服务供给侧改革是对区域、国家和全球不同空间层面的一系列问题作出的积极回应。

第一，对区域发展不平衡的回应。区域发展不平衡是我国共同富裕路上的一个重要问题。我国环境基本公共服务供给方面的巨大区域差距，是区域发展不平衡的重要方面，主要表现为政府向各地公民提供的清洁饮用水、污水处理、生活垃圾处理等方面的公共服务数，以及环境基本公共服务的投资额度、机构设置数和人员聘用数的巨大差距。环境基本公共服务供给侧改革就是要解决这方面的区域发展不平衡问题。

---

[1] 习近平. 在全国生态环境保护大会上的讲话. (2018 - 05 - 19)[2021 - 11 - 25]http://www. gov. cn/xinwen/2018-05/19/content_5292116. htm。

[2] 李磊. 习近平美好生活观论析. 社会主义研究，2018(1):1—8。

[3] 习近平. 习近平谈治国理政. 北京：外文出版社，2014:212。

[4] 习近平. 决胜全面建成小康社会夺取新时代中国特色社会主义伟大胜利. 人民日报，2017 - 10 - 28:001。

第二,对国家战略的回应。党的十九大将"美丽中国"确立为我国的发展战略。首要目标是拥有天蓝、地绿、水清的自然生态环境,根本目标是让广大人民群众享有更多的生态福祉。[①] 进行环境基本公共服务供给侧改革是对"美丽中国"发展战略的有效回应。

第三,对国际竞争的回应。从 20 世纪 90 年代开始,西方发达国家将环境问题与国际贸易关联起来,形成绿色贸易壁垒,使环境成为西方国家进行贸易保护的新形式,以此干预正常的国际经济竞争。我国进行环境基本公共服务供给侧改革,提供更加充分的环境基本公共服务,有利于回应目前的国际竞争局势。

---

① 秦书生、胡楠. 习近平美丽中国建设思想及其重要意义. 东北大学学报:社会科学版,2016
(11):633—638。

第二章

理论基础与分析框架:环境基本公共服务供给侧改革的过程与动力

第一节　环境基本公共服务供给侧改革过程论

环境基本公共服务供给侧改革是我国生态环境领域一系列活动的综合体。在这一系列活动中,最主要的是环境基本公共服务供给侧改革方案的制定、改革试验、改革方案的执行和改革效果评估等四个环节。

一、改革方案的制定

20 世纪 70 年代末,我国确立了改革开放的基本国策,对我国政治经济社会文化生态各个领域的具体制度进行了改革。我国的"对内"改革选择了"小步快走"的渐进式道路。从党的十一届三中全会到党的十八大之前,我国渐进式改革的道路上采取了"摸着石头过河"的策略,以"帕累托改进"的方式,在实现社会稳定的同时取得了世人瞩目的改革成绩。十八大以来,党和政府认识到我国的改革进入"深水区"的现实,强调改革要"全面发力、多点突破、纵深推进,着力增强改革系统性、整体性、协同性",并提出要深化供给侧结构性改革。

环境基本公共服务供给侧改革是供给侧改革的重要领域,也要增强改革的系统性、整体性和协同性。此时改革方案的制定,尤其强调整体设计、系统设计、协同性、顶层设计。强调整体设计，是指环境基本公共服务供给侧改革的方案不能只针对局部的某一个特殊的问题，而应该针对整体的、全局性的问题来制定改革方案；强调系统设计，是指环境基本公共服务供给侧改革方案的制定要充分考虑各个方面的影响因素，统筹考虑我国不同地域、不同民族、不同发展水平的差别；强调协同性是指环境基本公共服务供给侧改革要强调不同层级、不同地区政府间、政府内部不同部门间，以及改革方案的制定、试验、实施与评估之间的相互配合；强调顶层设计，是指我国的改革在面对多重转型叠加、多目标冲突的情境下，为避免改革方案制定的地方主义、部门主义，而强调环境基本公共服务供给侧改革的方案由行政组织上层统筹考虑制定。

进入"深水区"后的环境基本公共服务供给侧改革方案设计，要遵循理性主义的制定思路，其一般过程主要包括明确问题、确立目标、收集资料、拟定备选方案、价值排序与优选、方案抉择等环节。

明确问题是制定环境基本公共服务供给侧改革方案的首要环节。它要明确界定环境基本公共服务供给侧改革所面临的整体性问题和具体问题，以及这些问题的性质、数量与边界；明确界定环境基本公共服务问题与政治问题、经济问题、社会问题、文化问题及其他生态环境问题的关联，以及环境基本公共服务问题的解决过程中会受到来自其他问题的何种影响与制约。明确问题需要整体考虑、系统分析，具有大局观。

确立目标是指确定环境基本公共服务供给侧改革方案所要达到的目标，具体包括实现美丽中国的长期目标、生态环境根本好转的中期目标和环境基本公共服务质量和数量快速提升的短期目标。对这些目标要进行进一步的分解，确定更细致的具体目标，形成详细的目标结构体系；对于目标结构体系中的各个目标要分清主次、量化为不同的权重。目标的确立要贯彻顶层设计的理念，但为了避免主观主义，要进行充分的调研，甚至让不同层级的具体工作人员都参与进来，使之具有可行性。

收集资料是指收集与环境基本公共服务及环境基本公共服务供给侧改革有关的信息、数据，为环境基本公共服务供给侧改革方案的制定和执行服务。在信息社会中，信息和数据是做出正确抉择的重要依据。互联网和巨型计算机的广泛应用,使得大数据的获取、分析和应用成为可能。科学地制定环境基本公共服务供给侧改革方案,就是要将改革方案的制定建立在环境基本公共服务数据以及其他相关数据的获取、分析和应用的基础之上。这也是环境基本公共服务供给侧改革可以进行"顶层设计"的基础。

拟定备选方案是指制定者在明确问题、确立目标和充分收集资料的基础上,从不同的角度拟定环境基本公共服务供给侧改革的备选方案。由于环境基本公共服务供给问题的复杂性、改革目标的多层次性和不同维度的海量数据资料,使得环境基本公共服务供给侧改革的"顶层设计"者可以从不同角度来设计多个可能的备选方案。备选方案的拟定要尽可能从不同角度拟定、要尽可能多、尽可能全面,为后期的改革方案优选奠定基础。

价值排序与优选是指对前一环节所拟定的环境基本公共服务供给侧改革备选方案按照一定的价值评价体系进行评价、排序、优化的过程。该过程包含以下环节,环境基本公共服务供给侧改革方案的制定者明确方案选择所应该遵循的所有价值准则、对所有价值准则进行排序和评价并形成价值体系、运用该价值体系对前述所有备选方案进行评价和排序、在必要的情况下对有价值的备选方案进行整合与优化。

改革方案抉择是指改革方案决策者对所优选的环境基本公共服务供给侧改革方案进行抉择的过程,主要表现为行政首长"拍板"决定改革方案和立法机关对改革方案进行合法化的过程。

明确问题、确立目标、收集资料、拟定备选方案、价值排序与优选、方案抉择等六个环节构成了环境基本公共服务供给侧改革方案制定的一个系统过程。这一过程的确立是理性精神、科学精神的具体体现,其最终的结果体现在环境基本公共服务供给侧改革的各项政策之中。这一过程得以实现的前提是充分的信息以及明确的价值排序等。在实践中,这些条件难以完全满足,因而渐进主义的方案制定就成为一种现实理性主义的选择。

在我国,中央全面深化改革领导小组负责环境基本公共服务供给侧改革方案的"顶层设计",中央政府各部门在"顶层设计"方案的指导下负责职能范围内的环境基本公共服务供给侧改革方案的制定,各省级政府则在"顶层设计"方案和中央政府各职能部门方案的指导下制定本行政区域内的改革方案细则的制定。由此形成了一个环境基本公共服务供给侧改革方案制定的体系。"顶层设计"方案,主要确定环境基本公共服务供给侧改革的目标和价值准则;而在各部门和各省级区域政府的方案中则主要确定环境基本公共服务供给侧改革的组织机构和政策工具。组织机构和政策工具的使用在很大程度上决定了环境基本公共服务供给侧改革的目标实现程度。

二、改革试验

改革试验是我国改革开放以来,特别是本世纪以来在全面深化改革过程中较为普遍的一种现象。有学者认为,改革试验是指"凡属影响持久、深入、广泛的大型公共决策,在可能的情况下,要选择若干局部范围(如单位、部门、地区)先试先行,然后在总结经验的基础上,再形成整体性政策或者再全面铺开政策实施的做法"[1]。但这种观点没有认识到,不是所有的改革试验都会被全面铺开执行。因此,准确地说,改革试验是我国对较为重大的改革政策在一定空间或时间范围内进行试验或检验,然后针对具有良好结果的改革方案,在总结经验的基础上辐射到全国并得到持续实施的一种政策制定与执行的方法。环境基本公共服务供给侧改革的试验是指将制定的环境基本公共服务供给侧改革方案在若干局部区域或时间段先试先行,然后总结经验教训,再进一步优化政策并视情况在全国全面铺开实施或制度化实施的做法。这表明环境基本公共服务供给侧改革试验具有以下几层涵义:

第一、改革试验是针对大型的公共政策,其主要判断标准是影响的时间持久、范围广泛、意义深远。环境基本公共服务供给侧改革是一项时间

---

[1] 宁骚. 从"政策试验"看中国的制度优势. 光明日报,2014-1-6:11。

长、具有全国性影响、涉及子孙后代和中华民族永续发展的改革,需要进行试验;第二、改革试验的目的是对拟定的环境基本公共服务供给侧改革方案进行检验,总结成功的经验或者失败的教训,以决定该改革方案是直接全面执行,还是修改后执行,抑或终止执行;第三、改革试验的本质是在局部区域先试先行,对环境基本公共服务供给侧改革方案进行检验。

改革试验是我国改革开放成功的保证,是我国改革进入"深水区"的必然选择。我国的改革开放道路与其他国家的改革是不一样的,没有现成的经验可以借鉴,只能够在实践中探索前进。在这种情况下,进行改革试验就是进行探索的一种必要的形式。事实上,中国在大范围内持续进行的、松散制度化的改革试验,可以被看作是"经济腾飞过程中的一个至关重要的政策制定机制","突破旧体制束缚的政策改革先锋"[1],它"对推进制度创新和经济增长起到了重要作用"[2]。从目前中国改革的效果来看,改革试验无疑促使中国的改革取得了成功。现在中国的改革已经进入了"深水区",环境基本公共服务供给侧改革所面对问题更加复杂、改革的任务更加艰巨,必然要求进一步充分发挥改革试验机制的积极作用。

从类型上看,一般而言,改革试验表现为立法试验、试验区、试点等,而环境基本公共服务供给侧改革的试验往往以试验区和试点的形式出现。而环境基本公共服务供给侧改革试验的一般可以分为"先试先行"和"由点到面"这前后两个阶段,以及分别与之对应的选点、组织、设计、督导、宣传、评估和部署、扩点、交流、总结等十个环节[3]。这些前后相继的环节组成了环境基本公共服务供给侧改革试验的整个过程。

从总体上看,环境基本公共服务供给侧改革试验遵循"试点——扩散"的模式。试点主要是将环境基本公共服务供给侧改革的方案在某一典型地区进行试验性实施,然后根据试验性实施的效果来总结经验或者

---

① Sebastian Heilmann. 中国经济腾飞中的分级制政策试验. 开放时代,2008(5):51—51。

② Cao Yuanzheng, Qian Yingyi and Barry Weingast. From Federalism, Chinese Style to Privatization, Chinese Style. *Economics of Transition*,1999,7(1):103 - 131。

③ 周望. 政策试点是如何进行的? ——对于试点一般过程的描述性分析. 当代中国政治研究报告,83—97。

汲取教训,进而决定将环境基本公共服务供给侧改革方案全面实施或者予以终止。一般而言,环境基本公共服务供给侧改革方案予以全面实施或者终止的判断依据是试点的效果是好或者坏:如果试验性实施的效果比较好,就要在总结经验的基础上,予以全面实施——往往是推广到全国;如果试验性实施的效果不好,就要在汲取教训的基础上重新制定改革方案或者直接终止该改革方案。当然,在特殊的情境下,也会出现"没有取得良好的政策效果,也会被推广"的情况[①]。在"试点"环节,改革开放初期试验点的选择往往是经济情况比较好的"典型",在试验性实施过程中往往会给予比较多的政策性支持;在改革进入"深水区"以后,为了全面了解改革方案的科学性和可行性,我国政府往往不再给予试验点以特殊的政策,而且会选择具有不同代表性的典型来进行试验性实施,以更好地检验环境基本公共服务供给侧改革方案的效果。在"扩散"环节,环境基本公共服务供给侧改革方案一般会从空间和时间两个维度扩散。从空间维度来看,改革方案的实施会从某一个"点"扩展到一个区域,进而扩展到全国;从时间维度来看,改革方案的实施会被制度化、规范化,表现为"暂行规定""暂行条例"会转变成正式的、永久性的政策、制度;试验区会转变成工业园、"责任田"等。

改革试验本质上是将试错机制前置于环境基本公共服务供给侧改革方案的全面实施,在获得改革方案执行经验的同时,尽可能降低方案制定失误所带来的成本。其隐含的前提是环境基本公共服务供给侧改革方案的制定者是有限理性的、是可能犯错的,需要通过"试验"来弥补其理性的不足。

三、改革方案的执行

改革方案的执行是将改革方案在现实中予以全面落实的过程,是"将

---

① 刘强强. 政策试点悖论:未实现预期效果又为何全面推广——基于"以房养老"政策的解释. 福建行政学院学报,2019(5):1—14。

观念的东西转化为现实形态的东西"[①]。琼斯认为，"政策执行乃是将一种政策付诸实施的各项活动；在诸多活动中，又以解释、组织和施用三者最为重要"[②]。环境基本公共服务供给侧改革方案的执行，是各地方政府将环境基本公共服务供给侧改革方案在本行政区域内付诸实施的活动。这一活动包括诸多环节，其中最主要的是解释、组织和施用三个。所谓解释，是将环境基本公共服务供给侧改革方案的内容转化成一般人所能接受和了解的指令，其表现形式为相关部门的通知、公告、解释以及街头官僚对改革对象的现场解释说明等。所谓组织，乃是设立环境基本公共服务供给侧改革方案的执行机关，用以拟定执行的办法和具体落实的方案等，组织的主体可以是地方政府中现有的某个或某几个部门，也可以是刚成立的一个非常设机构；组织的过程往往是形成一定的执行机制。所谓施用，是由环境基本公共服务供给侧改革的执行机关提供例行性和非例行性的服务与设备，支付各项经费，进而完成改革的任务，达到提升环境基本公共服务质量与数量的目标。

执行是整个环境基本公共服务供给侧改革行为过程的核心环节。有效的执行是真正解决环境基本公共服务问题、提升环境基本公共服务质量与数量、提升公民环境满意度的重要行为。对于公共政策而言，"在实现政策目标的过程中，方案制定只能占 10%，而其余的 90% 取决于有效的执行"[③]。同理，对于环境基本公共服务供给侧改革而言，改革方案制定的重要性大约占 10%，而改革方案执行的重要性大约占 90%。执行过程不仅要面对执行本身的问题，而且还要面对改革方案制定过程中所遗留的问题；相关利益主体在改革方案过程中的博弈并不会因为方案的落地而终止，而会在执行过程中延续，而且在执行过程中还会有新的利益主体加入，使得执行博弈比方案制定时的博弈更为复杂；另外，环境基本公共服务供给侧改革方案的执行是方案的实现过程，是生态环境方面的利益直接兑现的过程，与方案的制定相比较而言，更容易引发不同利益主体

---

① 张金马. 政策科学导论. 北京：中国人民大学出版社，1992：205。
② Jones C. *An Introduction to the Study of Public Policy*. Mass：Duxbury Press，1977：139.
③ 陈振明. 政策科学. 北京：中国人民大学出版社，1998：279。

之间的矛盾和冲突。因此,环境基本公共服务供给侧改革方案的执行工作比方案的制定更复杂、更艰巨。同时,环境基本公共服务供给侧改革方案的执行过程是生态环境好转的关键环节、是公民环境利益的实现环节,直接关系到公民的环境满意度,因此,它更为关键。

执行环境基本公共服务供给侧改革方案,达到提升环境基本公共服务的目的,重在防止执行中的偏差。史密斯提出的模型认为,影响政策执行效果的因素主要有政策的质量、执行者、执行对象和执行环境这四个方面的因素[①]。事实上这四个方面的因素同样也影响环境基本公共服务供给侧改革方案的执行效果。

环境基本公共服务供给侧改革方案的质量会影响到改革方案执行的质量。环境基本公共服务供给侧改革方案的质量主要表现为改革方案的明确性程度(模糊性程度)和方案的内在冲突性程度。改革方案越明确、具体,其质量就越高,越易于执行,执行效果就越好,反之模糊性程度越高,改革方案的执行效果就越差。改革方案内部的冲突性越高,就越会让执行者无所适从,执行效果就会越差。我国一直以来实行的都是渐进式的改革策略。虽然自党的十八大以来,我国政府有意识地加强了改革的"顶层设计",但由于改革进程的"惯性"以及环境基本公共服务供给侧改革涉及到大气、土壤、内河水体、海洋以及政府、企业、公民、社会团体等方方面面,使得环境基本公共服务供给侧改革的方案仍然是一个多方案的集合体。同时由于不同层级的方案之间存在着模糊与明确的差别、涉及不同类型环境之间的方案存在着不同程度的冲突,因此,强化"顶层设计",进一步提升环境基本公共服务供给侧改革方案的科学性、系统性、协同性,就成为提升环境基本公共服务供给侧改革方案执行效果的关键。

执行者和执行对象对环境基本公共服务供给侧改革方案的态度会直接影响到改革方案的执行效果。一是执行者和执行对象对改革方案的认

---

① 常赟灼、刘宜卓.政府主导型合村并居的异化反思与完善路径——基于史密斯模型的分析.河北农业大学学报(社会科学版),2021,23(4):71—74。

识和理解程度。执行者的正确执行和执行对象的配合是改革方案顺利落地必不可少的因素。只有充分地理解了环境基本公共服务供给侧改革方案，执行者才能按照改革方案的原意、围绕改革目标做出相应的执行行为；执行对象才能在理解的基础上认同、支持、配合改革方案的执行。二是执行者和执行对象的利益。利益决定了一个人的态度，同时也决定了改革方案的执行行为。"执行主体的行为从根本上受利益驱动，主体利益矛盾或冲突的客观必然性决定了执行阻滞现象发生的现实可能性。"①在改革方案的执行过程中，执行者与执行对象都有自己相对独立的利益，他们相互之间及其与其他利益相关者之间的博弈会直接影响环境基本公共服务供给侧改革方案的执行效果。

执行环境直接影响着改革方案的执行效果。改革方案必须与执行环境相契合才能在实践中成功执行。从制度的角度来看，执行环境包括该国现有的正式制度和非正式制度。从正式制度的角度来看，纵向的政府间权力划分缺乏规范、横向的机构间职能配置交叉重叠、监督制度不健全②，是导致改革方案执行效果不好的重要原因。波兰政府实施排污税的例子则很好地说明了"在一种制度背景下有效的管制体制，在另一种制度背景下未必有效"③；从非正式制度的角度来看，改革方案及其执行行为必须适应该国现有的文化、风俗、习惯、惯例等非正式制度。诺斯指出，"将成功的西方市场经济制度的正式政治经济规则搬到第三世界和东欧，就不再是取得良好经济实绩的充分条件"④。可见，非正式制度对人的行为起着潜在的规范作用，与非正式制度冲突的改革方案及其执行行为必然会受到来自执行对象及其他社会公众的抵抗和反对。

---

① 丁煌. 利益分析：研究政策执行问题的基本方法论原则. 广东行政学院学报，2004(6)：27—30。
② 丁煌. 我国现阶段政策执行阻滞及其防治对策的制度分析. 政治学研究，2002(1)：28—39。
③ 丹尼尔·H. 科尔. 污染与财产权：环境保护的所有权制度比较研究. 北京：北京大学出版社，2009：77。
④ 卢现祥. 西方新制度经济学. 中国发展出版社，1996：27—28。

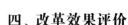

四、改革效果评价

改革效果评价是在环境基本公共服务供给侧改革方案执行一段时间后或者执行结束后按照评估的指标体系对改革方案执行结果做出的评估、总结。由于环境基本公共服务供给侧改革内容多、涉及面广、时间长，因此，可以在某一环境基本公共服务供给侧改革方案执行一段时间后进行中期效果评价，或者对某一方面的环境基本公共服务供给侧改革方案执行效果进行评价，或者对某一区域的环境基本公共服务供给侧改革方案的执行效果进行评价，或者对环境基本公共服务供给侧改革方案的整体效果进行评价。不同的评价方式适用于不同的环境基本公共服务供给侧改革对象。

环境基本公共服务供给侧改革效果评价的主体可以是政府中改革方案的制定者、执行者，也可以是改革方案执行的对象，还可以是与环境基本公共服务供给侧改革无关的第三方。由改革方案的制定者和执行者来进行评价，其优点在于，他们非常了解环境基本公共服务供给侧改革方案制定和执行的过程，评价的信息相对非常充分，因而奠定了科学评价的基础。由改革方案执行对象来进行效果评价，就是让改革方案的最终服务对象来评价改革方案的好坏。其优点在于，可以将环境基本公共服务供给侧改革方案的规划目标与执行过程、直接目标与最终目标有机地结合起来考虑。由与改革没有直接关系的第三方来进行评价，其优点在于，他们对于环境基本公共服务有着相对专业的知识，与改革的过程和结果没有直接的利益关系，能够保证更为客观、公正的评价结果。改革方案的制定者、执行者和执行对象都与环境基本公共服务供给侧改革有着直接的利益关系，难免存在着评价结果不够客观的情况，而由第三方来进行评价，又会存在着改革方案执行信息不够全面、成本较高的情况。因此，理想的情况是，让三方都参与进来，实现改革方案的效果评价的协同。

从改革效果评价的内容来看，环境基本公共服务供给侧改革效果评价可以分为客观评价和主观评价两种类型。

(一) 主观评价:公民满意度

环境基本公共服务供给侧改革的最终作用对象是人,是为社会中的公民服务,可以用公民在生态环境中的体验来评价环境基本公共服务供给侧改革方案执行的效果。这一体验,是公民基于自身的生产生活活动而对生态环境所产生的一种满意度。

测量公民对于环境基本公共服务供给侧改革的满意度有两种途径。一种是基于公民态度的满意度测量。这种途径主要是通过问卷调查的方式来测量公民满意度,即通过科学设计调查问卷、对公民进行科学抽样、实施调查并进行统计,从而得到公民内心对于环境基本公共服务供给侧改革的感受与评价数据。基于态度的公民满意度测量,往往受制于调查问卷设计的科学性、抽样的规范性、调查的样本量大小、实施调查时公民的利益考虑与回答问卷的情景等多方面的因素。这些因素直接决定了最终得到的公民满意度数据能否真实地反映公民对环境基本公共服务供给侧改革的满意度水平。

在以问卷调查的方式进行公民满意度测量时,针对同一项环境基本公共服务供给侧改革事项,不同的人对同一份问卷的回答会不一样,甚至同一个人在不同的时间段对同一份问卷的回答结果也有可能不一样。这说明,以问卷的方式对公民满意度测量是一种主观性很强的评价。

另一种是基于行为的公民满意度测量。人内心的某种满意或不满意心理状态,累积到一定的程度会转化为人特定的行为,这种特定的行为就是人这种满意或不满意状态达到一定程度的表征。公民对于环境基本公共服务供给侧改革的满意或不满意心理达到一定的程度也会外化为一定的行为。当公民对环境基本公共服务供给侧改革及改革结果满意时,他们会表现得很高兴,会有一些庆祝的行为或者在公开的场合对政府等改革者进行感谢等行为;当公民对环境基本公共服务供给侧改革及改革结果不满意时,他们会表现得很伤心、愤怒,在特定的情况下会通过电话、网络或者特定的政府部门(如信访)等方式和渠道向改革执行者或者其他政府主体直接表达自己的不满、诉求,甚至在公民不满意的心理状态积累到很严重的程度时,还会引发公民集体做出各种群体性事件。因此,各种信访行为、各种环境群体性事件就是公民对环境基本公共服务供给侧改革不满意心理的一种外在表征,可以用来衡量公民对环境基本公共服务供给侧改革的不满意度程度。

在环境基本公共服务供给侧改革期间的信访量越大、环境群体性事件数量越多,就说明公民对环境基本公共服务供给侧改革的不满意程度越高;反之,信访量越小、环境群体性事件数量越少,就说明公民的不满意程度越低。不满意程度与满意程度是同一个线段的两极,不满意程度越高则满意程度越低,反之,不满意程度越低则满意程度越高。

用公民的行为来测量公民对环境基本公共服务供给侧改革的满意度,受制于人的"心理——行为"的过程机制。一般而言,特定的心理状态与特定的行为之间有着密切的因果关系,但具体到特定的某个人,他的某种心理不一定会表现为与之对应的某种行为,而是这种心理状态达到一定的程度了才会产生相应的行为,从特定的心理到特定的行为之间具有不确定性,而且因人而异;反过来,特定的行为一定是人在特定的心理状态下做出的,具有确定性。具体到环境基本公共服务供给侧改革方面,公民对环境基本公共服务供给侧改革不满意,不一定会产生信访、参与到群体性事件等行为;只有当公民的这种不满意达到一定的程度时才会产生信访行为、参与群体性事件等行为。而这里的"程度"往往因人而异,而且,这也说明,环境基本公共服务供给侧改革期间发生的信访行为、群体性事件等一定反映了公民对特定环境基本公共服务供给侧改革的不满意心理。从特定行政区域的特定改革时间段来看,信访总量的变化、环境群体性事件总量的变化,都反映了公民对环境基本公共服务供给侧改革满意度的变化。因此,基于行为的公民满意度测量更是一种主观性较强的测量、评价。

(二) 客观评价:生态环境质量

环境基本公共服务是以政府为主的公共组织通过一系列积极的行为作用于人们生产生活的生态环境,进而服务于社会中的所有公民。而环境基本公共服务供给侧改革,则是通过改革政府环境基本公共服务的方式、重点内容等,实现生态环境质量提升,满足公民的生态环境需求。在此意义上,环境基本公共服务供给侧改革的直接作用对象是生态环境,直接目的是提升生态环境的质量,因此,生态环境的质量可以而且应该作为环境基本公共服务供给侧改革效果评价的对象。而且,环境基本公共服务供给侧改革意味着环境基本公共服务方面的改变,这种改变所带来的直接效果就是生态环境质量的改变,因而,生态环境质量的改变情况就能较好地反映环境基本公共服务供给侧改革的效果。如果环境基本公共服务供给侧改革是成功的,那么生态环境质量应该是实质性的正向改善;如果环境基本公共服务供给侧改革是失败的,那么生态环境质量就会恶化,当然也有可能不发生实质性的改变。

具体到不同的环境基本公共服务供给侧改革方案,应该有不同方面的生态环境来作为改革效果评价的对象。在环境基本公共服务供给侧改革期间,不同方面生态环境质量变化情况可以作为判断改革成功与失败的标准,具体而言,就是用生态环境质量的改革后测数据减去前测数据来判断环境基本公共服务供给侧改革的效果:如果后测数据减去前测数据的结果为正,那么改革的效果就是好的;如果后测数据减去前测数据的结果为负,那么改革的效果就不好。

生态环境质量是衡量生态环境状况的具体指标,它是运用科学的仪器、设备,采用公认的科学技术、方法,对人们所生活的生态环境进行测量,最终体现为与相关生态环境有关的具体数据。生态环境质量的数据,是不以某个人或某些人的意志为转移的客观数据。因此,以生态环境质量数据来评价环境基本公共服务供给侧改革的效果,是一种客观评价。

以生态环境的质量来评价环境基本公共服务供给侧改革的效果,是对改革直接结果的评价,是一种客观的评价;而以公民满意度来评价环境基本公共服务供给侧改革方案执行效果,是政府最终目的的评价。一般而言,对于同一环境基本公共服务供给侧改革项目,这两种评价的结果是一致的,即环境基本公共服务供给侧改革导致生态环境正向改变越大,公民的满意度就越高;生态环境改变不大或者退化,公民的满意度就越低。但偶尔也有例外的情况,如①生态环境改变不大或者略有退化,但是公民的满意度却没有降低,主要是因为公民通过各种渠道了解到政府在环境基本公共服务供给侧改革过程中所做的种种努力,并认可了政府的努力;或者②改革使得生态环境的质量改善了很多,但由于公民的期望值太高,或公民的需求有了很大的提升,使得公民对改革的满意度并没有提高。

进行环境基本公共服务供给侧改革的效果评价具有重要的意义。第一,对于整个环境基本公共服务供给侧改革而言,进行效果评价有利于规范、引导整个改革的执行过程。进行改革效果评价的指标体系是指引执行者行动的指示器。趋利避害、获得良好的执行结果是改革执行者的本能,因此,他们会按照事先确立的改革效果评价指标体系来进行改革,以期获得较好的评价。第二,对于环境基本公共服务供给侧改革方案的制定者和执行者而言,进行改革的效果评价,可以让他们总结成功的经验和失败的教训,为下一步的环境基本公共服务供给侧改革奠定良好的基础、避开失败的陷阱。对于社会公众而言,进行改革的效果评价,如果结果很好,可以让公众看到政府在环境基本公共服务供给侧改革方面取得的巨大成绩;如果结果不好,也可以让公众看到政府在环境基本公共服务供给侧改革方面所做的巨大努力。这两方面都有利于增强公众对政府的认同感。另外,由于改革的效果评价方案是在方案执行之前已经制定好的,因此,环境基本公共服务供给侧改革的效果评价具有很强的导向作用。如果不进行环境基本公共服务供给侧改革的效果评价,就会导致改革方案的制定者和执行者都不会重视该项改革,也不会对他们的改革工作起到导向作用,公众的满意度不仅不会提升,反而会降低。

改革方案的制定、改革方案的试验、改革方案的执行和改革效果评价构成了一个前后相继的环境基本公共服务供给侧改革过程,即从逻辑上而言,环境基本公共服务供给侧改革方案制定之后才能进行改革试验,试验之后才能进入改革方案执行的程序,改革方案执行之后才能进行效果评价。同时,这四个环节同时也是相互联系、相互影响的过程。

第二节　环境基本公共服务供给侧改革的动力论

我国的环境基本公共服务供给侧改革是多动力源共同推动实施的。这些动力源包括环境承载力所产生的驱动力、政府高位发动力、市场机制的推动力和公民环境需求的拉动力。

一、环境承载力驱动

(一) 环境承载力的内涵

资源和环境是人们生存和生活的基础性条件。资源环境是"经济结构的本体论基础,是政治结构的间接前提,是文化结构的深厚源泉,是社会结构的基石"[①],环境资源承载着人们的生产和生活。然而,由于环境资源的有限性,环境资源的承载力也是有限的。公地悲剧充分说明了这一点。充分认识环境资源承载力及其有限性,是为人们争取良好的生存和生活条件的重要内容。

资源环境承载力是指"在一定的时期和一定的区域范围内,在维持区域环境系统结构不发生质的改变,区域环境功能仍具有维持其稳态效应能力的条件下,区域资源环境系统所能承受人类各种社会经济活动的能力"[②]。这一界定表明,资源环境承载力有如下特点:

第一,资源环境承载力是特定时空条件下的承载力。资源环境只有在一定的时间范围内和空间范围内才能发挥作用。随着时间的流逝和空间的变化,人们所掌握技术的变化、对环境和资源的认识进一步深化,会

---

① 向俊杰、查雨佳.论习近平生态文明思想的时空回应性及其当代价值.哈尔滨市委党校学报,2020(3):30—37。

② 付云鹏、马树才.中国区域资源环境承载力的时空特征研究.经济问题探索,2015(9):96—103。

导致对资源环境的利用效率提高,资源环境的承载力也会随之提高。

第二,资源环境承载力是维持特定空间环境系统结构稳定、环境功能不变前提下的最大承载力。人类的各种社会经济活动不可避免地会在一定程度上改变生态环境,而生态环境有一定的自我净化能力。如果人类的社会经济活动对生态环境的改变在环境的自我净化能力阈值之内,环境系统就不会发生质变;反之,如果人类的社会经济活动对生态环境的改变突破了环境自我净化能力的阈值,环境系统的结构就会发生质的变化,环境功能发生退化,说明人类的生产生活实践已经突破了资源环境的最大承载力。

资源环境承载力反映"一个国家或一个地区范围内,资源环境数量和质量对该空间内人口、经济的基本生存和发展的支撑力,是可持续发展的重要体现"[①]。资源环境承载力研究是"一个国家或地区进行资源供需保障和环境保护、人口总量及布局谋划、增强政策调控功效、实施可持续发展战略等的依据,同时为经济社会和资源环境协调发展提供有力理论支撑"[②]。弄清我国的资源环境承载力状况,对于有针对性地进行环境基本公共服务供给侧改革,提高我国的资源环境承载力,实现中华民族的永续发展,具有重要意义。

(二)资源环境承载力与环境基本公共服务供给侧改革的关系

第一,环境基本公共服务供给侧改革能够提升资源环境的承载力。节能环保产业的增加有利于减少人类活动对资源的消耗、修复人类活动对生态环境的伤害;严控高能耗高排放产业,对高能耗高排放产业实施减量替代,能够减少人类活动对特定区域内生态环境的破坏;环保技术的创新,能够改善人与生态环境之间的作用方式和相互关系,提升人们在特定区域的环境之中的经济活动效率;规避生态环境风险,能够减少自然的、人为的环境伤害,也是在提升人类在生态环境中的活动效率。因此,实施

[①] 陈丹、王然. 我国资源环境承载力态势评估与政策建议. 生态经济,2015(12):111—115。
[②] 李剑等. 我国资源环境承载力研究的进展与展望. 矿产与地质,2021(2):322—329。

环境基本公共服务供给侧改革能提升资源环境的承载力。

第二,环境基本公共服务供给侧改革能够增加环境系统结构与功能的稳定。如果没有外界的物质和能量的介入,系统内的熵就会增加,最终必然会导致整个系统的解体;而负熵的增加是整个系统更加有序化、组织化的一种体现,是整个系统维持原有的结构与功能的必要条件。增加节能环保产业,虽然导致人类在特定时空内的环境活动增加,但不会增加环境系统的离散程度,反而会增加环境系统的负熵;严控高能耗高排放产业,会减少对生态环境的破坏,即减少生态环境系统中熵的绝对量;创新节能环保技术,作为解决经济发展与环境破坏矛盾的一种有效方法,能够减少人类在生态环境中活动时带来的熵;有效规避生态环境风险,本质上是规避生态环境系统自带的熵或者人为的熵。因此,实施环境基本公共服务供给侧改革,能够增加环境系统结构与功能的稳定性。

第三,资源环境承载力的超载必然要求进行环境基本公共服务供给侧改革。资源环境承载力的超载,意味着生态环境系统结构与功能的改变,如水源被污染后丧失了生态价值、被污染的大气被人体吸入后会致病致死等。这种情况意味着原有的环境基本公共服务是相对低效甚至是无效的,已经不能满足生态环境系统自我修复的要求,不能满足人类活动的需要,必须改革原有的环境基本公共服务供给方式、途径等,提供更有效的环境基本公共服务供给。只有进行环境基本公共服务供给侧改革,通过增加节能环保产业、严控高耗能高排放产业、加强环保技术创新、避免生态环境风险,才能改变资源环境系统承载力超载的情况。

(三)我国的环境承载力驱动环境基本公共服务供给侧改革

2014 年,中央经济工作会议对环境形势的判断认为,"从资源环境约束看,过去能源资源和生态环境空间相对较大,现在环境承载能力已经达到或接近上限"[①]。与此同时,国内的科技工作者采用各种方法对我国的

[①] 中央经济工作会议在京举行. (2014 - 12 - 11)[2021 - 12 - 10]http://www.xinhuanet.com/politics/2014-12/11/c_1113611795.htm。

资源环境承载力进行了较为科学的评估。

国土资源部经济研究员孟旭光对31个省份资源承载力进行了测算，结果显示，"我国省域环境承载力均不高，且差异性较大"，"省域资源与环境承载力二者之间匹配程度较差：我国西部省域资源承载力较强，而环境承载力较弱；我国东部和南部省域环境承载力较强，资源承载力较弱；资源与环境综合承载力强的省域较少，主要集中在海南、广西、江西和湖南等中南地区"[1]。付云鹏等人通过构建中国区域资源环境承载力的指标评价体系，从自然资源承载力、社会资源承载力、自然环境承载力和社会环境承载力等4个方面分别利用因子分析方法计算了2004—2013年中国31个省级地区历年的资源环境承载力综合得分，得出以下结论：北京、上海、天津、广东、江苏和浙江等地资源环境承载力较高；贵州省、云南省、甘肃省、河北省、山西省和内蒙古自治区等地资源环境承载力较低[2]。席晶、袁国华基于2008—2013年我国大陆地区30个省级区域的资源环境指标面板数据，采用空间分析方法对中国资源环境承载力情况进行了实证研究，结果发现资源环境承载力水平较高的省区集聚于东部经济发达地区，资源环境承载力水平较低的省区则集中于西部经济欠发达地区[3]。

郑微微等人利用2006—2014年中国7大农区24个省份的统计数据，采用过剩氮和水盈余方法测算农业生产水环境承载力，结果显示，中国农业生产水环境负荷警报值不断向污染威胁临界值靠近，辽宁、河南、河北、山东、江苏和宁夏6个地区的污染风险最为严重。[4]

虽然由于指标选取及权重设置的差异，他们的测算结果不一致，但都说明了我国部分地区的资源环境承载力很脆弱。总体上看，中国省域、城市及矿业经济区等资源环境承载力处于超载状态[5]，特别是我国欠发达

① 陈丹、王然.我国资源环境承载力态势评估与政策建议.生态经济,2015(12):111—115。
② 付云鹏、马树才.中国区域资源环境承载力的时空特征研究.经济问题探索,2015(9):96—103。
③ 席晶、袁国华.中国资源环境承载力水平的空间差异性分析.资源与产业,2017(1):78—84。
④ 郑微微、易中懿、沈贵银.中国农业生产水环境承载力及污染风险评价.水土保持通报,2017(4):261—267。
⑤ 陈丹、王然.我国资源环境承载力态势评估与政策建议.生态经济,2015(12):111—115。

地区呈现出"资源环境承载力具有区域总体承载力较弱、资源环境负荷超载、承载力提升潜力受限、要素间变化响应敏感以及超载后修复代价巨大"等基本特征。[①]

我国省域资源环境承载力由东向西、由南到北依次递减,造成这种现状的主要原因是区域经济发展水平较低、资源利用粗放,技术水平相对落后。[②]

我国资源环境承载力的这种状况,客观上驱动我国政府积极推进环境基本公共服务供给侧改革,并通过大力发展环保产业、严控高能耗高污染产业,为公众提供更加充分的环境基本公共服务,修复当地的生态环境,提高环境资源承载力;加强环保技术创新,改变人与环境的相互作用方式,提高生态环境资源的承载力;避免生态环境风险,维护生态环境系统的稳定。而且,我国也正是积极推进环境基本公共服务供给侧改革,才使得我国的资源环境承载力有所好转。

二、政府高位发动

(一) 政府的环境保护职能

按照社会契约论者的观点,政府的公共权力来自于公民天赋权利的让与,其目的在于维护公民的权利,增进公民的利益。在现代社会中,政府不再是凌驾于社会之上的支配者,而是为社会服务的"公仆"。为社会提供充分的公共服务,是政府公共权力的合法性来源,是政府税收的正当性基础。政府为社会所提供的公共服务,应该具备公共性,表现为受益群体的广泛性、消费的非排他性、生产的外部性等。保护生态环境,受益群体为全体社会成员,而且一般情况下也不能进行排他性消费,保护生态环境的行为具有很强的外部性。因此,保护生态环境是政府应该提供的公

[①] 周侃、樊杰. 中国欠发达地区资源环境承载力特征与影响因素——以宁夏西海固地区和云南怒江州为例. 地理研究,2015(1):39—52。
[②] 卢小兰. 中国省域资源环境承载力评价及空间统计分析. 统计与决策,2014(7):116—119。

共服务。为公民提供充分的环境基本公共服务,是政府职能的重要内容之一,是政府公共权力的合法性来源和政府税收的正当性基础。

(二)政府环保职能与环境基本公共服务供给侧改革的关系

政府的环保职能与环境基本公共服务供给侧改革都是政府的行为,二者之间有着密切的联系:第一,二者具有目的一致性。政府的环保职能是为了保护好生态环境,为公民提供更好更充分的环境服务;环境基本公共服务供给侧改革,包括扩大公民参与、大力发展环保产业、严控高耗能高排放产业、创新环保技术和避免生态环境风险,则是为了提高政府给予公民的环境基本公共服务供给效率。二者都服务于公民的基本环境需求。

第二,二者都是政府主动做出的行为。进行环境保护、进行环境基本公共服务供给侧改革,都是政府意志的体现,是政府的主动行为。虽然政府做出这些行为时会考虑到各地的生态环境状况、考虑到公民的实际需求与诉求、考虑到企业的生产经营活动,以及公民和企业所处的社会文化环境等各种因素,表现出一定程度的受支配性,但是这些因素不是支配政府进行环境保护和进行环境基本公共服务供给侧改革行为的因素,而是政府为了达成环境保护和环境基本公共服务供给侧改革的效果而加以辅助考虑的影响性因素。政府做出的环境保护行为和环境基本公共服务供给侧改革行为都是政府基于自身所拥有的强制性力量而选择的一种强制性行为。

第三,政府的环保职能包含了环境基本公共服务的内容。政府的环保职能主要是进行生态建设、环境保护、污染治理等,涉及到大气、土壤、水体等方方面面;环境基本公共服务则是涉及到与公民生存与发展相关的环境问题,是环境问题中的最关键、最基本的方面。在此意义上,进行环境基本公共服务供给侧改革是提升政府职能行使效果而做出的行为。环境基本公共服务是政府环保职能的一部分。

(三)我国政府发动环境基本公共服务供给侧改革

我国政府基于自身的环保职能而发动环境基本公共服务供给侧改

革,采取了大力发展环保产业、严控高耗能高排放产业、创新环保技术和避免生态环境风险等改革措施,其动机主要来自于三个方面:

第一,提升自身的环境基本公共服务供给的水平与效率。本世纪以来,我国政府采取了一系列环境保护的措施,投入了大量的财政资金来治理生态环境,但是我国公民的生产生活环境变化不大,个别地方与公民生活密切相关的生态环境甚至急剧恶化,严重伤害了公民的身心健康,表现为个别地方出现了"癌症村""血铅村";个别地方因短期内大气污染严重而被迫停工停产停学等。环境保护领域中的这种高投入低产出——甚至是无效产出的状况,迫使我国政府反思我国环境保护工作,特别是环境基本公共服务供给的效果问题。为此,我国政府将发展环保产业与严控高耗能高排放产业相结合、创新环保技术与避免生态环境风险统筹考虑,主动出台了一系列政策,发动了环境基本公共服务供给侧改革,其直接目的在于提升环境基本公共服务的供给水平和供给效率,也就是说,我国政府发动环境基本公共服务供给侧改革的直接目的是提升自身的环境基本公共服务供给水平和供给效率。

第二,回应公民的环境需求。环境基本公共服务供给低效甚至无效,导致供给不足,伤害了公民的身体、损害了公民的利益,造成了巨大的损失。这种情况必然会导致公民的不满。这种不满是由公民公共需求的不满足所导致的,需要政府做出有效的回应。反过来,政府要有效地回应公民的环境需求,就必须要改变环境基本公共服务供给低效、供给不足的现状。为此,我国政府采取了一系列措施:通过出台对环保产业的支持性政策,鼓励环保产业的大力发展,修复已有的生态破坏和环境污染;通过出台对高耗能高排放产业的惩罚性政策,严格控制其发展,减少对环境的进一步污染;通过实施激励性政策,实现环保技术创新个体的外部收益内部化,最终调动社会主体的环保技术创新积极性;通过技术分析提前预警可能出现的生态环境风险,通过制定生态环境风险管理,将生态环境风险对人民的伤害和损失降到最低。这些措施都是在以公共服务的形式有效地回应公民的环境基本需求。

第三,提升自身的合法性水平。广义上的政府合法性,是指公民对政府的理解、认同与支持,使得政府获得存在的前提和行为的基础。政府合法性按照其来源可以分为程序合法性和绩效合法性两种。前者是指政府通过公众认可的程序和方式来获得权力、行使权力,进而获得公民的理解、认同与支持;后者是指政府通过有效地向公民提供其所需要的公共服务,来获得公民的理解、认同与支持。政府通过发展环保产业、严控高耗能高排放产业、创新环保技术、规避生态环境风险等方式,推进环境基本公共服务供给侧改革,实现环境基本公共服务供给水平和效率的提升,有效回应公民的环境需求,这些行为最终会获得公民的理解、认同与支持,提升政府的绩效合法性。

基于上述三个方面的动机,我国政府主动发动了环境基本公共服务供给侧改革,表现为政府出台了一系列激励环保产业发展、严控高耗能高排放产业发展、环保技术创新、环境风险规避的政策,并取得了一定的效果。一项针对我国 29 个省市的研究显示,我国政府已制定的管制型政策工具和市场型政策工具对大气污染治理均有效①。这说明我国政府主动出台的、促进环保产业发展的激励型政策和严控高耗能高排放产业政策,是有效的。继续深入推进环境基本公共服务供给侧改革必将在更大程度上改善我国环境基本公共服务的供给效果。

三、市场机制拉动

(一) 市场机制的内涵与作用

市场是商品交换的场所。在现代社会中,一方面,每个人的能力是有限的,其专长是特定的,这使得处于社会中的人与人之间会基于自身的能力和专长而产生分工;另一方面,每个人的生存和全面发展所需要的资源、物资又是多种多样的。这两方面的相互作用,使得社会中的每个主体

---

① 郑石明、罗凯方. 大气污染治理效率与环境政策工具选择——基于 29 个省市的经验证据. 中国软科学,2017(9):184—192。

都有商品交换的需求，因而形成了市场。各个主体在市场中进行商品交换的机制，称之为市场机制。市场机制存在的前提在于市场主体的自由和自利性，前者表明市场主体有自主交易的独立性，后者表明市场主体交易的目的在于自身的利益。市场机制主要包括供求机制、价格机制、竞争机制和风险机制四个方面。

供求机制是商品的供给方和需求方相匹配的机制。商品供给与需求的关系状况，总体上会出现供不应求、供过于求和供需平衡三种情况。商品的供求状况会反映在商品的价格上。价格是商品价值的体现，并根据商品供求关系的变化围绕价值上下波动，由此形成了市场的价格机制。商品的价格围绕价值上下波动的内在机理在于供给方之间、需求方之间的竞争机制，即当商品供不应求时，各个不同的需求方为了自己获得足够的商品而展开竞争，从而导致商品的价格上升；当商品供过于求时，不同的各个供给方为了顺利地卖出自己的商品而展开竞争，从而会导致商品的价格下降。由于市场的流动性、市场主体的自利性、市场主体行为的不确定性，市场中的所有行为都存在着风险，基于市场主体趋利避害的本能而产生了风险机制。市场中的供求机制、价格机制、竞争机制和风险机制的相互联系、相互作用，共同构成了市场机制。市场机制的有效运转，为市场中资源的有效配置提供了渠道。

（二）环境市场机制的内涵与原理

环境市场是政府构建的一个市场。在有政府管制之前，人们可以根据自身的偏好和利益随意地从环境中获取必要的资源，往公共环境中倾倒各种垃圾、污染、破坏环境。当人们对环境的污染、破坏，超过了环境自身的净化能力，危及到公共安全与公共利益时，政府就开始对环境友好型行为加以鼓励，对污染、破坏环境的行为加以管制。政府对环境友好型行为加以鼓励，形成了有关环境友好的技术、行为、产品市场，如环保技术、植树造林行为、自动清洁车辆等；政府对污染破坏环境行为的管制，形成了排污权交易市场、碳排放交易市场等。这两类市场都和环境有关，可以统称为环境市场。

第一类环境市场的交易商品是技术、行为和产品,这类市场中的商品由于政府对环境友好行为的鼓励,而具有了比同类型商品更多的价值,并和一般市场中的商品具有同样的属性,第一类环境市场和一般的市场存在着同样的供求机制、价格机制、竞争机制和风险机制。

第二类环境市场中交易的商品是一种权利,即向环境中排放特定污染物的权利。碳排放交易市场是以二氧化碳排放权为商品的市场。人们的生产行为不可避免地会向环境中排放一定的污染物,破坏环境,因而污染物的排放不可避免。政府不可能完全禁止污染物的排放,但是环境的自我净化能力有限,因此,政府必须通过管制手段将污染物的排放量限制在环境自我净化能力的阈值之内。在政府实行污染物排放管制的情境下,社会中希望维持或扩大生产规模的市场主体往往希望得到更多的排污权,因此排污权就变得稀缺,具有了价值,成为了一种商品。在市场中,排污权的总量是一定的,其供求关系是由想要进入该市场、从事特定排污活动的市场主体数量来决定。在特定的情况下,政府可以购回一定数量的排污权,以改变市场中排污权的供求关系。进入排污权市场的主体数量变化、政府购回一定排污权的行为,引发了市场中价格机制、竞争机制、风险机制的作用。这使得此类环境市场机制发生作用,进而拉动环境保护行为的发生。

排污权交易和碳排放权交易都能拉动环境基本公共服务供给侧改革。第一,排污权交易和碳排放权交易将会在客观上遏制高耗能高排放产业发展。一方面,政府通过严格地控制整个社会的排污权总量来控制高耗能高排放产业的总体规模,另一方面,排污权交易市场的运行会导致高耗能高排放产业内部优胜劣汰。在政府管制的情境下,每个企业二氧化硫的排放量是确定的,不能超过该排放量;如果超过了,就要以高昂的价格到市场上购买排放量。如果 A 企业改进了生产技术,每单位产品排放的二氧化硫减少了 2 吨,那么它就可以将这 2 吨的二氧化硫排放权在排污权交易市场上出售给其他企业或者政府。这样 A 企业每单位产品的成本就比同类企业的成本要低,利润空间要大,进而实现市场竞争中的相对优势,最终导致生产技术水平低、高能耗高污染的企业被市场逐步淘汰,达到控制高耗能高排放企业发展的目的。

第二,排污权交易能够通过价格机制推动环保技术创新。在现有技术条件下,如果社会上每个企业削减 1 吨二氧化碳的成本都是 20 元,A企业通过技术创新,提高了二氧化碳的减排效率,使得削减 1 吨二氧化碳的成本降为 14 元,则 A 企业可以以每吨 17 元的价格向 B 企业出售排放指标。在 A 企业实现技术创新后,在 A、B 两个企业各削减 1 吨二氧化碳排放的情况下,B 企业通过市场交易可以获得每吨 3 元的创新红利,A 企业则可以获得 6 元加 3 元的利润。这样,在 B 企业可以获得 A 企业环保技术创新红利的同时,A 企业不仅可以服务于本企业的二氧化碳减排获利,还可以服务于其他企业获利,从而使得 A 企业相对于不能进行排污权交易时有更大的动力进行环保技术创新。从社会整体的角度来看,在A 企业技术创新前,A、B 企业各削减 1 吨二氧化碳的社会总成本是 40元,而技术创新后,社会总成本变成了 28 元,社会整体效益增加。研究表明,欧盟碳排放交易体系“在一定程度上促进了低碳技术的发展,受监管企业的低碳专利数量增加了 30％”[1],同时“促进了参与成员国的可再生能源技术创新”[2]。

第三,排污权交易和碳排放权交易能尽可能避免环境风险。在政府严格管控下的排污权交易市场和碳排放权交易市场,能够将全社会特定污染物的排放量控制在安全的范围以内;如果由于环境中相关因素的变化,导致某一污染物的安全阈值降低,政府还可以通过购回该污染物一定数量的排放权,减少全社会对该污染物的排放,从而规避环境风险。

第一类环境市场的繁荣将推动环保技术、行为和产品的使用,必将造成环保产业的繁荣发展。第二类环境市场的繁荣将拉动对高耗能高排放

---

① Calel R, Dechezleprêtre A. Environmental Policy and Directed Technological Change: Evidence from the European Carbon Market. *Review of Economics and Statistics*, 2016 (98):173 - 191.

② 齐绍洲、张振源.欧盟碳排放权交易、配额分配与可再生能源技术创新.世界经济研究,2019, (9):119—133。

产业的控制、拉动环保技术的创新、避免环境风险。整体上看,第一类环境市场与第二类环境市场的有机结合,将拉动环境基本公共服务供给侧改革整体推进。

(三) 我国环境市场机制拉动了环境基本公共服务供给侧改革

我国十分重视环境市场机制对环境基本公共服务供给侧改革的推动作用。早在 1987 年上海闵行区开展化学需氧量(COD)排污权交易的实践;2007 年国家批复同意浙江、江苏、内蒙古、湖北、湖南等 11 个试点地区自下而上开展排污权交易,而福建、江西等地也自发开展了排污权有偿使用和交易的探索工作[①];2011 年 11 月国家发展改革委发布了《关于开展碳排放交易试点的通知》,2013 年以来在北京、天津、上海、重庆、广东、湖北和深圳七个地区开展碳排放交易试点项目;2020 年 7 月全国统一的碳排放权交易市场正式运行。

相关研究成果表明,中国的环境市场——特别是排污权交易市场和碳排放交易市场促进了高耗能高排放企业向环境友好型企业转化,在遏制高耗能高排放产业的同时,促进了环保技术的创新与应用。"中国碳排放交易体系显著增加了电力部门的绿色技术比重,其中太阳能发电技术比例增加了 14%"[②],"碳排放交易试点地区和试点地区覆盖的高排放工业子部门的绿色全要素生产率分别增加 2.3% 和 9.7%,其中技术变化指标分别提升 4.0% 和 21.2%,是绿色全要素生产率增加的关键"[③]。当然,由于指标选取和数据时间范围的影响,个别研究结果表现出一定的异质性,如有研究者选取上市时间、固定资产比率和企业所有权属性因素进行分析,结果表明中国碳排放交易试点对电力和航空企业的技术创新产生正向效应,对其他六个部门(钢铁、化工、建材、石化、有色金属和造纸)产

---

① 刘炳江. 强力推进排污权交易试点努力开创减排工作创新局面. 环境保护,2014(18):15—18.

② Cong R G, Wei Y M. Potential Impact of (CET) Carbon Emissions Trading on China's Power Sector: A Perspective from Different Allowance Allocation Options. *Energy*, 2010,35 (9),3921-3931.

③ 张浩然. 中国碳排放交易试点的环境、经济、技术效应研究. 太原理工大学博士学位论文,2021:94。

生负向效应①。齐绍洲等利用三重差分模型分析了排污权交易试点政策
对企业绿色创新的影响,研究表明政策促进了试点地区覆盖污染企业的
绿色创新发展,绿色发明专利数量显著提升②。

相关研究也表明,中国碳排放交易权试点通过促进环保技术的创新
与转化,实现了良好的环境治理效果。Yan 等结合双重差分模型与中介
效应模型讨论了中国碳排放交易试点对空气协同治理的实施效果,研究
表明中国的碳排放交易试点确实显著减少了烟霾污染,主要途径是促进
企业之间的绿色技术转化③。

上述研究成果表明,我国的排污权交易试点和碳排放权交易试点对
我国高耗能高排放产业产生了遏制作用,对环保技术创新起到了促进作
用,最终对我国生态环境状况的改善起到了积极的作用,在很大程度上减
少了来自生态环境的风险。

目前,全国已经建立了碳排放权交易市场,并且运行良好,其运行首
月的数据显示,"全国碳市场运行平稳,价格稳中有升,全国碳市场碳排放
配额(CEA)累计成交量 651.88 万吨,累计成交额超 3.29 亿元"④。我国
的环境市场将对环境基本公共服务供应侧改革起到更加重要的拉动作
用。但是我国目前仅建立了全国统一的碳排放权交易市场,未来我国应
进一步建立 COD、氨氮、二氧化硫排放权交易市场,最终形成全面的、统
一的排污权交易市场,进而拉动我国环境基本公共服务供给侧改革进一
步深入。

---

① Zhang Y J, Shi W, Jiang L. Does China's Carbon Emissions Trading Policy Improve the Technology Innovation of Relevant Enterprises? *Business Strategy and the Environment*, 2019,29(3):872-885.

② 齐绍洲、林屾、崔静波.环境权益交易市场能否诱发绿色创新? ——基于我国上市公司绿色专利数据的证据.经济研究,2018,53(12):129—143。

③ Yan Y, Zhang X, Zhang J, et al. Emissions Trading System (ETS) Implementation and its Collaborative Governance Effects on Air Pollution: The China Story. *Energy Policy*, 2020, 138:111-282.

④ 陈鸿应.全国碳排放交易市场运行满月.上海化工,2021(5):5。

四、公民需求推动

(一) 公民环境需求与公民环境满意度

每个人的生存与发展离不开一定的物质基础和环境基础。物质基础来源于社会生产力,而"生态环境则通过作用于生产力的构成要素,成为物质基础的重要内容"[①]。因此,良好的生态环境构成了人们生存和发展的重要基础。每个公民都有一定的生态环境需求。如果现有的生态环境状况能够满足公众基本的生存和发展需求,表现为社会公众能够享有洁净的空气、饮用水以及不受污染、身体不受伤害的环境,公众就会对生态环境产生满意的心理状态;反之,现有的生态环境不能够满足公众的基本生存和发展需求,表现为受污染、被破坏的环境对公民的生存和生产活动造成了威胁,甚至是伤害时,公众就会对生态环境产生不满意的心理状态。在公众对生态环境的满意与不满意之间,有很多中间状态。这些中间状态是由生态环境满足公众基本生存与发展需求的程度所决定的环境满意度。

公众的环境满意度是公众对于生态环境状况的一种主观心理状态,它反映了生态环境满足公众需求的程度,具有主观性、时代性。公众的环境满意度可以通过问卷和量表来进行测量。但由于高信度、高效度量表的设计尚不成熟,以及大规模抽样调查时不可避免的误差,公众环境满意度的准确测量存在着很大的困难,因此,可以通过公众的环境需求所导致的行为来判断公众的环境需求状况和环境满意度程度。公众的环境需求所导致的行为主要包括环境信访、环境违法举报、成立环境组织、环境群体性事件等。环境信访主要是公众通过网络、信件、电话以及当面等方式向政府及其工作部门表达自己的生态环境诉求;环境违法举报是公众针

---

① 向俊杰、查雨佳. 习近平生态文明思想的时空性及其当代价值. 哈尔滨市委党校学报,2020(3):30—37.

对企业或个人侵害或可能侵害自己权益的环境违法行为向公权力机关举报,要求停止其环境违法行为的行为;成立环境组织是公众联合起来,以合法组织的形式在制度内来表达自己环境需求的体现;环境群体性事件是公众在制度外集体表达某种环境需求的体现。公众的这些行为都是公众环境需求的外在表现,反映了他们对于目前与其生产生活密切相关的生态环境状况的满意度。

(二) 公民环境需求与环境基本公共服务供给侧改革的关系

公民外化的环境需要会推动环保产业的大力发展和对高耗能高排放产业的严控。公民通过环境信访、环境违法举报、成立环境组织、制造环境群体性事件等方式,让政府了解、感知到环境污染和环境破坏对公民健康的侵害和对正常社会生产活动的破坏,进而感知到公民的环境需求。

作为一个服务型政府,它必须采取有力的措施来满足公民的环境需求。针对没有明确侵害主体的公民环境诉求,需要政府积极发展环保产业来满足;针对有明确侵害主体的环境违法举报,需要政府强制相关主体停止侵害,消除对公民身体健康和正常生产活动的影响。在后一种情况中,如果侵害的主体是涉及国计民生的企业,而且是在现有的技术条件下所造成的最低限度的环境侵害,政府就必须对此类企业数量进行严格的管控,使其发展限制在国计民生必要的范围内,同时采取有效的政策措施激励企业实现生产技术创新,实现企业的环境友好;如果企业是恶意地给公民造成了伤害,或者并没有采取必要的措施来减少对公民的伤害,就需要政府在对其进行严格管控的同时,强制其对受到伤害的公民进行赔偿。研究认为,公众参与有助于强化对政策决策的监督、提升环境规制强度和环境治理力度,能够在一定程度上有效抑制企业对于环境的污染[①]。这些措施,从积极的方面来看,就是大力发展环保产业、强化环保技术创新;从消极的方面来看,就是严控高耗能高排放产业。

[①] Féres, J. and A. Reynaud. Assessing the Impact of Formal and Informal Regulations on Environmental and Economic Performance of Brazilian Manufacturing Firms. Environmental & Resource Economics, 2012, 52(1): 65 - 85.

从企业的角度来看,企业的良性发展需要树立良好的公共关系,提高知名度和美誉度,因此企业要对公民的舆论和环境违法举报行为做出积极的回应,采取环境友好型技术,停止对公民的生产生活的侵害,并给予对等的补偿;确因生产技术限制无法停止对生态环境破坏的,也要积极创新生产技术。实践证明,在公众和舆论的重压之下,多数企业会逐渐改进他们的环境绩效,"公众参与在推动企业履行环境责任方面起着重要的作用。一方面,公众参与会对污染企业或有潜在污染风险的企业施加压力,让这类企业变得更环保;另一方面,公众参与会通过消费需求影响市场偏好,引导企业提供更加环境友好的产品"。① Stafford 发现在美国"不服从环境标准的企业确实降低了公众的消费需求,至少在短期内公众购买是下降了"②,就说明了这一点。

由环境需求而产生的公众环境参与行为,可以弥补"政府失灵"和"市场失灵"所产生的问题。由公众及公众组织所构成的第三种力量已经成为治理"政府失灵"和"市场失灵"的有效途径之一,而三者的协同是社会实现善治的有效路径。相关研究表明,在无公众参与情形下,地方政府和企业的环境治理策略易陷入"政府不严格执行环境规制+企业消极治污"的不良锁定,只有在公众参与情形下才能达到较为理想的"政府严格执行环境规制+积极治污"稳定均衡,③原因在于公众参与对环境治理,可以降低政府与企业环境行为之间的信息不对称④。

另外,如果政府和企业忽视了公民通过环境信访、环境违法举报、成立环境组织所传递的环境诉求信号,就会导致采取正式制度之外的方式来表达自己对环境污染、环境破坏的不满以及自身的环境需求。正式制度之外的方式主要包括与环境有关的群体性事件、游行示威等底层抗争

① 郭沛源.公众参与如何推动企业履行环境责任.世界环境,2014(1):30—31。
② 熊鹰.政府环境管制、公众参与对企业污染行为的影响分析.南京农业大学博士学位论文,2007:8。
③ 徐松鹤.公众参与下地方政府与企业环境行为的演化博弈分析.系统科学学报,2018(11):68—72。
④ 关斌.地方政府环境治理中绩效压力是把双刃剑吗?——基于公共价值冲突视角的实证分析.公共管理学报,2020(4):53—69。

行为。这样,公民的环境需求得不到满足,就演化为一种社会性的危机。为了避免这一社会风险,就需要政府按照公民的需求采取积极的行动。

(三) 我国公民的环境需求推动了环境基本公共服务供给侧改革

随着我国公民生活水平和环保意识的提高,公民对自身生存和发展的生态环境变化十分敏感,我国公民环境信访举报的数量呈波浪式上升,由 2011 年的 1161928 件上升到 2019 年的 1592901 件(具体数据见表9),这在一定程度上表明我国公民的环境需求也越来越高,公民对生态环境的满意度越来越低。

公民的信访举报引起了党和政府高度重视。习近平总书记在 2016 年 1 月的讲话中指出生态环境问题已成为"民生之患、民心之痛"[1],为此,我国政府做出积极回应,制定了一系列政策,推动我国的环境基本公共服务供给侧改革。公众的环境需求,以及由此引发的环保呼吁,"能够有效推动政府治理行为,促使其通过增加环境治理投资力度、调整产业结构等措施有效治理城市环境污染"。[2] 针对中国的实证研究表明,公众参与程度的提高能够有效制约地方政府以环境资源为代价换取政治业绩的行为,抑制环境污染的负外部性[3],进而有效控制高耗能高排放产业。

从企业与公众的角度来看,公众的环境需求及由此产生的环保参与,会推动企业创新、采用环保技术,实现由高耗能高排放产业向环境友好型产业的转变。虽然企业绿色技术创新行为主要与其成本收益密切相关,但"有效的公众参与为企业在成本小于收益情况下进行绿色技术创新行为提供了可能,即公众参与是企业改变短视行为、进行前瞻性创新的关键因素",随着"公众关注、公众举报强度的增加,企业绿色技术创新行为的演化速度不断加快"。[4] 而一项基于中国省级面板数据的空间滞后模型

---

① 《十八大以来主要文献选编》(下). 北京:中央文献出版社,2018:164。

② 郑思齐、万广华、孙伟增等. 公众诉求与城市环境治理. 管理世界,2013(6):72—84。

③ Zheng S, Kahn M E. A New Era of Pollution Progress in Urban China? *Journal of Economic Perspectives*, 2017,31(1):71-92.

④ 徐乐、马永刚、王小飞. 基于演化博弈的绿色技术创新环境政策选择研究:政府行为 VS. 公众参与. 中国管理科学,2021(8):1—12。

和空间误差模型的研究结果表明,"公众参与行为在一定程度上对政府环境规制具有替代效应"[1]。在一定程度上,中国"公众参与已逐渐成为企业主动实施污染治理行为的主要驱动力",[2]并使得中国企业逐步转变为环境友好型企业。这在客观上增加了中国的环保产业,减少了高耗能高排放产业,并积极进行环保技术创新,提升企业的经济效益和环境效益。

我国的生态环境问题是长期累积而成的。目前的环境基本公共服务供给亟需加以改革,并从大力发展环保产业、严控高耗能高排放产业、创新环保技术、规避环境风险四个方面做好"加减乘除"工作。而这些方面要想起到效果,就要发挥生态环境承载力的驱动力、政府高位发动力、环境市场机制的拉动力和公众环境需求的推动力四个方面的共同作用。

第三节 动力与过程的耦合:一个分析性框架

环境基本公共服务供给侧改革的过程和动力不是两个相互孤立的内容,而是相互联系、相互融合的一个整体。

从逻辑上而言,改革方案的制定、改革方案的试验、改革方案的执行和改革效果评价是一个前后相继的整体。只有先制定环境基本公共服务供给侧改革的方案,然后进行试验,总结经验、修正原有的改革方案,接下来是执行改革方案,最后对改革方案执行的结果进行评价,为下一个环境基本公共服务供给侧改革过程总结经验与教训。

从实践运作的角度而言,环境基本公共服务供给侧改革的过程不再是一个简单的线性过程,而是一个复杂的、可逆的甚至是循环的过程。在环境基本公共服务供给侧改革的方案制定了以后,不一定进入改革方案的试验环节,而是只有重要、大型的改革方案、改革结果不确定的方案才

---

① 赵黎明、陈妍庆. 环境规制、公众参与和企业环境行为——基于演化博弈和省级面板数据的实证分析. 系统工程,2018(7):55—65。

② Cai W G, etal. On the Drivers of Eco-innovation: Empirical Evidence from China. *Journal of Cleaner Production*, 2014,79(5):239-248.

会进入试验环节。试验结束以后,也不是所有的改革方案都推广执行,而是只有试验效果好的改革方案才会进入推广执行环节;试验效果不好的改革方案则会返回到改革方案制定环节进行修正,或者终止该项改革方案。进入改革方案执行环节以后,如果在方案执行过程中发现方案本身存在问题,该改革方案就要重新进入改革方案的制定环节,对方案进行修正;如果执行过程中没有发现问题,就会继续执行,最后进入改革效果评价环节。被评价为效果好的改革方案,就会继续执行,直到完全达到改革的目的;被评价为效果不好的改革方案,如果该改革方案所要解决的生态环境问题很严重,或者公民对相关生态环境问题反应很强烈,那么该改革方案就会进入改革方案的制定环节,进行方案修正;反之,就终止该项改革。整个环境基本公共服务供给侧改革的实践运作过程见图1。

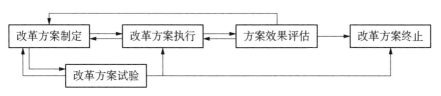

图1 环境基本公共服务供给侧改革实践运作过程图

在上述环境基本公共服务供给侧改革的实践运作过程中,环境基本公共服务供给侧改革各个动力源都在发挥相应的作用。

在环境基本公共服务供给侧改革方案的制定环节,环境承载力驱动力、政府高位发动力、市场机制拉动力和公民需求推动力,都在发挥作用。某个区域的资源环境承载力低或者接近环境承载力的临界点时,客观上该区域的环境承载力状况会驱使当地政府提升生态环境的公共服务供给;当地的生态环境状况及其承载力会使得当地的公民对此表现出极度的不满,表现出对环境基本公共服务的极度需求,从而向政府表达这方面的生态环境需求,公民的这种环境基本公共服务需求在一定情况下表现为公民通过意见征集、座谈会等形式参与到改革方案的制定中来;而此时由于生态环境承载力低,市场上的劳动者出于趋利避害的本能会流动到其他区域,生产资料在环境的限制下难以充分有效地发挥作用,因而相关生产要素的价格会在当地出现扭曲的状态,这样市场机制的作用会促使当地政府发动某项环境基本公共服务供给侧改革,制定改革方案,以改变环境基本公共服务的供给,提升环境基本公共服务的供给质量和数量。政府在此时是主要的动力源。

在环境基本公共服务供给侧改革方案的试验环节和执行环节,环境承载力的驱动力、政府高位发动力、市场机制拉动力和公民需求推动力,都在发挥作用。试验是在部分地区执行,是执行的一种特殊状态。环境基本公共服务供给侧改革的试验工作和执行工作基本上是由我国各级地方政府提出并执行的,他们是改革试验和方案推广执行的主要主体。我国整体上不高的环境承载力,特别是部分地区极低的环境承载力,客观上促使我国相关主体加快执行环境基本公共服务供给侧改革方案。此时市场机制通过供求机制、价格机制、竞争机制和风险机制等将执行中所需要的资源配置到执行主体那里,甚至部分环境基本公共服务的供给直接由市场主体来完成。公众在环境基本公共服务供给侧改革方案的试验和推广执行过程中主要起到推动和监督的作用,即社会公众基于自身的生态环境利益要求地方政府等主体切实实施改革方案的试验和推广执行工作,并对试验和执行过程中的偏差进行监督、举报,以保证试验和执行围绕根本宗旨进行。

在环境基本公共服务供给侧改革的效果评价环节,政府的高位发动力、市场机制的拉动力和公民需求的推动力都在发生作用。环境基本公共服务供给侧改革的效果评估可以分为地方政府的自我总结评价、上级政府的整体评价、外部专家和专业性公司的评价、公众评价等形式。其中,地方政府的自我总结评价和上级政府的整体评价属于政府内部对环境基本公共服务供给侧改革的评价,是政府高位发动的结果;外部专家和专业性公司的评价是市场机制拉动的结果,而公众评价——主要是公众的满意度评价,则是公民环境需求推动的结果。

总之,环境基本公共服务供给侧改革的过程与动力是密切结合在一起的,环境基本公共服务供给侧改革的过程是动力作用下的过程,环境基本公共服务供给侧改革的动力是过程中的动力。前文将二者分开阐述,

是出于简化分析的需要。环境基本公共服务供给侧改革过程与动力的结合见图2:

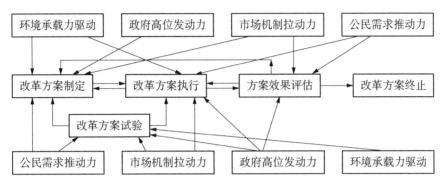

图2　环境基本公共服务供给侧改革过程与动力耦合关系图

本文将依据上述研究框架对环境基本公共服务供给侧改革问题进行研究。

第三章

研究设计

第一节　案例研究法的选择

本课题的研究选择案例研究法作为核心的研究方法,主要是基于案例研究法的特性和中国环境基本公共服务供给侧改革的实践特点而做出的选择。

一、案例研究的特性

个案研究即"对一个个人、一件事件、一个社会集团,或一个社区所进行的深入全面的研究"[1]。案例是"指在某一时间点或经过一段时间所观察到的一种有空间界限的现象","它构成了一项推论试图解释的一类现象"[2]。而这一项"推论"往往是研究的结果,而"解释"就是研究的过程。因此,案例研究法是针对某一个或几个案例进行研究,以解释某一类现象的过程。这里的"案例"往往是指有明显空间界限的个体、群体、事件或现象。但艾尔·巴比认为,有时候"被研究的个案可以是一段时间,而不是

---

[1] 风笑天. 社会研究方法(第五版). 北京:中国人民大学出版社,2021:333。
[2] 约翰·吉尔林. 案例研究:原理与实践. 重庆:重庆大学出版社,2017:14。

特定的群体"①。也就是说,"案例"可以具有明显的时间界限,而不具有明显的空间界限。"一个案例的时间界限偶尔会比其空间界限更加明显"②。简言之,案例是指有明显空间界限或时间界限的个体、群体、事件或现象。案例研究法是以具有明显空间或时间界限的案例为研究对象的一种研究方法。

由于案例研究法只是针对一个或者有限的几个案例进行研究,因而其结论往往受到质疑,特别是来自经济学和统计学的质疑。其质疑的核心要点在于案例研究所针对的案例或者个案,不是统计学意义上的样本,其代表性存在着疑问,因而基于这一样本所"概括"出来的结论和做出的推论,是不科学的。

事实上,案例研究法中所针对的案例或者个案的确不是统计学意义上的"样本",它并没有一个由"样本"所代表的总体;案例研究的目的在于通过推论来解释某一类现象,而不是"总体",案例或者个案所代表的研究总体的边界是模糊的③,甚至案例本身也是在发展之中的,因而,案例研究的分析和推理过程不是统计性的扩大化推理,而是分析性的扩大化推理,即"直接从个案上升到一般结论的归纳推理形式"④,案例研究所得出的结论是一种"分析性概括",而非"统计性概括"⑤。分析性扩大化推理和分析性概括的有效性都更多地依赖于在理论的指导下对案例的资料和数据进行深度的分析,这是案例研究法科学性的根源。

作为一种与其他方法相区分的研究方法,案例研究法有其优点。这些优点在客观上构成了案例研究法的特性。罗伯特·殷认为,案例研究法最适合于如下三种情况:①"研究的问题类型是'怎么样'和'为什么'";②研究的对象是目前正在发生的事件;③研究者对于当前正在发生的事

---

① 艾尔·巴比.社会研究方法(第十一版).北京:华夏出版社,2018:297。

② 约翰·吉尔林.案例研究:原理与实践.重庆:重庆大学出版社,2017:15。

③ 王宁.代表性还是典型性?——个案的属性与个案研究方法的逻辑基础.社会学研究,2002(5):123—125。

④ Yin, Robert K. *Case Study Research*: *Design and Methods*(2nd ed.). London: Sage. 1994: 30-32。

⑤ 孙海法、刘运国、方琳.案例研究的方法论.科研管理,2004(2):107—112。

件不能进行控制或仅能进行极低程度的控制①。因此,案例研究法有如下三个特性:

一是案例研究法是针对"怎么样"和"为什么"两个问题的,即案例研究要描述案例的过程,同时要解释案例所包含的因果关系,并在此基础上作出推论,提出未来应该"怎样"的建议。这一点是案例研究的目的和价值所在。

二是案例研究法所研究的对象主要是目前正在发生的事件,这意味着目前尚无法判断事件是否已经结束了。所研究的对象(事件)可能已经结束了,或者还没有完全结束,因此,研究者尚无法判断其统计学意义上的"总体",或者无法获得与之有关的、规范化的全部数据,不适宜进行统计学上的定量研究。

三是在案例研究中,研究者对于所研究的对象不能进行控制或者是仅能进行极其有限的控制。案例研究往往针对的是目前已经发生的社会事件,研究者无法对过去的事件进行控制;对未来可能发生的部分,研究者也无法直接进行控制,其可能影响(或控制)该事件的走向的着力点在于,①参与式观察或者访谈时对研究案例本身的进程可能会产生一定程度的影响,或者②研究者将其研究的结论、提出的建议提交给政府中或者其他相关决策者,通过有效的影响决策者来影响事件的发展进程和发展方向。

二、中国环境基本公共服务供给侧改革的实践特点

2015 年,在中央财经领导小组会议上,习近平总书记提出了"供给侧结构性改革"的战略,然后改革的领域从经济领域逐步延伸到公共服务领域。环境基本公共服务领域由于其供给的效果差也是供给侧改革的重要领域之一。到现在,中国环境基本公共服务领域的供给侧改革已经进行了 6 年,取得了一定的成效,但是距离基本环境质量的完全改善和人民满

① 罗伯特·K·殷.案例研究:设计与方法(第 5 版).重庆大学出版社,2017:19。

意度的大幅度提升还有很大的距离。因此,中国环境基本公共服务供给侧改革是一个进行中的事件,虽然取得了一定的阶段性成绩,但是还没有结束。

环境基本公共服务是与公民的生产生活密切相关的环境领域的公共服务,包括大气污染防治、水污染防治、清洁饮用水供给、生活垃圾处理等与公民生产生活密切相关的诸多方面。由于我国幅员辽阔,各省各地区的情况不一样,我国没有也不可能统一地推进环境基本公共服务领域各个方面的供给侧结构性改革,因此,在我国环境基本公共服务领域,有的方面改革步伐较快,已经进行了深入的改革;有的方面改革步伐较慢,才刚刚开始;有的省份在某一方面的供给侧改革推进较快,而在另一方面止步不前,而另一省份可能完全相反。在这种情况下,本项目的研究难以获得统计学意义上的、规范的、全面的数据,难以进行全面的定量研究,因此,本项目采取了以案例研究法为主的研究方法。

当然,在采取案例研究法对我国环境基本公共服务供给侧改革进行研究的过程中,在某一案例内部,如果可以获得完整的、规范的数据资料,本项目组也在案例内部采取了定量的研究方法。

另外,尽管本项目研究的框架对现实的环境基本公共服务供给侧改革过程和动力进行了高度的理论抽象,简化了环境基本公共服务供给侧改革的研究内容,但是,由于我国环境基本公共服务供给侧改革的内容极其丰富,各个方面的环境基本公共服务供给侧改革在各个地区的推进程度不一,以及相关案例资料的可获得性存在一定的问题,所以本项目的研究过程中难以以一个单一的案例来代表整个研究框架的内容,因而采取了多案例的研究方法。简言之,中国环境基本公共服务供给侧改革的进程特点和研究资料的特点,促使本项目的研究采取了多案例研究方法。

德尔伯特·C·米勒和内尔·J·萨尔金德认为,在研究过程中对研究问题和研究对象"提供一个深度理解只需要少量个案"[1],这一方面是由于案例研究适合对现象进行深度的解释,另一方面是研究者的时间和

---

① 王金红.案例研究法及其相关研究规范.同济大学学报:社会科学版,2007(3):87—96。

研究资源相对有限,研究者不可能对很多个案都进行深度研究。本课题的研究也力图对中国正在进行的环境基本公共服务供给侧改革做出一个有深度的刻画和解释,并在此基础上,对中国环境基本公共服务供给侧改革的未来提出相应的建议,因此,本课题的研究基于可获得的资料属性,选择了多案例研究的方法。

第二节 案例的选择与案例属性分析

一、案例的选择

本课题的研究基于典型性的原则,选择了山东省清洁取暖改革方案制定、鲁陕两省节能减排一票否决改革试验、太原市"禁煤"改革实施过程和节能减排绩效考核作为本项目研究的案例。

(一)山东省清洁取暖改革方案制定案例

针对我国北方地区日益严重的大气污染问题,中央政府采取了诸多措施,取得了一定的效果,但冬季的取暖导致的大气污染问题,一直没有解决,而且越来越突出,严重影响了公民的生命健康和生产生活,为此,中央政府要求相关部门和相关地方政府采取有效措施解决这一问题。

在这种情况下,山东省政府积极行动起来,从 2016 年开始,积极制定政策开始进行清洁取暖改革,以期改善山东省冬季的大气污染状况。冬季清洁取暖改革,主要是用电和天然气作为冬季供热取暖的能源,取代每户居民家里、企事业单位原有的煤炭锅炉热源。这项工作涉及原有供热管网和供热锅炉的拆除、新的供热设备和电路、燃气管网的改造等;涉及到居民、原供热企业、新设备供应企业、政府之间的成本分担问题;在政府中涉及到生态环境部门、发展改革委、住建部门、财政部门、能源局、市场监督管理部门、物价部门、民政部门、社区街道等相关部门的协同治理;涉及到规划与计划、组织机构设立、财政资金、人事调配、基础设施建设、教育与培训、监管与督查、绩效考核等多环节的协同配合。因此,山东省政府没有一次性制定一个相对完善的清洁取暖改革方案,而是采取了渐进主义的改革方案,从 2016 年至 2020 年期间,陆续制定并公布实施了 31 项相关改革政策,采取了各种强制型、激励型、能力建设型、机制建设型政策工具组合,来积极推动清洁取暖改革的实施。

除了政策支持以外,山东省政府和相关城市政府每年都会拿出大量的资金投入到清洁取暖改革中来。与此同时,山东省政府于 2017 年 5 月支持济南市积极申请进入中央政府组织的北方地区清洁取暖试点城市。经过济南市政府申报、山东省政府推荐、相关部委进行资格审查、公开答辩、现场评审,济南市获批进入试点城市名单,取得了中央政府在清洁取暖方面的专项资金 21 亿元(分 3 年划拨,每年 7 亿元)。随后,淄博、济宁、德州、聊城、滨州、菏泽等城市陆续在山东省政府的支持下进入了清洁取暖城市名单,获得了来自中央政府每年 5 亿元的财政支持。

山东省的清洁取暖改革方案制定过程是一个较长期的过程,同时也是一个集整体性、系统性、协同性于一体的改革方案制定过程,是环境基本公共服务供给侧改革方案制定的一个典型。

(二)鲁陕两省节能减排一票否决改革试验案例

鲁陕两省节能减排一票否决政策试验是一个连续的过程,主要包括四个阶段。

第一阶段是减排一票否决改革试验阶段。为了有效地扭转生态环境方面的严峻形势,2005 年 12 月,国务院发布了《关于落实科学发展观加强环境保护的决定》(国发[2005]39 号)的文件。该文件以"决定"的形式出现,带有很强的试验性质。国发[2005]39 号文件确定了环境保护的目标和任务。为了完成目标和任务,该文件对各级政府提出了一系列具体的要求,其中最突出的是"评优创先活动要实行环保一票否决"。这个文件不仅仅是针对鲁陕两省的,但鲁陕两省关涉其中,可以看作是鲁陕两省节能减排一票否决试验的第一个阶段。

第二阶段是节能一票否决政策试点。2006 年 8 月 6 日,国务院印发了《国务院关于加强节能工作的决定》(国发[2006]28号),提出"到'十一五'期末,万元国内生产总值(按2005年价格计算)能耗下降到0.98吨标准煤,比'十五'期末降低20%左右,平均年节能率为4.4%",并对各级地方政府提出了一系列具体执行的要求。随后,各省级地方政府制定了本省的实施办法,其中,陕西省和山东省在本省的实施办法中提出要"试行一票否决制",进行节能一票否决试点。这两个省的节能一票否决试点,是省政府对下属各县市和所属各部门进行的,有明确的工作内容和完成时间要求,因此,它们是一种考核式节能一票否决。另外,从一票否决的内容来看,陕西省针对节能考核不合格的主体实行的是政绩一票否决,而山东省实行的是评优创先一票否决,从这方面来看,陕西省所实施的一票否决力度更大。

陕西省和山东省的节能一票否决政策试点实施几个月以后,到2007年5月中央政府开始实施节能减排一票否决,因此,陕西省和山东省相对独立地实施的节能一票否决只存在了几个月,随后便纳入到全国统一的节能减排一票否决政策试验中。

第三阶段是节能减排一票否决政策试验(2008—2010)。2007年5月,国务院发布了《关于印发节能减排综合性工作方案的通知》(国发[2007]15号),向各级地方政府提出了新的节能减排要求,并实行政绩一票否决。为了促进国发[2007]15号文件的有效实施,环保部制定并发布了主要污染物总量减排统计、监测、考核的办法,并对各省的减排统计人员进行了培训。可见,国发[2007]15号文件是有具体考核实施办法的,其对各地方政府提出的要求是一种考核式一票否决。但是其具体考核实施办法在2007年11月才由国务院通过,因此本阶段的开始时间从2008年算起。

第四阶段是节能减排一票否决政策试验(2011—2015)。2011年12月,国务院针对"十二五"时期的节能减排工作进一步强调实行环境保护目标责任制,"纳入地方各级人民政府政绩考核,实行环境保护一票否决制","十一五"时期所形成的节能减排考核方案继续沿用。

"十二五"结束了以后,国务院针对"十三五"时期的节能减排工作明确指出不再实行政绩"一票否决"。至此,节能减排一票否决正式终止。

从 2005 年 12 月到 2015 年,政府在节能减排一票否决方面实施的一系列政策具有很强的试验性质。鲁陕两省的节能减排试点与全国的试验交织在一起,在第二阶段,全国的改革实施状况成为鲁陕两省改革试点的参照系;在第一、三、四阶段,鲁陕两省的改革试点与全国的改革试验是同步的。该案例将不同阶段试验的效果进行比较,试图发现环境基本公共服务供给侧改革方案试点及执行方式方面所存在的问题并加以改进。

(三)太原市"禁煤"改革实施案例

"禁煤"改革主要是在各地"禁煤区"实施执行。"禁煤区"最早是1999 年 6 月全国人大常委会副委员长邹家华在《全国人大常委会执法检查组关于检查＜中华人民共和国大气污染防治法＞实施情况的报告》中针对西安市设立"禁煤区"的做法提出的建议,后在 2000 年新修改的《大气法》中予以规定,"城市人民政府可以划定并公布高污染燃料禁燃区",其中"高污染燃料"主要是指煤炭。由此奠定了"禁煤"改革的法律基础。

2017 年 2 月,环境保护部等 10 部委与京津冀周边 6 省市共同发布文件,要求北京、天津、廊坊、保定市 10 月底前完成"禁煤区"建设任务[①]。文件虽未要求山西省太原市也建设"禁煤区",但也被要求采取积极措施实现冬季清洁取暖。考虑到中央实现冬季清洁取暖的决心,以及"禁煤区"必将进一步扩大实施范围的趋势,于 4 月 12 日出台文件[②],要求"各市要全面加强城中村、城乡结合部和农村地区散煤治理,太原……等城市要按照省环保厅关于燃煤控制的有关要求划定'禁煤区'……10 月底前,完成燃料煤炭'清零'任务"。太原市的"禁煤"改革方案正式出台。与此同时,山西省政府积极谋求中央政府对太原等城市"禁煤区"建设的财政支持,最终,财政部、住建部、环保部、能源局四部门于 5 月 16 日联合发文[③],

---

① 《京津冀及周边地区 2017 年大气污染防治工作方案》(环大气[2017]110 号)。
② 《山西省大气污染防治 2017 年行动计划》(晋政办发[2017]30 号)。
③ 《关于开展中央财政支持北方地区冬季清洁取暖试点工作的通知》(财建[2017]238 号)。

提出让相关地方政府申报"冬季清洁取暖试点城市",通过"煤改气""煤改电"实现清洁取暖。经过激烈的竞争,太原市名列其中。

有了中央政府的财政支持,包括太原市在内的大部分试点城市都超额完成了"煤改气""煤改电"任务,导致2017年冬季取暖期到来时气源供应不足。对此,住房城乡建设部于12月11日发布紧急通知①,明确要求"对尚未落实气源或'煤改气'气源未到位的区域,不得禁止烧煤取暖……,切实增强人民群众获得感,努力让群众温暖过冬、满意过冬"。这一政策的发布,意味着此前的"宜电则电、宜气则气"的"禁煤"改革政策被迫修正。随后,中央政府适时提出"宜电则电、宜气则气、宜煤则煤、宜热则热"的"禁煤"改革政策。

但在2018年5月25日,山西省政府发文,提出在2018年9月底前,全省11个设区市均要将城市建成区划定为"禁煤区",禁止储存、销售、燃用煤炭,并明确要求在"在城市主要出入口及交通干线设置散煤治理检查站"②。出于对气源保障等方面问题的担忧,中央政府在2018年6月至11月期间采取了会议强调、发文件指导约束等多种方式,明确禁止环保"一刀切"式执行,特别是6月13日,国务院总理李克强在部署实施蓝天保卫战三年行动计划时,强调要"坚持从实际出发,宜电则电、宜气则气、宜煤则煤、宜热则热,确保北方地区群众安全取暖过冬"。但中央政府的这些行为并没有引起相关地方政府的足够重视,效果并不明显。11月6日,在生态环境部督察组"回头看"的过程中,接到群众的举报后,督察组查处了太原市迎泽区的"禁煤"改革政策执行中的"一刀切"做法。自此,太原市"禁煤"改革政策的"一刀切"式执行方式终止。太原市"禁煤"改革的执行进入常态化阶段。

(四)节能减排工作的绩效考核案例

节能减排工作是我国生态文明建设的重要内容之一,也是政府向公

---

① 《关于开展城镇供热行业"访民问暖"活动加快解决当前供暖突出问题的紧急通知》(建城〔2017〕240号)。

② 《山西省大气污染防治2018年行动计划》(晋政办发〔2018〕52号)。

民提供的环境基本公共服务内容之一。节能减排绩效考核是政府节能减排工作的最后环节，对整个节能减排工作起着导向作用。

从 2003 年我国提出科学发展观开始，我国开始重视节能减排的工作。2005 年 12 月，国务院发布了《关于落实科学发展观加强环境保护的决定》(国发[2005]39 号)，文件中提出了要地方政府的"评优创先活动要实行环保一票否决""建立问责制，切实解决地方保护主义干预环境执法的问题"。

中央政府在 2007 年 5 月发布了《国务院关于印发节能减排综合性工作方案的通知》(国发[2007]15 号)，其中要求把节能减排指标完成情况纳入各地经济社会发展综合评价体系，作为政府领导干部综合考核评价和企业负责人业绩考核的重要内容，实行"一票否决"。同时，国家发展改革委公布了《节能减排综合性工作方案》，明确了节能减排的具体工作目标、工作原则和 2007 年以及到 2010 年的具体工作指标，环保部发布了《"十一五"主要污染物总量减排统计办法》《"十一五"主要污染物总量减排监测办法》和《"十一五"主要污染物总量减排考核办法》，这些文件在一起共同组成了一个完整的节能减排绩效考核体系。

2011 年 10 月，国务院针对"十二五"时期的节能减排发布了《关于加强环境保护重点工作的意见》，继续强调"实行环境保护一票否决制"，具体而言，就是要"制定生态文明建设的目标指标体系，纳入地方各级人民政府绩效考核，考核结果作为领导班子和领导干部综合考核评价的重要内容，作为干部选拔任用、管理监督的重要依据"。

国务院在 2016 年发布的《关于印发"十三五"节能减排综合工作方案的通知》中，将节能考核的指标增加了能源消耗总量，污染物排放方面的指标保持不变，并明确指出"将考核结果作为领导班子和领导干部年度考核、目标责任考核、绩效考核、任职考察、换届考察的重要内容"，但不再强调将考核结果作为政绩评价的"一票否决"考核指标。

从以上节能减排绩效考核的历程可以看出，节能减排工作的考核主要经历了无考核阶段、表态式一票否决绩效考核阶段、考核式一票否决绩效考核阶段和科学化绩效考核阶段。无考核阶段是指上级政府只是布置了节能减排的工作，但没有提出考核的要求，这个阶段从 2003 年科学发展观的提出到 2005 年 12 月国发［2005］39 号文件的公布。表态式一票否决绩效考核从 2005 年 12 月开始到 2007 年国发［2007］15 号文件的发布，这个期间，中央政府只是提出了要对评优创先活动实行环保一票否决，但具体谁来考核、怎么考核、考核的时间、程序、指标以及考核信息的来源等都没有确定，因此，可以称之为表态式一票否决绩效考核。考核式一票否决绩效考核是从 2007 年开始一直到 2015 年，中央政府发布了《关于印发"十三五"节能减排综合工作方案的通知》，强化了一票否决的考核方式。在这期间，中央政府在实行一票否决的同时制定了详细具体的考核方案。2016 年以后，中央政府取消了一票否决的绩效考核方法，同时制定了更为科学的绩效考核体系，进入科学化绩效考核的阶段。该部分以 2016 年和 2017 年的数据检验了科学化绩效考核的效果。不同阶段的绩效考核方案有不同的绩效考核方法、指标等方面的内容，产生了不同的节能减排效果，该案例可以为相关环境基本公共服务供给侧改革的绩效考核提供有益的经验借鉴。

二、案例的属性分析

对上述四个案例内在的属性进行分析，主要是为了进一步明确上述案例与本课题研究内容的契合性。对此，本部分从案例的时空界限特征，以及环境基本公共服务供给侧改革的内容、过程、动力特点来分析四个案例的属性问题。

从案例的时空界限特征来看，山东省清洁取暖改革方案制定案例主要局限于山东省的空间范围内，所研究的时间是 2016 年至 2020 年，研究的主题是围绕清洁取暖改革这一事件，是一个空间和时间界限都明显的事件案例；鲁陕两省的节能减排一票否决改革试验案例主要局限于山东省和陕西省的空间范围内，时间范围是 2005 年至 2015 年，研究的主题是节能减排一票否决，是一个时间和空间界限都明显的事件案例；太原市"禁煤"改革政策执行案例，主要局限于太原市的空间范围内，时间范围是

2016 年至 2019 年,研究的主题是"禁煤"问题,它是一个时间和空间界限都明显的事件案例;节能减排绩效考核案例的空间范围不明显,但起止时间是 2003 年至 2017 年,研究的主题是节能减排绩效考核问题,是一个时间界限明显的事件。

从环境基本公共服务供给侧改革的内容来看,上述四个案例均为环境基本公共服务供给侧改革的内容,并涵盖了环境基本公共服务供给侧改革的"加减乘除"四个方面内容。山东省清洁取暖改革,是改变了山东省居民冬季取暖的燃料来源,其目的是减少传统的冬季取暖燃料对大气的污染,进而提高山东省的空气质量,维护人民的生产生活质量。从直接结果来看,山东省清洁取暖改革是严控高耗能高排放产业的一个方面,是在"做减法",减少冬季的高耗能高排放供热企业。为达到这一结果,就需要大力发展节能环保产业,替代传统的高耗能高排放产业,同时加强环保技术创新,提高能源利用效率,避免大气污染的风险。因此,山东省清洁取暖改革涉及到环境基本公共服务供给侧改革的"加减乘除"四个方面的内容。鲁陕两省的节能减排一票否决试验,是通过对政府行政人员一票否决的强制方式来推行节能减排工作,以减少大气污染物(主要是二氧化硫、二氧化碳和臭氧)和水体污染物(主要是氨氮、化学需氧量)的排放,这本质上是在"做减法";为做好节能减排工作,同样需要发展节能环保产业、加强环保技术创新,这本质上是在"做加法"和"做乘法";同时,节能减排工作的目的,是针对我国生态环境日益恶化的现实和环境承载力极低的高风险状况而进行的,因此,也是为了避免生态环境风险而进行的一项改革,这是在做"除法"。太原市的"禁煤"改革,是针对太原市大气污染极其严重的现实,而由山西省政府和太原市政府进行的禁止直接将煤炭作为生产和生活的燃料,也是能源领域的一项重要改革。这项改革涉及到"做减法",即严控高耗能高排放的煤炭燃料;涉及到"做加法",即大力发展节能环保产业,用节能环保的燃料替代煤炭燃料;涉及到"做乘法",即通过环保技术创新来提高能源利用效率;涉及到"做除法",即通过严控工厂和居民的燃煤数量,减少大气污染,来避免生态环境风险。节能减排绩效考核,是生态建设和环境保护绩效考核的一个方面,是环境基本公共服务供给侧改革的一个案例,和鲁陕两省的节能减排一票否决试验一样,涉及到环境基本公共服务供给侧改革的"加减乘除"四个方面的内容。简言之,山东省清洁取暖改革、鲁陕两省的节能减排一票否决试验、太原市"禁煤"改革实施和节能减排绩效考核四个案例,都涉及到了环境基本公共服务供给侧改革的"加减乘除"四个方面,其中"做减法"、严控高耗能高排放产业;做"加法"、发展节能环保产业;"做乘法"、加强环保技术创新是直接涉及;"做除法"、避免生态环境风险是间接涉及。

从环境基本公共服务供给侧改革的过程来看,本项目研究所选择的四个案例,分别体现了环境基本公共服务供给侧改革的四个环节。山东省清洁取暖改革案例主要体现了环境基本公共服务供给侧改革的方案制定环节。山东省清洁取暖改革从 2016 年开始一直持续到现在,是由一系列改革政策组成的方案体系。该项改革在每年都会有新的改革方案补充进来,是一种典型的"渐进式"改革。在该案例中,研究者主要关注山东省清洁取暖改革方案制定的进程及其效果,以及在该进程中所采取的哪些政策工具是有效的。鲁陕两省的节能减排一票否决试验改革主要体现了环境基本公共服务供给侧改革的试验环节。鲁陕两省的节能减排一票否决试验始于 2006 年,后来扩大到全国范围内继续试验,到 2016 年时被取消,那么这一项改革方案是成功的还是失败的? 在该案例中,研究者主要关注改革试验应该如何进行,才能确保达到试验的应然效果。太原市的"禁煤"改革案例主要体现了环境基本公共服务供给侧改革的实施环节。太原市"禁煤"改革方案的实施是一个持续的过程,该过程可以分为运动式推进、"一刀切"式实施、常态化实施三个阶段。在每个阶段中都存在着中央政府与地方政府、地方政府间、政府与公众之间的博弈;其中,地方政府还存在着多重压力的变化与回应方式的变化问题。研究者在该案例中主要关注环境基本公共服务供给侧改革方案实施中的博弈、压力与回应问题。节能减排绩效考核案例主要体现环境基本公共服务供给侧改革的效果评价问题。我国中央政府对各省级地方政府的节能减排考核经历了无考核、表态式一票否决绩效考核、考核式一票否决绩效考核和科学化绩效考核四个阶段。本案例主要关注中央政府的哪一种考核方式是最有效的,最能达到节能减排的改革目标。

从环境基本公共服务供给侧改革的动力来看,本项目研究所选择的四个案例体现了环境基本公共服务供给侧改革的四重动力。山东省清洁取暖改革方案的制定过程,主要是中央政府和地方政府在环境承载力的驱动下而由政府发动的,整个改革方案的制定过程中,地方政府也考虑到了公民的满意度和市场机制的推动作用,因此在山东省清洁取暖改革案例中,环境承载力的驱动力和政府高位发动力是强动力,公民需求的拉动力和市场机制的推动力是中强动力。鲁陕两省节能减排一票否决试验案例,是地方政府在环境承载力的压力下主动实施的,其一票否决主要是针对政府官员的,和公民的需求、企业的作用关系不大,因此,在该案例中,环境承载力的驱动力和政府高位发动力是强动力,公民需求的拉动力和市场机制的推动是弱动力。太原市"禁煤"改革,是太原市政府在中央政府和山西省政府的总体部署下,为改善该地区的空气质量状况而执行的改革。在该项改革实施的过程中,公民的满意度及其需求对执行方式起到了关键性的影响作用,相关企业的垫资行为及其态度变化对该项改革起到了重要的推动作用。因此,在太原市"禁煤"改革中,环境承载力的驱动力、政府高位发动力、公民需求的拉动力和市场机制的推动力都是强动力。节能减排绩效考核是在面对环境承载力弱化的情况下,中央政府为督促地方政府积极进行节能减排而对地方政府进行的一项考核,因此,在该项改革中政府高位发动力和环境承载力的驱动力是强动力,公民需求的拉动力和市场机制的推动力是弱动力。在这四个案例中,生态环境承载力的驱动力和政府高位发动力都是强动力,而公民需求的拉动力和市场机制的推动力在不同的案例中发挥作用的程度有所不同,这说明政府本身是我国环境基本公共服务供给侧改革的主要动力源,也说明环境基本公共服务供给侧改革是我国政府的一场自我革命。总之,环境基本公共服务供给侧改革的四重动力不同程度地在这四个案例中得到了很好的体现(具体情况见下表11)。

表 11　四个案例的动力源强度表

案例名称	环境承载力驱动力	政府高位发动力	公民需求拉动力	市场机制推动力
山东省清洁取暖改革	强	强	中	中
鲁陕两省节能减排一票否决试验	强	强	弱	弱
太原市"禁煤"改革实施	强	强	强	强
节能减排绩效考核	强	强	弱	弱

数据来源:作者自制。

　　根据上文的分析,本项目的研究选择山东省清洁取暖改革方案制定案例、鲁陕两省节能减排改革试验案例、太原市"禁煤"改革实施案例和节能减排绩效考核案例体现了我国环境基本公共服务供给侧改革的内容、过程环节和动力源方面的具体状况(见表 12),能够满足本项目研究的需要。

表 12　四个案例的属性分析表

案例名称	时空界限特征	内容属性	过程属性	动力源属性
山东省清洁取暖改革方案	时空界限明显的事件	"做加法""做减法""做乘法""做除法"	改革方案制定	环境承载力驱动、政府高位发动公民需求拉动、市场机制推动
鲁陕两省节能减排一票否决试验	时空界限明显的事件	"做加法""做减法""做乘法""做除法"	改革试验	环境承载力驱动、政府高位发动
太原市"禁煤"改革实施	时空界限明显的事件	"做加法""做减法""做乘法""做除法"	改革方案执行	环境承载力驱动、政府高位发动公民需求拉动、市场机制推动
节能减排绩效考核	时间界限明显的事件	"做加法""做减法""做乘法""做除法"	改革效果评价	政府高位发动

数据来源:作者自制。

第四章

改革方案制定案例：山东清洁
取暖渐进式改革方案

第一节　渐进式改革的一般理论

一、渐进性改革的内涵

　　我国自改革开放以来所进行的改革,其总体特征之一是渐进性,可以称之为渐进性的改革。所谓渐进性的改革,"就是以现有的条件为基础,并以现实的问题为导向,在现实的可能中不断试错探索的循序渐进式改革"。[①] 渐进性改革方式是我国改革开放在保持社会稳定的同时,取得巨大成就的重要原因。

　　渐进性改革是一系列连续的、小的改革行为组成的改革方案体系。改革意味着与目前的现实有着巨大的变化。渐进性改革不是一步到位地实现这一巨大的变化,而是分成很多个小的改革步骤、改革环节循序渐进地实现一个巨大的变化。

　　在进行渐进性改革时,每　次改革的幅度都不大。每次改革都是针对现实中出现的一个或几个问题,或者针对上一次改革中出现的问题采

---

① 马德普. 渐进性、自主性与强政府——分析中国改革模式的政治视角. 当代世界与社会主义,2005(5):19—23。

取有效的措施,因而显得每次改革的幅度所带来的变化都不大。

在进行渐进性改革时,改革的步伐较快,即通过快速的变革,在较短的时间内达到最终的巨大变化。因此,有人将渐进性改革形象地称之为"积小变为大变""小步快走"。

二、渐进性改革的必要性

在实践中,实行渐进性改革,主要是出于以下几个方面的考虑:

一是出于维护政治稳定的需要。改革意味着改变现状,意味着不稳定,但改革的成功必须要在一个相对稳定的环境下才能取得。渐进性改革的目的不是颠覆现有的秩序,而是要通过对现有系统的秩序所面临的问题加以解决,从而实现现有系统的优化和更高层次的稳定。中国目前进行的渐进性改革是"在现行政治制度的框架下对作为制度外在表现形式的政治体制以及体制内权力结构进行逐渐的、适度的调整",其实质是"在不改变基本政治制度性质的前提下对制度的运行进行逐步的改良"。[①]

二是与其他方面的改革、发展保持一致步调的需要。整个社会、整个政府都是由多个相互独立的子系统构成的超级大系统。这一超级大系统的良性运行需要各个子系统的相互配合、相互协调。当某一个子系统发生改变时,就需要其他的子系统也相应地发生改变,与之调适,这样才能维持超级大系统的良性运转和功能稳定。改革是在整个社会或者整个政府的某一方面进行改变,如果突然改变的幅度太大,使得社会或者政府中的其他子系统来不及与之调适,就会引发整个社会或者政府的功能失调甚至崩溃。而渐进性改革所带来的变化较小,给社会或者政府中的其他子系统以相对充分的调适时间,从而保证了整个社会或者政府的功能稳定。

三是出于实施改革方案的策略和方法的需要。一方面,渐进性改革

---

① 徐湘林.以政治稳定为基础的中国渐进政治改革.战略与管理,2000(5):16—26。

可以降低改革的阻力。在任何一个现有的体制中,都存在着既得利益者。改革要在现有的体制中做出一定的改变,就会打破现有的利益均衡。这会遭到既得利益者的反对。这往往是改革遇到的最大阻力。阻力的大小决定了改革的难易程度和成功可能性大小。一般而言,改革的力度越大,阻力也越大,改革就越难。因此,采取渐进性改革的方式,可以降低改革遇到的阻力,降低改革的难度,提高改革成功的可能性。另一方面,采取渐进性改革可以降低改革的成本。改革的成本主要来自于制定和评价改革方案的成本、执行改革方案的成本以及消除改革的阻力所产生的成本。采取渐进性改革的方式,相对于一个彻底完整的改革方式而言,其制定和评价改革方案的成本、执行改革方案的难度以及面对的阻力成本都会小得多。

四是应对改革过程中不确定性的需要。改革意味着改变,是改革者采取一定的措施达到某一特定目标的过程。在这个过程中存在着诸多的不确定性,主要包括改革方案制定者的有限理性导致改革方案不完美、改革的环境发生突然的变化导致原有方案不合适、改革对象和既得利益者并没有按照改革者的设想做出反应等。而采取渐进性改革的方式,可以根据改革方案执行的初步结果对下一步的改革方案进行及时调整,可以根据环境的变化、改革对象和既得利益者的反应而及时调整改革方案,从而规避改革过程中的绝大部分不确定性。渐进性改革是"指在有限的已知条件下,对改革后果缺乏了解时,根据其现实目标所做出有限度的、稳妥的决策,并保持随时调整既定决策的余地"。[①]

三、渐进性改革应注意的问题

在进行渐进性改革时应该注意其不足可能带来的消极效果。

第一,多次改革中偏离原有目标的可能。渐进性改革是由多个小的、连续的改革组成,是改革方案的制定和执行有机结合的改革。在执行前

---

① 徐湘林."摸着石头过河"与中国渐进政治改革的政策选择. 天津社会科学,2002(3):43—46。

一个方案时,后一个方案还没有制定出来;后一个改革方案要根据前一个方案执行过程中出现的问题,有针对性地加以制定。这样一种改革方案制定方式极易出现某一个小的改革方案偏离原有的改革目标。这种状况需要保证改革者群体的相对稳定性,需要改革者保持初心,坚定理想信念。

第二,在改革中进行效果评估的科学性问题。一方面,在渐进性改革过程中,在制定下一个小的改革方案前,需要对前一个改革步骤、前一个改革方案的执行结果进行评估;另一方面,我国在以往的改革过程中,形成了改革试验的传统。试验到一定程度后,就需要对试验效果进行评估。这两类评估,都是对渐进性改革方案的部分进行评估,而不是一种整体性评估,因此,评估的结果与理论上最终的结果之间是有区别的,甚至是较大的差别。这使得下一个步骤的改革方案所依据的评估结果可能是不科学的,进而导致改革偏离理想的轨道。这种状况需要改革者经常将每一个改革方案与改革的总目标相对照,让每一步的改革目标服从改革的总目标。

第二节　山东省清洁取暖改革方案的渐进性

一、山东省清洁取暖渐进性改革方案的渐进性表现

山东省政府自 2016 年开始进行清洁取暖改革,整个过程持续了 6 年多,目前仍在进行中。山东省政府主导制定的清洁取暖改革方案是一个典型的渐进性改革方案,具有渐进性改革的主要特征。

第一,山东省的清洁取暖改革是由多个小的改革政策组成的。到目前为止,根据山东省政府及政府组成部门官网检索到的信息,31 个改革政策组成了山东省清洁取暖的改革方案,而且山东省的清洁取暖改革并没有结束,未来可能还会有新的改革方案出现。

第二,山东省的清洁取暖改革方案分成了多个改革步骤,符合"小步快走"的特征。到目前为止,山东省清洁取暖改革的方案中没有两个小的

组成方案是同时发布的。目前已经发布的 31 个公共政策本质上是山东省清洁取暖改革的 31 个步骤(方案),1650 个政策工具(按照本章第三节的标准统计,下同),平均每个年度采取了 6 个步骤,330 个政策工具,其中 2017 年和 2018 年的步伐最快,分别制定并实施了 8 个和 10 个步骤(方案)(具体数据见表 13)。

表 13　山东省清洁取暖改革年度进展表

单位:个

年度	2016	2017	2018	2019	2020	2021
改革步骤数	5	8	10	5	2	1
改革工具数	183	406	662	198	87	11

注:2021 年的数据不全。

第三,山东省清洁取暖改革方案是由山东省省政府及其所属多个部门协同制定,每个部门都在自身的职能范围内、针对清洁取暖改革中出现的现实问题,制定了相应的改革方案。在这些改革方案中,山东省政府制定了 3 项改革方案,山东省政府的各个职能部门中,山东省政府办公厅、发展改革委、生态环境厅(环境保护厅)、住房与建设厅、物价局是制定改革方案最多的五个部门,其数量分别为 6 项、11 项、10 项、8 项和 5 项(具体数据见表 14)。这说明山东省清洁取暖改革方案主要出自山东省政府、省政府办公厅、发展改革委、生态环境厅、住房与建设厅和物价局。

表 14　山东省政府及各厅局制定的清洁取暖改革方案一览表

单位:项

单位名称	山东省政府	省政府办公厅	发展改革委	生态环境厅	住房与建设厅	交通运输厅	市场监督管理局	能源局
方案数	3	6	11	10	8	2	2	4
单位名称	工信厅	经化委	物价局	商务厅	财政厅	公安厅	环保技术服务中心	
方案数	2	2	5	2	4	1	1	

注:由于存在着一个改革方案由多个部门联合制定的情况,所以表格中的方案总数大于实际改革方案总数 31;统计时间截至 2021 年 5 月。

虽然山东省清洁取暖改革的方案不是一次性整体制定的,但是整个方案也体现了环境基本公共服务供给侧改革方案制定的系统性、协同性、整体性和顶层设计的特点。

第一,山东省清洁取暖改革方案的协同性体现在整个改革方案的制定是中央政府、山东省政府、相关地市政府的协同配合下制定的,是政府内15个相关部门(见表14)的协同配合下制定的,还是改革方案的制定与执行相结合的结果,表现为31项改革方案是在5年内的不同时间制定的,是边制定边实施。

第二,山东省清洁取暖改革方案的系统性体现在该方案综合体现了生态环境、经济发展、交通运输、能源供应、财政支持、信息化、公众承受力、社会稳定等各个方面的需求,表现为山东省政府中15个相关部门都从本部门职能的角度对清洁取暖方案的上述方面制定了具体的规定。

第三,山东省清洁取暖改革方案的整体性体现在,该方案虽然是针对山东省内的取暖方式进行改革,但涉及的是整个北方地区的空气质量改善问题。

第四,山东省清洁取暖改革方案的顶层设计体现在整个改革是在党中央和国务院的领导下进行的。党中央和国务院为此专门制定了相应的政策方针并给予相应的财政支持,习近平总书记、李克强总理为此多次发表讲话,表示鼓励、支持包括山东省在内的北方地区清洁取暖改革。

二、山东省清洁取暖渐进性改革方案的环境质量结果

到目前为止,山东省的清洁取暖改革已经取得了非常明显的结果,主要体现为以下两个方面:

第一,山东省区域内的空气质量不断提高。以山东省内的济南市为例,根据真气网公布的数据,从2016年山东省政府开始制定并实施清洁取暖改革以来,济南市在冬季的空气质量综合指数和AQI(空气质量指数,即Air Quality Index的简写)总体上同比逐年下降(具体数据见表15),空气质量总体上逐年提高。这在一定程度上说明,山东省在清洁取

暖方面进行的渐进性改革的直接效果是好的。

表 15 2016—2020 年济南市 9—12 月空气质量指数

年度	2016		2017		2018		2019		2020	
指标	综合指数	AQI	综合指数	AQI	综合指数	AQI	综合指数	AQI	综合指数	AQI
9 月	7.170	108	5.290	99	4.747	79	5.184	103	4.480	92
10 月	6.270	89	6.080	87	5.374	84	5.452	86	5.470	79.45
11 月	7.320	110	6.140	93	7.212	115	6.083	97	5.790	88.6
12 月	10.180	163	8.060	123	7.165	112	6.983	116	3.360	115.61

注:数据来源:真气网(2021 年 12 月 26 日访问)。

第二,社会总体上保持了稳定。改革意味着现状的改变,会损害一部分的既得利益。山东省清洁取暖改革在最初的时候引起了广大人民群众的关注、疑惑,甚至是不满,导致了生态环境领域的信访量急剧增加。但是山东省生态环境厅加大了解释和回复的力度,通过实际行动提高了信访的办结率(具体数据见表 16),打消了人民群众的疑虑,同时,随着清洁取暖改革的逐步推进,改革逐渐得到了人民群众的理解、认可和支持。这样,虽然山东省的清洁取暖改革改变了人们长期以来的冬季取暖方式和习惯,并为此而增加了一定的成本,但还是被人民群众接受,整个社会保持了稳定。

第三节 山东省清洁取暖改革方案制定中的公民满意度

一、基于行为的公民满意度

"大凡物不得其平则鸣。"①人民群众对生态环境的不满意,就会通过

---

① 唐·韩愈《送孟东野序》。

各种方式反映出来。当向上反映和表达诉求的正式通道是畅通的时候,人们往往会选择正式的通道来表达诉求。生态环境领域的信访是公民表达自己对生态环境问题不满的、一种体制内的方式。特定时间段内生态环境问题的信访量则反映了生态环境领域的公民满意度,而不同时间段内生态环境问题信访量的变化就反映了生态环境领域的公民满意度变迁。

山东省人民群众对于空气质量的满意度体现在多个方面。山东省生态环境领域的信访量反映了山东省人民群众对于空气质量的满意度,而山东省生态环境领域信访量的年度变化则反映了公民对山东省清洁取暖改革的满意度变迁。

通过历年《山东省生态环境状况公报》所公布的数据,山东省清洁取暖改革方案制定和实施以来,山东省生态环境领域的信访数量逐年大幅度下降(具体数据见表 16)。

表 16　2016—2020 年山东省生态环境领域的信访量

年度	2016	2017	2018	2019	2020
信访总量(件)	—	78777	21762	19440	14970
增减率	—	—	−72.38%	−10.67%	−22.99%
信访办结率	—	96%	100%	100%	100%

注:2016 年的数据缺失;信访总量数据包括了省生态环境厅的各类平台数据。

数据来源:2016—2020 年的《山东省生态环境状况公报》。

在山东省清洁取暖改革方案制定的初期,公民的满意度相对比较低。2017 年的信访总量为 78777 件,而到 2018 年则下降到了 21762 件,下降幅度达 72.38%,这一方面说明在山东省清洁取暖改革初期人民群众对于改革方案本身存在着诸多疑虑,加上改革方案的制定采取了"渐进性"的方式,不是一次性制定出来的,进一步强化了公民的疑虑,导致 2017年,即清洁取暖改革初期的公民信访量相对很高,另一方面说明经过各级人民政府及相关部门的耐心解答以及积极努力地执行已有的清洁取暖改革方案,人民群众认可了山东省的清洁取暖改革方案,对改革方案的满意度有了明显的提高。

在山东省清洁取暖改革方案制定的中后期,公民的满意度相对较高。2018 年、2019 年和 2020 年的信访量合起来也没有 2017 年的信访量高。这说明改革中后期的公民满意度比改革前期要高很多。

从 2016 年至 2020 年山东省生态环境领域的信访量来看,信访量逐年递减,这说明人民群众逐步接受、认可了山东省的清洁取暖改革,山东省清洁取暖改革方案的公民满意度得到了逐步提升。

二、基于态度的公民满意度

测量山东省清洁取暖改革方案的公民满意度最直接的方式是通过问卷的方式直接对公民进行态度调查。由于山东省的人口总数超过了 1 亿,因此,进行抽样调查就成为一种现实的可行选择。山东省清洁取暖改革方案最先在城市开始实施,城市公民首先感受到清洁取暖改革,形成了对于清洁取暖改革方案的认识、理解,产生了满意或不满意的态度与情感,因此,城市居民对于清洁取暖的满意度最具有代表性。在山东省的 16 个地级市中,济南市是首先开始实质性执行清洁取暖改革方案的,因此,济南市市民首先实质性地感知、认识、理解了清洁取暖改革方案,他们的环境满意度相对最具有代表性。基于上述考虑,本部分以济南市市民为对象来测量山东省人民对清洁取暖改革方案的满意度。

中国社会科学院从 2010 年 10 月开始成立了"地方政府基本公共服务力评价研究"联合课题组对全国 38 个大型城市基本公共服务力的公民满意度进行问卷调查,在调查、评价的城市中包括山东省的济南市,在其调查评价的指标体系中就包括城市环境满意度方面。为确保调查科学性,中国社会科学院组织了民政部、国家发展和改革委、中国社会科学院、北京大学、清华大学、中国人民大学等中央部委和著名院校的专家对"基本公共服务力评价指标体系"进行了综合研讨,并采取专家咨询法形成了一级指标权重系数,其余的指标权重采取德尔菲法和多因素统计法形成;然后在试调查的基础上修订了部分调查内容;同时为每个城市配备了 15 个访问人员和 2 名访问督导,并对所有的访问人员进行了统一的培训;在调查过程中由访问督导进行问卷质量监控和抽检,最后所有问卷进行统计处理形成了每个城市的基本公共服务力的满意度得分,包括环境满意度得分。因此,中国社会科学院对包括济南市在内的 38 个城市基本公共服务满意度评价是科学的。

表 17 反映了中国社会科学院从 2011 年至 2020 年间对济南市环境的公民满意度调查的情况和结果。从样本量来看,每年的问卷样本量均超过了 300 份,达到了一定的规模。山东省清洁取暖改革方案制定、向社会公布、被规模所感知的时间为 2016 年至 2020 年,因此,2016 年至 2020 年济南市公民对环境的满意度则体现了公民对清洁取暖改革方案的满意度,而 2011 年至 2015 年公民对环境的满意度则构成了清洁取暖改革方案公民满意度的前测,这样清洁取暖改革方案公布与实施期间和公布前的公民满意度进行比较,就在客观上形成了一个相对科学的单组前后测设计。

表 17 中的数据从满意度得分、满意度得分的全国排名、九项工作之间的排名展示了公民对山东省清洁取暖改革方案的满意程度。满意度得分是公民直接给予基本环境公共服务的满意度分值,而满意度得分的全国排名则是进行全国 38 个城市的环境基本公共服务满意度的比较,九项工作排名则是济南市内各项工作之间的相对满意度排名。从历年的满意度得分来看,2016 年济南市公民对环境的满意度得分最低,但此后每年的环境满意度得分都高于清洁取暖改革之前的得分,而且清洁取暖改革方案发布期间的年均得分为 63.564,比改革方案公布前年均得分 54.64 高出 16.33%,这说明除了改革方案初期外,公民对清洁取暖改革方案的满意度比改革前高。从济南市的全国排名来看,清洁取暖改革方案公布前,济南市公民环境满意度在全国 38 个城市中的平均排名为 34.8 名,远高于清洁取暖改革方案公布后的 23.8 名;从政府承担的公共交通、公共安全、住房保障、基础教育、社会保障和就业、医疗卫生、城市环境、文化体育、公职服务九个方面工作的满意度排名来看,清洁取暖改革方案公布前的平均排名为 7.2,而清洁取暖改革方案公布后的平均排名为 5.6,相对而言,公民对环境的满意度在清洁取暖改革方案颁布后相对较高。

表 17　2011—2020 年济南市环境的公民满意度调查情况表

年度	样本量（份）	满意度得分	全国排名	九项工作排名
2011	412	57.32	33	5
2012	614	52.97	37	9
2013	530	53.61	37	7
2014	561	55.02	33	7
2015	586	54.28	34	8
2016	549	52.71	37	9
2017	567	65.68	13	7
2018	312	63.08	23	3
2019	326	65.88	22	5
2020	358	70.47	24	4

数据来源：2011—2020 年的《中国城市基本公共服务力评价》。

从整体上看，山东省的人民群众对于本省的空气质量，以及与之相关的清洁取暖改革方案的满意度不断提升。

第四节　山东省清洁取暖改革方案中政策工具的有效性

自 2016 年国家实施北方地区清洁取暖政策以来，山东省济南市积极争取、严格执行中央、省政府制定的各项政策，在清洁取暖方面取得了良好的效果。因此，本文拟以山东省清洁取暖为案例，探讨山东省清洁取暖改革方案中政策工具的有效性。

一、研究假设

20 世纪 80 年代以来，随着政策制定和政策执行研究的进一步深化、新公共管理运动的兴起，政策工具问题开始受到学术界的重视。政策工具是"各种主体尤其是政府为了实现和满足公众的公共物品和服务的需求所采取的各种方法、手段和实现机制,为了满足公众需求而进行的一系列的制度安排"[①]。Howlett 则将政策工具视为"政府用于实施政策,实现政策目标的技术与手段"[②]。Hughes 指出"政策工具是政府的行为方式,以及通过某种途径调节政府行为的机制"[③]。环境基本公共服务供给侧改革需要政府官员的积极作为,改革成功最重要的是防止官员为官不为、不作为。山东省清洁取暖改革方案中最重要的内容是治理为官不为、不作为。治理为官不为、不作为,本质上是要调节政府及政府官员的行为,让相关政府官员积极执行政策、实现相应的政策目标,因而政策工具是政府治理为官不为和不作为重要途径。在环境基本公共服务供给侧改革中,政策工具的有效性体现为治理为官不为和不作为的有效性。

政策工具从不同的角度可以划分为不同的类型。如 Howlett 和 Ramesh 把政策工具划分成"自愿性工具、混合性工具和强制性工具"[④],Schneider 和 Ingram 将政策工具分为"权威型工具、诱因型工具、能力型工具、象征及劝说型工具、学习型工具"[⑤]。朱春奎综合国内外学者对政策工具的分类成果,区分出了 13 类工具类型,71 种工具,打造了一个非常齐备的工具箱[⑥]。这些分类要么失之过粗,要么失之过细,可操作性不强。而 McDonnell 和 Elmore 将政策工具分为强制型政策工具、激励型政策工具、能力建设型政策工具和机制转换型政策工具四种类型,则较好地解决了这一问题,并与为官不为、不作为问题有着内在的契合性。

---

① 陈振明. 政策科学教程. 北京:科学出版社,2015:55。

② M. Howlett. Policy Instruments, Policy Styles, and Policy Implementation: National Approaches to Theories of Instrument Choice. *Policy Studies Journal*, 1991(2):1-21.

③ Owen E. Hughes. *Public Management and Administration: an Introduction*. Beijing: Renmin University Of China Press, 2004.

④ 迈克尔·豪利特,M·拉米什. 公共政策研究:政策循环与政策子系. 北京:三联书店,2006:142。

⑤ A. Schneider, H. Ingram. Behavioral assumptions of policy tools. *Journal of Politics*, 1990(2):510-530.

⑥ 朱春奎. 政策网络与政策工具:理论基础与中国实践. 上海:复旦大学出版社,2011:134—136。

（一）强制型政策工具

强制性是公共权力的基本特征。各级政府及其部门以强制机构为基础运用公共权力实现对内的管理和对外的公共服务供给。政府机构的强制性来源于其暴力机关和层级节制的组织方式。从政府体制正常运行的角度来看，对于来自上级的强制性命令和要求，下级必须接受和服从，必须积极作为。这些基于暴力机关和层级节制组织方式而产生的强制性要求、命令等构成了政府的强制型政策工具。McDonnell 和 Elmore 认为，强制型政策工具是指"管理个人或组织行为的命令，它倾向于产生服从"。但是，由于上下级之间的信息不对称、人数的不对称、监督管理不到位等方面原因，加之上下级之间的利益分歧和下级的机会主义倾向，使得下级在面对上级的强制性要求和命令时也可能采取不服从、不作为的策略。同时，上级对于下级的强制性要求，构成对下级的巨大压力。压力与绩效之间呈倒 U 形关系[1]，来自我国地市级审计局审计人员的实证数据也说明了这一点[2]。因此，从结果导向的角度来看，过度使用强制型政策工具，并不会导致服从，而是导致为官不为和不作为。

为官不为、不作为的重要表现之一是不愿为。问责处置力度不够[3]，导致"责任意识淡薄"，进而"把国家和人民的事业重于泰山和勤政务实、干事创业本是自己应尽的职责抛置脑后"[4]，是为官不愿为的重要原因。调查表明，54.04％的被调查者认为"干部考评不够完善，干与不干、干多干少、干好干坏一个样"，40.54％的被调查者认为"部门权限不清，岗位责任模糊"是为官不为的重要原因[5]。为此，政府应该"大力提升公务员的责任意识"，处理好积极责任与消极责任之间的关系、内部控制与外部控

---

① Yerkes R. M., Dodson J. D., The relation of strength of stimulus to rapidity of habit-formation. *Journal of Comparative Neurology and Psychology*，1908(18):459－482.

② 黄海艳、陈莉莎. 地市级审计人员的工作压力与绩效的关系研究. 中国行政管理，2015(12):89—93。

③ 李为刚、王怀强."为官不易"不能"为官不为"——新常态下领导干部工作作风与工作状态的思考. 社科纵横，2017(3):5—9。

④ 许耀桐. 治理为官不为、懒政怠政问题刍议. 中共福建省委党校学报，2015(10):4—8。

⑤ 何丽君."为官不为"的现状、原由及其治理对策. 红旗文稿，2015(13):29—31。

制之间的关系、责任追究与官员激励之间的关系。①

同时,一种相反的观点则认为,"现实高压态势刺激下的非正常心态",是产生为官不为、不作为的原因,即党的十八大以来,中央狠抓作风建设,通过"八项规定"等一系列正式制度和设置"高压线""紧箍咒"等非正式制度,使得中下层官员感到"为官不易""官不聊生"②。"在权责不清晰的情况下,问责机制的有力推进让不少官员想方设法避免工作中的担当和作为。"③过高的压力,使得中下层官员为逃避为官风险而产生"即使不成事也不能出事"的心理,进而产生了消极不作为的状态,为此,应该重新规范政府的责任机制。针对这种状况,政府不应该强化强制型政策工具,而应该进一步减少、优化强制型政策工具,进而促进官员积极作为。

基于上述理论分析,本书提出以下研究假设:

假设1:增加强制型政策工具,可以有效规避官员不作为。

(二)激励型政策工具

人的行为来源于行为动机的激发,官员的行为来源于其行为动机的激发。"组织激励可以在很大程度上解释人和组织的行为"④,通过运用激励型政策工具,采取内在或外在的激励措施,可以激发官员的干事创业的工作热情;如果激励型政策工具运用得不当,没有有效的激励措施,就不能充分地激发官员干事创业的工作热情,就会导致官员为官不为、不作为。McDonnell 和 Elmore 认为,激励型工具是指"将钱作为对组织或个人行为的回报"。事实上,在中国,激励官员的积极作为,不仅仅是钱,还包括晋升激励、事业激励、荣誉激励,进而包括执行政策的资源激励等。

为官不为、不作为的重要表现之一是不想为。晋升机制不完善,条件

---

① 孔祥利.以问责防治"为官不为":现状特点与制度反思——基于39份省级层面的制度文本分析.中共中央党校学报,2018(5):49—57。
② 薛冰."为官不为"的生成机理与治理路径.天津行政学院学报,2017(5):25—31。
③ 王再武.地方官员"不担当不作为"现象解析:一个制度主义的视角.地方治理研究,2019,(4):20—28。
④ Clark, Peter, James Wilson. Incentive Systems: A Theory of Organizations. *Administrative Science Quarterly*, 1961,6(2):129-166.

比较严苛①等因素会遏制官员积极作为的动机。相关调查表明,56.76%的被调查者选择"干部选用不够完善,没有营造能者上、庸者下的氛围和导向";44.59%的被调查者选择"干部激励机制不足,缺乏足够上升空间";以及"干部工资待遇较低,工作压力较大,各种规矩多"是导致官员为官不为、不作为的原因②。完善法规体系是从严治理为官不为、不作为的主要依据;健全激励机制是从严治理的关键所在③。为此,就应该增加激励型政策工具,通过畅通晋升通道、提供干事创业的资源和条件,加强对官员的激励,减少甚至杜绝为官不为、不作为的现象。

基于上述理论分析,本书提出以下研究假设:

假设 2:增加激励型政策工具,可以有效避免官员不作为。

(三) 能力建设型政策工具

官员的能力是其行为的基础,是其行为达成目标的保证。能力强可以进行有效的作为,能力差则无法用行动实现目标。在政策中设置一定数量的能力建设型政策工具,可以提高执行主体的行为能力,促使官员积极作为,为有效规避官员的为官不为、不作为奠定基础。McDonnell 和Elmore 认为,能力建设型工具是指"将钱转换为对组织的物资、人力和智力的投资"。将钱转化为物资,可以为官员的行为提供有效的工具,进而提升其能力;而将钱直接投资于人力和智力则能够直接提供官员的工作能力。因此,增加能力建设型政策工具,能够提供官员的行为能力,为规避为官不为奠定基础。

为官不为、不作为的重要表现之一是不能为。进入社会主义新时代,进入全面深化改革的新时期,国际国内的形势对领导干部提出了新的要求,一些领导干部"对于新的改革举措和政策手段的认识不到位不充分",同时"缺乏应对和解决新问题的能力和办法,主观上又担心因把握和处理不当而担责,不求有功但求无过,表现在行动上缩手缩脚,浅尝辄止或敷

---

① 陈家刚、陈晓湃.基层公务员"为官不为"现象分析.中国领导科学,2019:73—76。
② 何丽君."为官不为"的现状、原由及其治理对策.红旗文稿,2015(13):29—31。
③ 何丽君."为官不为"的现状、原由及其治理对策.红旗文稿,2015(13):29—31。

衍了事"①。客观上,"少数干部出现本领恐慌、能力危机,不是不想干,而是干不了、干不好,自然就难有所为"②。新时代带来新问题,要求有新作为,但部分官员能力不足,进而导致他们行动上不主动,遇到困难信心不足,不作为。"本领恐慌"消解了作为的底气③。因此,增加能力建设型政策工具,可以提高官员面对新形势解决新问题的能力。这需要将主动学习和教育培训相结合,既解决精神上的"缺钙"、动力不足的问题,又解决"本领恐慌"、能力不足的问题④。

基于上述理论分析,本书提出以下研究假设:

假设 3:加强能力建设型政策工具,可以有效避免官员不作为。

(四) 机制转换型政策工具

分工合作是现代社会的基本特征。在政府机关中,现代的官僚制通过横向和纵向的分工将政府内的各项事务专业化分开,同时通过自上而下的指挥与命令实现合作与统一行动,这种合作与统一行动,最终会在政府机构内部、政府与社会之间形成一定的行动机制。这一行动机制是以事权、责任、权力的划分、分配为基础,以事权、责任和权力的有机衔接和目标一致为归属。在新的职责出现、政府内部变革、新的领导者或领导风格出现时,政府内就会发生机制转换。机制转换往往体现在相应的政策之中。McDonnell 和 Elmore 认为,机制转换型工具是指"将个人或组织的正式权威转变为提供公共产品或服务的机制,或者将权力和责任在公共机构之间进行重新分配"。有效的机制转换型政策工具是政府顺利执行政策、实现政策目标的基础,反之,无效机制转换型政策工具会阻碍政策目标的实现。

为官不为、不作为的重要表现之一是不敢为。权力制衡结构和权力

---

① 燕继荣. 官员不作为的深层原因分析. 人民论坛,2015(10):22—25。
② 李为刚、王怀强."为官不易"不能"为官不为"——新常态下领导干部工作作风与工作状态的思考. 社科纵横,2017(3):5—9。
③ 马振清."为官不为"的症结何在. 人民论坛,2019(6):26—27。
④ 黄传慧. 习近平治理"为官不为"问题的思想探析. 中南民族大学学报:人文社会科学版,2017(5):16—20。

监督体制会以权力运行机制为中介，对为官不为产生显著正向影响，"权力运行机制对为官不为产生显著的正向影响"[①]，"领导干部选任、考核、淘汰等体制机制存在短板"，因此要"以完善体制机制为基础，健全选任机制，规范考核体系，畅通淘汰渠道"[②]。进入社会主义新时代，贯彻习近平治理"为官不为"思想，重在建立高效化的行政管理机制，健全制度化的惩戒约束机制，完善科学化的绩效考评机制，改进常态化的监督管理机制，强化长效化的思想引导机制[③]，同时，"通过严格规范容错免责步骤与程序，完善容错免责机制"[④]健全新陈代谢机制、强化交流机制、加强学习培训机制、深化建设关爱机制。[⑤]

基于上述理论分析，本文提出以下研究假设：

假设4：加强机制转换型政策工具，可以有效避免官员不作为。

二、研究设计

（一）变量选择

政策工具是政府将其实质目标转化为具体的行动路径和机制[⑥]。陈庆云则进一步指出，政策工具不仅是实现政策目标的手段，更是连接目标和结果桥梁[⑦]，因此，政策工具作为政策目标与政策结果之间的中间变量，可以用政策结果，即政策目标的实现程度来判断其恰当与否。理论上，强制型政策工具、激励型政策工具、能力建设型政策工具和机制转换

---

① 文宏、张书. 官员"为官不为"影响因素的实证分析——基于A省垂直系统的数据. 中国行政管理，2017(10)：100—107。

② 石学峰. 从严治党实践中的领导干部"为官不为"问题及其规制. 云南社会科学，2015(2)：18—22。

③ 乔德福. 习近平治理"为官不为"思想研究. 华北水利水电大学学报：社会科学版，2016(6)。

④ 石学峰. 容错免责机制的功能定位与路径建构——以规制"为官不为"问题为视角. 中共天津市委党校学报，2018(5)：8—13。

⑤ 陈家刚、陈晓沛. 基层公务员"为官不为"现象分析. 中国领导科学，2019：73—76。

⑥ 张成福、党秀云. 公共管理学(修订版). 北京：中国人民大学出版社，2007：61。

⑦ 陈庆云. 公共政策分析. 北京：北京大学出版社，2006：81。

型政策工具都会对官员在中国特色社会主义新时代的不作为进行遏制，但在实践中，哪一种政策工具起决定性的作用，并没有一致结论，本部分拟通过山东省在 2016—2020 年实施清洁取暖的政策加以分析。

经过两年多的讨论，到 2016 年 9 月济南市政府正式划定高污染燃料禁燃区。但山东省自 2016 年初开始陆续发布了一系列有关清洁取暖的环境政策，形成了清洁取暖的政策体系。为研究方便，本文选取了 2016 年 1 月至 2020 年 12 月山东省发布的清洁取暖政策作为研究对象。由于清洁取暖在初期主要是针对城市居民，为保持数据前后的一致性，本文拟选择山东省省会城市济南的空气质量指数（Air Quality Index，简称 AQI）和空气质量综合指数作为清洁取暖政策工具组合效果的具体衡量指标。

被解释变量为空气质量指数和空气质量综合指数，其中空气质量综合指数用来进行稳健性检验。空气质量指数和空气质量综合指数都是依据《环境空气质量标准》（GB3095 - 2012）和《环境空气质量指数（AQI）技术规定（试行）》（HJ633 - 2012）的规定对空气质量及空气污染程度进行评价的无量纲指数，它们评价的污染物均包括细颗粒物、可吸入颗粒物、二氧化硫、二氧化氮、臭氧、一氧化碳等六项。二者的区别在于：AQI 是对空气质量进行定量描述的数据，其数值是评价时段内六项污染物分别所产生的空气质量分指数中的最大值。空气质量综合指数，是生态环境部用于对 74 个重点城市空气质量进行评价、排名的一种工具，其计算方法是评价时段内，六项污染物浓度与对应的二级标准值之商的总和。AQI 和空气质量综合指数都是数值越小，空气质量越好、受污染程度越轻；数值越大，空气质量越差、受污染程度越重。

核心解释变量包括强制型工具、激励型工具、能力建设型工具、机制转换型工具。通过在北大法宝、山东省发展改革委、生态环境厅、住建厅等网站上以"清洁取暖"为关键词进行搜索，在剔除新闻类消息和重复的文件以后，共提取到 31 个文件，并以时间为序进行编号。然后根据 McDonnell 和 Elmore 对强制型政策工具、激励型政策工具、能力建设型政策工具和机制转换型政策工具的定义，并借鉴颜德如等所拟定的四种政策工具关键词①,形成了本文的四种政策工具的关键词(如表 18 所示)。在此基础上,运用这四种政策工具的关键词,通读这 31 个政策文件,并依据"章—节—条—款—项"的层次划分,判定每一个项中所运用的政策工具类型。在通读时为了防止某一个人在判定时的误差,保证信度和效度,借鉴彭向刚等人的做法②,采取由 2 名研究者同时阅读,然后核对结果,并针对不一致的地方进行讨论集体决定。

表 18 政策工具对应关键词表

政策工具类型	关键词
强制型工具	登记、监督管理、备案、行业自律、务必、责任
激励型工具	鼓励、引导、扶持、奖励、示范、推广、大力发展、积极发展
能力建设型工具	购买、培育、资助、教育培训、引导、建设、平台
机制转换型工具	市场化、机制、体制、体系、制定方案、制定政策

控制变量包括绿色专利数、利用外资数、人均收入和领导经验。其对因变量的影响关系如下:其一,绿色专利。企业污染排放量和环保型技术专利之间存在显著的负相关的关系③,企业的技术创新有利于提高污染治理效率④;其二,利用外资额。与"污染避难所"假说相反,Kirkulak 等认为加入 WTO 后,由于 FDI 是先进技术的主要来源之一,因而 FDI 的流入会减轻中国大气污染⑤。其三,领导经验。随着中央明确将"环境绩效"纳入地方政府领导干部的政绩考核后,官员的任期显著驱动了企业的

---

① 颜德如、张树吉.组织化过程中政策工具与组织协作的协同关系分析.上海行政学院学报,2021(1):83—97。

② 彭向刚、程波辉.行政"不作为乱作为"现象的制度分析——以近十年(2007—2017)的相关报道为文本.吉林大学社会科学学报,2018(4):130—141。

③ Carrion-Flores C E, Robert I. Environmental Innovation and Environmental Performance. *Journal of Environmental Economics and Management*, 2010,59(1):27-42.

④ 王鹏、谢丽文.污染治理投资、企业技术创新与污染治理效率.中国人口·资源与环境,2014(9):51—58。

⑤ Kirkulak B, Qiu Bin, Yin Wei. The impact of FDI on air quality:Evidence from China. *Journal of Chinese Economic and Foreign Trade Studies*, 2011,4(2):81-98.

环境治理①。其处理方法是将山东省省委书记、省长、主管生态环境工作的副省长以及省政府办公厅厅长、生态环境厅厅长、发展改革委主任、财政厅厅长、住建厅厅长、能源局局长等与清洁取暖工作密切相关的部门"一把手"的任职时间按月进行处理,其任职的第一个月记为1,第二个月记为2⋯,以此形成每个人的任期及经验数据。然后将上述职位上人的任期数据进行算术求和,得到总体的领导经验数据。其四,人均收入。环境库兹涅茨曲线表明GDP与环境质量之间存在着倒U形的关系②。

(二) 数据来源与变量的描述性统计

空气质量指数(AQI)和空气质量综合指数数据来源于真气网,其中,2020年8月以来的数据为日均值,本文采用算术平均数的方法将其处理为月度数据。

核心解释变量包括强制型工具、激励型工具、能力建设型工具、机制转换型工具,数据来源于北大法宝、山东省发展改革委、生态环境厅、住建厅、财政厅等网站。

绿色专利数据来自上海知识产权(专利)公共服务平台。利用外资数据用来自山东省统计局官网。领导经验数据来自山东省政府官网、中国地方领导人数据库。人均收入季度数据来自山东省统计局年鉴,本文将其处理为月度数据。

本文所有的数据均为月度数据。各变量的描述性统计如表19所示。

表19　变量的描述性统计

变量	均值	最小值	最大值	标准差
强制型工具	172.133	15.000	368.000	99.095
激励型工具	119.983	11.000	231.000	68.020

---

① 张楠、卢洪友.官员垂直交流与环境治理:来自中国109个城市市委书记(市长)的经验证据.公共管理学报,2016,13(1):31—43。

② Gene M Grossman, Alan B Krueger. *Environmental Impacts of a North American Free Trade Agreement*. Massachusetts Institute:MIT Press,1994.

变量	均值	最小值	最大值	标准差
能力建设型工具	93.133	5.000	204.000	64.832
机制转换型工具	151.783	11.000	291.000	89.334
空气质量指数	107.895	74.000	176.000	22.355
空气质量综合指数	6.171	3.671	10.550	1.495
绿色专利数	1150.933	471.000	2283.000	392.039
利用外资数	328.679	10.000	1210.550	370.734
人均收入	14119.933	3047.164	25992.030	7102.387
领导经验	216.533	98.000	332.000	66.278

（三）计量模型

本文建立的时间序列数据计量模型为：

$$\text{Policy effect}_t = \beta_0 + \beta_1 \text{tool} + \beta X_t + \mu_t$$

上式中，Policy effect$_t$ 表示被解释变量政策效果，tool 表示核心解释变量，即政策工具，X_t 表示一系列控制变量，包括绿色专利数、利用外资数、人均收入和领导经验，μ_t 表示随机扰动项。经检验该数据为平稳时间序列数据。

三、实证结果分析

（一）相关性分析

本文将被解释变量、核心解释变量、控制变量之间作相关性分析，以检验变量之间的相关关系的大小。由表20可知，第一，空气质量指数和四种工具的相关系数显著为负，说明强制型工具、激励型工具、能力建设型工具、机制转换型工具对空气质量指数的影响具有较强的积极意义；第二，四种工具之间的相关系数较强。强制型工具和激励型工具、能力建设型工具、机制转换型工具之间的相关系数在 5% 水平上显著为正;第三,控制变量和空气质量指数的相关系数的大小和符号符合预期。以人均收入为例,人均收入对空气质量指数的影响在 10% 水平上显著为负,说明人均收入的提高对空气质量指数具有积极影响。

表20　变量间的相关性分析

变量	空气质量指数	强制型工具	激励型工具	能力建设型工具	机制转换型工具	绿色专利数	利用外资数	人均收入	领导经验
空气质量指数	1								
强制型工具	−0.348 * *	1							
激励型工具	−0.328 *	0.968 * *	1						
能力建设型工具	−0.311 *	0.958 * *	0.995 * *	1					
机制转换型工具	−0.344 * *	0.992 * *	0.966 * *	0.995 * *	1				
绿色专利数	−0.150	0.583 * *	0.550 * *	0.531 * *	0.549 * *	1			
利用外资数	−0.021	−0.077	−0.202	−0.250	−0.061	0.032	1		
人均收入	−0.261 *	0.399 * *	0.314 *	0.289 *	0.354 * *	0.493 * *	0.511 * *	1	
领导经验	0.102	−0.099	0.019	0.069	−0.151	0.118	−0.473 * *	0.005	1

(二) 政策工具对政策效果的回归分析

由于相关性分析仅能反映两变量之间的关系,可能出现强制型工具、激励型工具、能力建设型工具、机制转换型工具和空气质量指数之间的关系是虚假关系,所以,本文在相关性分析的基础上,加入控制变量,通过多元回归分析继续验证四种工具对空气质量的影响。具体的回归结果如表21 所示。

表 21　不同政策工具对空气质量指数的回归结果

变量	模型(1)	标准化	模型(2)	标准化
强制型工具	−0.063 * (0.040)	−0.278 * (0.176)		
激励型工具			−0.087 * (0.055)	−0.265 * (0.168)
能力建设型工具				
机制转换型工具				
绿色专利数	0.008 (0.010)	0.144 (0.167)	0.008 (0.009)	0.134 (0.164)
利用外资数	0.011 (0.012)	0.182 (0.201)	0.011 (0.012)	0.174 (0.203)
人均收入	−0.001 * (0.000)	−0.314 * (0.198)	−0.001 * (0.000)	−0.334 * (0.194)
领导经验	0.049 (0.055)	0.145 (0.164)	0.059 (0.053)	0.175 (0.157)
样本量	60	60	60	60
R2	0.168	0.168	0.168	0.168
变量	模型(3)	标准化	模型(4)	标准化
强制型工具				
激励型工具				
能力建设型工具	−0.085 * (0.058)	−0.245 * (0.168)		
机制转换型工具			−0.068 * (0.042)	−0.270 * (0.169)
绿色专利数	0.007 (0.009)	0.120 (0.162)	0.008 (0.009)	0.140 (0.165)
利用外资数	0.011 (0.012)	0.178 (0.206)	0.012 (0.012)	0.194 (0.197)
人均收入	−0.001 * (0.000)	−0.341 * (0.194)	−0.001 * (0.000)	−0.334 * (0.193)
领导经验	0.064 (0.052)	0.190 (0.156)	0.046 (0.056)	0.137 (0.166)
样本量	60	60	60	60
R^2	0.163	0.163	0.169	0.169

注:*、**、***分别表示在10%、5%、1%水平上显著,括号内为标准误(下同),被解释变量为空气质量指数(AQI)。

由回归结果可知,强制型政策工具、激励型政策工具、能力建设型政策工具、机制转换型政策工具对空气质量的影响均在10%水平上显著为负,说明四种政策工具对空气质量指数具有积极的影响。由模型(1)可知,强制型政策工具每提高1个单位,空气质量指数下降0.063个单位,即强制型政策工具对空气质量的提高具有良好效果,假设1得到了验证;由模型(2)可知,激励型政策工具每提高1个单位,空气质量指数下降0.087个单位,即激励型政策工具对空气质量的提高具有良好的效果,假设2得到了验证;由模型(3)可知,能力建设型政策工具每提高1个单位,空气质量指数下降0.085个单位,即能力建设型政策工具对空气质量的提升具有良好的效果,假设3得到了验证;由模型(4)可知,机制转换型政策工具每提高1个单位,空气质量指数下降0.068个单位,即机制转换型政策工具对于空气质量具有良好的效果,假设4得到了验证。

其他控制变量同样值得关注,在四种工具中,人均收入对空气质量指数的影响均在10%水平上显著为负,经济含义为,人均收入每提高1个单位,空气质量指数下降0.001个单位,即人均收入对空气质量指数的提高具有积极影响。绿色专利数、利用外资数、领导经验对空气质量指数的影响不显著,符号不符合预期,本文认为和样本量较少有关系,随着样本量的扩大,二者的真实关系会逐渐显现。

从标准化回归系数可知,强制型政策工具、激励型政策工具、能力建设型政策工具、机制转换型政策工具对空气质量指数的影响均在1%水平上显著为负,从系数大小可知,四种工具对空气质量影响的效果排序依次为能力建设型政策工具、激励型政策工具、机制转化型政策工具、强制型政策工具,意味着政府在环境治理过程中,要重点使用能力建设型政策工具和激励型政策工具,可以选择机制转换型政策工具,但要慎用强制型政策工具。

综上所述,四种政策工具对政策效果具有积极影响,能力建设型政策工具的政策效果最为显著。

(三) 稳健性检验

通过相关性分析,可知空气质量指数和空气质量综合指数的相关系

数为 0.707,为保证研究结论的稳健性,本文用空气质量综合指数作空气
质量指数的代理变量作稳健性检验。具体结果如表 22 所示。

表 22 稳健性检验结果

变量	模型(1)	模型(2)	模型(3)	模型(4)
强制型工具	-0.005 * (0.003)			
激励型工具		-0.008 ** (0.003)		
能力建设型工具			-0.008 ** (0.004)	
机制转换型工具				-0.006 ** (0.003)
绿色专利数	0.0001 (0.001)	0.0002 (0.001)	0.0001 (0.0001)	0.0002 (0.0006)
利用外资数	0.001 (0.001)	0.0009 (0.001)	0.001 (0.001	0.001 (0.0008)
人均收入	$-4.55\text{E}-05$ ($3.99\text{E}-05$)	$-4.54\text{E}-05$ ($3.85\text{E}-05$)	$-4.73\text{E}-05$ ($3.87\text{E}-05$)	$-4.74\text{E}-05$ ($3.86\text{E}-05$)
领导经验	0.006 * (0.004)	0.006 * (0.003)	0.007 ** (0.003)	0.005 * (0.004)
样本量	60	60	60	60
R^2	0.238	0.260	0.251	0.252

注:被解释变量为空气质量综合指数。

由回归结果可知,强制型政策工具对空气质量的影响在 10% 水平上
显著为负,激励型政策工具、能力建设型政策工具、机制转换型政策工具
对空气质量的影响均在 5% 水平上显著为负,说明四种政策工具对空气
质量综合指数具有积极的影响。能力建设型工具每提高 1 个单位,空气
质量综合指数下降 0.008 个单位,即能力建设型工具对空气质量综合指
数的提高具有良好效果。机制转换型政策工具每提高 1 个单位,空气质
量综合指数下降 0.006 个单位,即机制转换型政策工具对空气质量综合

指数的提高具有良好效果。强制型政策工具每提高 1 个单位,空气质量综合指数下降 0.005 个单位,即强制型工具对空气质量综合指数的提高具有良好效果。激励型政策工具每提高 1 个单位,空气质量综合指数下降 0.008 个单位,即强制型工具对空气质量综合指数的提高具有良好效果。

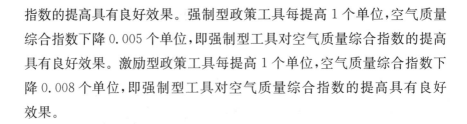

第五节　山东清洁取暖改革方案制定的基本结论与政策建议

一、基本结论

以上对于山东省清洁取暖改革方案制定的研究,可以得出以下几点结论:

第一,山东省清洁取暖改革方案的制定在总体上仍然是一种渐进性改革,与党的十八大以前各种改革方案的制定模式相比,具有一致性。

第二,山东省清洁取暖改革方案的制定,虽然仍然是一种渐进性改革方案,但与以前的各种改革方案相比,有诸多不同的地方,表现为改革方案具有较强的整体性、系统性、协同性,以及顶层设计的特点。

第三,从政策工具与空气质量之间的关系来看,山东省清洁取暖改革方案的效果较好,强制型工具、激励型工具、能力建设型工具、机制转换型工具对空气质量指数的降低和空气质量的提高具有积极影响。四种政策工具通过对地方政府官员的作用,而都对空气质量的提升发生积极作用,这说明目前地方政府官员的"不作为"不是单一因素作用的结果,而是强制性责任落实不到位、内在和外在激励不足、自身能力缺乏和政府内体制机制滞后等多方面因素共同的结果。治理地方政府官员的"不作为"、促使其积极作为,需要综合施策。

第四,四个政策工具对空气质量指数的影响从大到小依次为能力建设型工具、激励型工具、机制转化型工具、强制型工具。能力建设型政策工具对空气质量提升的影响强度最大,说明地方政府官员在履行职责的过程中最缺乏的是正确履职的能力,这和我国目前处于社会转型加速期和改革开放深化期,领导干部面临着"老办法不顶用、新办法没学会"的尴尬局面有很大的关系。

第五,山东省清洁取暖改革,涉及到通过改变冬季取暖的燃料来严控高耗能高排放产业、大力发展节能环保产业、加强环保技术创新和避免生态环境风险等四个方面的内容。在山东省清洁取暖改革方案制定过程中,中央政府和山东省政府直接推动并执行了清洁取暖改革方案的制定,而中央政府和山东省政府制定一系列改革方案的动力在于山东省的大气污染较为严重、人民群众对此十分不满意,也就是说,政府的高位发动力、生态环境承载力的驱动力和公民环境需求的拉动力共同推动了山东省清洁取暖改革方案的制定。

第六,从公民满意度的角度来看,山东省清洁取暖改革提高了山东省的空气质量,并因此而提高了山东省公民的满意度,变现为山东省人民的环境信访行为量逐年减少。山东省清洁取暖改革在一定程度上达到了提高公民满意度的根本目的。

二、政策建议

第一,加强对官员的能力建设。能力是官员积极作为、想干事、能干事、干成事的前提和保障。由基准回归结果可知,官员能力的提高对空气质量指数的降低具有积极影响,而空气质量指数的降低是官员积极作为的结果表现,所以官员能力的提高对促进官员积极作为具有正面影响。目前我国进入了中国特色社会主义新时代,社会方面转型进一步加速、改革进一步深化,经济方面面临着增长速度"换挡"、结构调整"阵痛"和前期政策"消化"的三期叠加,广大官员原有的工作思维、工作方法、工作作风以及原有的工作设施等条件都不能适应新的社会形势的要求,因此要通过有效的教育培训提高官员的工作思维、工作方法、工作作风,通过有效的建设改善官员的工作条件,使得工作设施能够为官员的能力发挥提供条件。

第二,加大对官员干事创业的激励。有效的激励是官员做出干事创业行为的动力源。由基准回归结果可知,官员受激励水平的提高对空气质量指数的降低具有积极影响,所以官员能力的提高对促进官员积极作为具有正面影响。具体而言,加大对官员干事创业的激励,一方面,要通过制定各种政策,为官员干事创业提供充分有效的条件和良好的环境,如合理的容错纠错机制、必要的财政支持、科学的物质奖励和精神奖励制度等,从而激发官员积极作为的外在动力;另一方面,要通过教育培训、党史学习、党性修养等各种方式,激励广大官员的干事创业、服务人民的理想信念和百折不挠的进取精神。

第三,加大政府内部改革的力度,进一步转变工作的体制机制。科学的体制机制是官员想干事、能干事、干成事的制度保障。由基准回归结果可知,机制转变型政策工具的增加对空气质量指数的降低具有积极影响,所以体制机制的改革对促进官员积极作为具有正面影响。具体而言,体制机制改革,就是要明确政府内部的事权、财权、责任、权力划分,特别是政府内部新出现的工作事项。

第四,适当强化现有的强制型政策工具。适当的强制能够给予官员以干事创业的责任和压力。由基准回归结果可知,强制型政策工具的提高对空气质量指数的降低具有积极影响,所以对官员施加一定的强制对促进官员积极作为具有正面影响。因此,要对官员保持现有的激励强度或者适当加大强制的强度。

第五,进一步提高山东经济发展水平。由基准回归结果可知,人均收入对空气质量指数的提高具有积极影响,进而表现为对官员的积极作为产生积极的影响。所以官员的积极作为需要有经济发展水平作保障。一方面,官员积极作为的环境治理内容,属于投资大、见效慢的公共事业,在治理的过程中需要庞大的人力、物力、财力的支持,只有经济快速发展,才能有源源不断的资金投入在环境治理领域;另一方面,对官员的能力建设、内外部的激励以及政府内部的体制机制改革,都离不开强大的经济基础。根据山东省统计局数据显示,2021 年山东省生产总值为 83095.90

亿元，比上年增长 8.3％，两年平均增长 5.9％，说明山东省的经济总量大，经济发展较快，目前可为官员干事创业以及环境治理提供足够的资金支持。

第六，科学选择公共政策工具。能力建设型工具、激励型工具、能力建设型工具、机制型转化工具是政府提供公共服务的可选工具，但四个工具的效果存在明显差异。从回归结果可知，能力建设型工具和激励型工具对空气质量指数的影响较为明显，机制转化型工具的影响较弱，但强制型工具对空气质量指数的影响排序最差，这和现实情况较为相似，即强制型工具在公共服务过程中效果较差，所以，政府应该基于科学逻辑合理选择公共服务工具，聚焦山东官员的"不作为"治理以及空气质量提升时，应该优先选用能力建设型工具和激励型工具。

第五章

改革试验案例:鲁陕两省的节能减排一票否决试验

　　一直以来,政策试验是党和政府制定与执行较为重大政策过程中的一个重要环节,是中国独特的发展经验①。我国政策试验的主要特点是规模大、领域广、影响深远。它对改革开放以来中国经济发展所取得的巨大成就起到了重要的作用。据不完全统计,从 2000 年到 2012 年由中央部门和机关发起的实验有 248 项②,年均 20 项左右。政策试验一般遵循"典型试验——全面推广"的路径:"若政策有效性高,则全面铺开,若政策有效性一般,则进行政策修正后再次进入试验流程,若政策完全无效,则对其叫停。"③一般情况下,只有取得了有效的政策试验结果,才会向全国推广,但也有"没有取得预期成效的政策试点仍向全国范围推广"这一违背常理的路径④。

　　环境基本公共服务领域的改革试验是遵循了一般路径,还是遵循了违背常理的路径? 其效果如何? 哪些因素制约了这一试验过程? 本章以中央政府从 2005 年 12 月至 2015 年间鲁陕两省实施的节能减排一票否

---

① Sebastian Heilmann. 中国经济腾飞中的分级制政策试验. 开放时代,2008(5):31—51。
② 吴怡频、陆简. 政策试点的结果差异研究——基于 2000 年至 2012 年中央推动型试点的实证分析. 公共管理学报,2018(1):58—70。
③ 郑永君、张大维. 从地方经验到中央政策:地方政府政策试验的过程研究——基于合规有效的框架的分析. 学术论坛,2016(6):40—43。
④ 刘强强. 政策试点悖论:未实现预期效果又为何全面推广——基于"以房养老"政策的解释. 福建行政学院学报,2019(5):1—14。

决改革试验过程为对象，探讨节能减排一票否决改革试验的结果及实施节能减排一票否决的条件。

第一节　改革试验的一般理论

一、改革试验的过程与评价标准

国内学者往往从政策试验、政策试点的角度来探讨改革试验的问题。改革往往以政策的形式出现，因此，政策试点的过程可以看作是改革试验的过程。

近10年来，政策试验成为国内学者研究的一个热点问题。学者们从不同的角度研究了政策试验的问题。政策试验是"中国政策过程中所特有的一种政策测试与创新机制，其具体类型包括各种形式的立法试验、试验区与试点等"[1]，政策试验一般是在政策制定后，选择特定的区域和时间段进行试验性执行，以检验政策方案的科学性，并发现执行中的问题。改革试验是我国对较为重大的政策在一定空间或时间范围内进行试验或检验，然后针对具有良好结果的政策试验，在总结经验的基础上辐射到更大范围并得到持续实施的一种改革方案制定与执行的方法。环境基本公共服务供给侧改革试验是环境基本公共服务领域的改革试验。

改革试验有时间维度、空间维度和"时间＋空间"维度的试验三种类型[2]。改革试验遵循"典型试验——全面推广"的模式，因此，改革试验包括试验和推广两个核心环节。从时间和空间的角度来看，改革试验在推广阶段（扩散阶段）应该包括空间上的扩散、时间上的延续和时空上的扩散三个方面的推广类型，各类型的试验范围与推广范围的区别见表23。

---

[1] 周望. "政策试验"解析：基本类型、理论框架与研究展望. 中国特色社会主义研究，2011(2)：84—89。
[2] 周望. "政策试验"解析：基本类型、理论框架与研究展望. 中国特色社会主义研究，2011(2)：84—89。

从国内各媒体所报道的行为来看,最常见的是第 3 和第 4 种类型的改革试验①。但也有一些改革试验会有由空间维度的试验过渡到时间维度的类型,即在第 3 种改革试验类型之后继续进行第 2 种改革试验,这种改革试验的方式和第 4 种改革试验的区别在于,在地区某时段试验取得预期的实验效果以后,再在全国某时段进行进一步的试验,而不是直接在全国推广并制度化,从而形成"典型试点——全国试验——制度化实施"的路径。节能减排一票否决改革试验就是这一模式。

表 23　改革试验的时空类型

序号	模式的类型	试验范围	推广范围
1	时间维度	地区某时段	地区全时段
2		全国某时段	全国全时段
3	空间维度	地区某时段	全国某时段
4	"时间＋空间"维度	地区某时段	全国全时段

　　虽然改革试验对我国经济社会发展起到了重要的作用,但研究发现,实施改革试验过程中也存在着一些问题。徐湘林认为,我国改革试验的时间普遍较短,范围较小,有的还附加一些有利的条件,使得试验得出的经验具有局限性,会引发推广过程的问题②。有研究发现,改革试验会产生试点与非试点单位之间的摩擦、试验性政策与法律法规的冲突③,同时由于某些试点的动机存在偏差、试点取样的代表性存在问题,使得试点方法失灵、试点经验具有不稳定性和不完全性等④。改革试验中的这些问题,有些是改革试验本身所无法克服的,有些则需要通过优化改革试验方案的设计来加以解决,如尽可能增加改革试验的时间、将改革试验的范围扩大到全国等。

　　改革试验的目的在于找到好的改革政策或者是为好的改革政策执行

① 吴怡频、陆简.政策试点的结果差异研究——基于 2000 年至 2012 年中央推动型试点的实证分析.公共管理学报,2018(1):58—70。
② 徐湘林."摸着石头过河"与中国渐进政治改革的政策选择.天津社会科学,2002(3):43—46。
③ 周望."政策试点"的衍生效应与优化策略.行政科学论坛,2015(4):24—29。
④ 吴幼喜.改革试点方法分析.改革与战略,1995(4):7—10。

积累经验。一项改革试验是否实现了预期的目的,达到了相应的效果,应该有一定的标准。有研究者以改革政策是否被推广到全国为标准,来判断改革试验效果好坏[1],其理由在于效果好的改革试验都会被推广,最终会在全国范围内实施。诚然,"推广"是效果好的改革试验的最终结果,但"推广"并不仅仅意味着改革方案的实施在空间范围内扩大到全国,还有可能是小范围的扩大或者是时间维度的延长,如有些改革试验本身针对的区域性的问题,是地方政府为了本地改革成功而在更小范围内进行的试验,不会推广到全国;有些改革试验本身就是正式实施前在全国范围内进行的"试验",不涉及实施范围的扩大,所以,以是否推广到全国来判断改革试验是否达到了改革预期目标,是偏颇的,它只适用于空间维度和"时间+空间"维度的改革试验,而对于时间维度的改革试验不适用。因而,判断改革试验是否达到了预期效果,最恰当的判断标准应该是,改革目标是否实现。基于此,本文以节能减排一票否决实施的目标实现程度为标准来判断改革试验的结果。

二、鲁陕两省节能减排一票否决改革试验的检验方法

作为治理工具的一票否决,在我国最早是 1984 年湖南省澧县实行的计划生育一票否决。随后迅速在全国各地扩散,到 2013 年山东省委办公厅查清该省实施的一票否决事项达 187 项[2]。一票否决是一项特殊的政策工具,是上级政府对下级政府实施的特殊强制命令权,对转变地方政府工作人员的观念,有效推进相关具体工作的确起到了重要的作用,但过多的一票否决事项在事实上给地方政府造成了诸多困扰。在这种情况下,理论界、政府中的实践工作者也在不断思考、争论,形成了或赞成或反对或居中的意见,如有人认为一票否决是中国具有鲜明特色的政府责任机制[3],"人大改

---

① 吴怡频、陆简. 政策试点的结果差异研究——基于 2000 年至 2012 年中央推动型试点的实证分析. 公共管理学报,2018(1):58—70。
② 战旭英."一票否决制"检视及其完善思路. 理论探索,2017(6):79—84。
③ 杨雪冬. 中国政府责任机制的鲜明特色. 北京日报,2018-5-21:14。

变了原有的官员激励体系"①,也有人认为,一票否决本质上是一种"前现代的、不符合科学管理原理"的"救火行政"模式②,还有人认为对于一票否决只要"拿捏"好分寸③就可以了。这些意见有的是对感性认识的归纳总结,有的是建立在理论基础上的逻辑推演,很少有规范的实证研究,因此,其结论相互冲突且说服力不强。

基于此,本章采用个案研究与准实验(试验)研究相结合的方法,以期对一票否决的存废问题提出有说服力的建议。

之所以采取个案研究的方法,是因为全国各级政府实行的一票否决事项太多,而且很多事项实施了一票否决以后,由于事项的目标不明确、结果没有评估,甚至是不了了之,其效果往往无法评价,不适合本文的研究。节能减排一票否决是中央政府实施的、目标明确、有明确时间界限、有结果评价的事项,因此,本章选择鲁陕两省节能减排一票否决这一典型的个案作为研究对象。

根据有无规范的考核方案,节能减排一票否决可以分为表态式节能减排一票否决和考核式节能减排一票否决两种类型。表态式节能减排一票否决是指领导者在讲话中或在相关文件中提出要对节能减排事项进行一票否决,但相关文件中又没有提出具体节能减排考核方案的情形;考核式节能减排一票否决是指相关文件中不仅提出了要对节能减排进行一票否决,而且还有具体考核方案的情形④。我国中央政府从 20 世纪 90 年代以来,就提出了节能减排的工作要求,2005 年 12 月针对全国各级政府提出了表态式节能减排一票否决措施,而山东省(鲁)、陕西省(陕)两省则进行了考核式节能减排一票否决试验,2007 年 5 月至 2015 年在全国范围内试行了考核式节能减排一票否决。这样,从改革试验的角度来看,鲁陕两省节能减排一票否决的"试验"过程形成了一个"典型试点——全国试

---

① 李惠民等. 中国"十一五"节能目标责任制的评价与分析. 生态经济,2011(9):30—33.

② 尚虎平. 我国地方政府绩效评估中的"救火行政"——"一票否决"指标的本质及其改进. 行政论坛,2011(5):58—63.

③ 马雪松. 如何拿捏好一票否决的分寸. 人民论坛,2018(9):35—36.

④ 向俊杰等. 节能减排一票否决绩效考核:央地博弈中的逻辑演进. 行政论坛,2020(1):88—98.

验"的模式。鲁陕两省节能减排一票否决改革策试验的这一模式在事实上遵循了以下准实验原理:

(1)交互分类设计。交互分类设计即相关设计(Connectional Designs),其实验组和控制组是根据实验变量的要求选取,不是随机分派的[①]。节能减排一票否决在典型试验环节选取了山东省、陕西省两个省作为实验组,这两个点不是随机选取的,而是由国家环保总局决定的,因而无法对实验对象进行控制;全国同期的节能水平是控制组。但由于国家每年都会对各省节能减排的情况进行统计,已经成为惯例,因此节能减排一票否决在作为实验组的两个省以及作为控制组的全国各省区是有前测和后测的,这一点弥补了一般交互分类设计的缺点。

(2)单组前后测实验设计。单组前后测实验设计通过比较后测与前测结果的差异来考察实验刺激的效果[②]。节能减排一票否决改革试验在节能减排一票否决改革试验的第一阶段、第三阶段、第四阶段可以看成是相对独立的单组前后测实验设计。由于这三个阶段都是在全国范围内进行的,客观上无法找到相应的参照组,只能进行单组前后测实验。它无法避免单组前后测实验设计的缺点,但由于统计惯例的存在避免了前测可能带来的误差,同时,这种在全国范围内进行的实验,能够避免我国此前进行的其他改革试验的消极效应,如选点的代表性问题、试点经验的局限性与不稳定问题、试点单位与非试点单位之间的摩擦问题等。因此,从单组前后测实验的角度、结合全国的情况来分析鲁陕两省节能减排一票否决改革试验的效果,是可行的,而且比以往局部改革试验的效度要更高。

(3)目标管理。目标管理最早由彼得·德鲁克提出,是经后人发展完善的一种管理方法。目标管理过程包括制定目标、分解目标、下级执行目标、结果考核的过程[③]。目标管理实施的效果在总体上而言在于组织目标是否有效实现,其重要的影响因素在于目标制定和目标分解的科学性。在节能减排一票否决政策试验的第三阶段和第四阶段,中央政府对

---

① 袁方.社会研究方法教程.北京:北京大学出版社,1997:380—381。
② 袁方.社会研究方法教程.北京:北京大学出版社,1997:380—381。
③ 苏东水.管理心理学.上海:复旦大学出版社,1997:171—174。

各省级政府采取了规范的目标管理措施,并由环保部与各省级地方政府以签约的形式确定了各个试验期间在节能减排方面应该达到的具体目标及每年应该达到的目标。因此,可以采取鲁陕两省达到中央政府的目标的情况来评价节能减排一票否决改革试验的有效性。

第二节　鲁陕两省节能减排一票否决的改革试验过程

从 20 世纪 90 年代到 21 世纪初,我国的生态环境开始急剧恶化。大气污染、土地沙化、河流污染、土壤污染等给人民的生命和财产造成重大的损失。这种情况引起了党和政府的高度重视。2003 年 7 月,胡锦涛总书记提出了科学发展观,主张"第一要义是发展,核心是以人为本,基本要求是全面协调可持续,根本方法是统筹兼顾",以实现"统筹人与自然和谐发展"。这意味着我国政府高层的关注点开始转移到生态环境保护方面来,由此开启了节能减排一票否决改革试验的历程。节能减排一票否决改革试验是一个连续的过程,主要包括四个阶段。

第一阶段是减排一票否决改革试验阶段。为了有效地扭转生态环境方面的严峻形势,2005 年 12 月,国务院发布了《关于落实科学发展观加强环境保护的决定》(国发[2005]39 号)。该文件指出,环境保护的目标是"到 2010 年,……主要污染物的排放总量得到有效控制,重点行业污染物排放强度明显下降……",并提出了要重点解决的七项突出问题,其中之一是"以降低二氧化硫排放总量为重点,推进大气污染防治"。为了完成目标,解决包括减排在内各项突出环境问题,国发[2005]39 号文件对各级政府提出了一系列具体的要求,其中最突出的是"要把环境保护纳入领导班子和领导干部考核的重要内容,并将考核情况作为干部选拔任用和奖惩的依据之一……评优创先活动要实行环保一票否决"。这些措施的提出意味着,中央政府要对地方政府实行减排一票否决。国务院在国发[2005]39 号文件中提出了减排一票否决以后,并没有在该文件中或者随后的相关文件中提出,二氧化硫要下降什么程度、如何确定某地是否达到了中央政府减排的要求，以及如果没有达到减排的要求，中央政府会通过什么程序、由哪个部门、在哪些方面的评优创先活动中否决该地方政府，也就是说，缺少减排一票否决的具体实施方案。这使得中央政府的减排一票否决成为表态式一票否决。随后各省级地方政府转发了该国发〔2005〕39号文件，表示要实行减排一票否决。

第二阶段是节能一票否决改革试点。2006年8月6日，国务院印发了《国务院关于加强节能工作的决定》（国发〔2006〕28号），提出"到'十一五'期末，万元国内生产总值（按2005年价格计算）能耗下降到0.98吨标准煤，比'十五'期末降低20％左右，平均年节能率为4.4％"，并对各级地方政府提出了一系列具体执行的要求。随后，各省级地方政府制定了本省的实施办法，其中，陕西省和山东省在本省的实施办法中提出要"试行一票否决制"，进行节能一票否决试点（具体情况见表24）。这两个省的节能一票否决试点，是省政府对下属各县市和所属各部门进行的，有明确的工作内容和完成时间要求，因此，它们是一种考核式节能一票否决。另外，从一票否决的内容来看，陕西省针对节能考核不合格的主体实行的是政绩一票否决，而山东省实行的是评优创先一票否决，从这方面来看，陕西省一票否决的力度更大。

表24　陕西省和山东省节能一票否决试点情况表

试点单位	实施文件	文号	实施时间	考核方案	否决内容
陕西省	陕西省人民政府关于进一步加强节能工作的若干意见	陕政发〔2006〕30号	2006年8月10日	有。考核方案相对完整	GDP能耗纳入各市经济社会发展综合评价和年度考核体系，作为市、县级领导班子任期内实绩考核指标，试行"一票否决制"。
山东省	山东省人民政府关于贯彻国发〔2006〕28号文件进一步加强节能工作的实施意见	鲁政发〔2006〕108号	2006年10月17日	有	试行一票否决。凡是没有完成节能降耗指标的地方、单位和企业，一律不得参加年度评奖、授予荣誉称号等；没有完成节能指标的国有、国有控股企业领导班子不得享受年终考核奖励。

数据来源：作者自制。

虽然陕西省和山东省的节能一票否决改革试点实施几个月以后，到2007年5月中央政府开始实施节能减排一票否决，因此，陕西省和山东省单独实施的节能一票否决只存在了几个月，随后便纳入到全国统一的节能减排一票否决改革试验中，但是全国范围内的实施办法到2007年11月17日才正式通过。因此，对陕西省和山东省的节能一票否决改革试点进行交互分类分析时，仅限于2007年，不可以一直延续到2015年。

第三阶段是节能减排一票否决改革试验（2008—2010）。2007年5月，国务院发布了《国务院关于印发节能减排综合性工作方案的通知》（国发〔2007〕15号），将此前的减排工作和节能工作结合在一起，向各级地方政府提出了新的节能减排要求。其中将减排的内容增加了化学需氧量，在考核不合格的后果方面，并实行政绩一票否决，即如果某一地方政府的节能减排考核不合格，就要对其政绩进行一票否决，相对于以往的"评优创先"一票否决，力度大了很多。为了促进《综合方案》的有效实施，国务院环保部制定并发布了《"十一五"主要污染物总量减排统计办法》《"十一五"主要污染物总量减排监测办法》和《"十一五"主要污染物总量减排考核办法》三个文件，并对各省的减排统计人员进行了培训，可见，国发〔2007〕15号文件是有具体考核实施办法的，其对各地方政府提出的要求是一种考核式一票否决。国务院最终于2007年11月17日发布了《国务院批转节能减排统计监测及考核实施方案和办法的通知》（国发〔2007〕36号），因此，本阶段应从2008年开始。

第四阶段是节能减排一票否决改革试验（2011—2015）。"十一五"结束了以后，国务院针对"十二五"时期的节能减排工作于2011年10月发布了《关于加强环境保护重点工作的意见》（国发〔2011〕35号），进一步强调了要"实行环境保护一票否决制"。同年12月，国务院发布了《国家环境保护"十二五"规划》（国发〔2011〕42号），强调实行环境保护目标责任制"纳入地方各级人民政府政绩考核，实行环境保护一票否决制"，对未完成环保目标任务的地方政府要追究有关领导责任，同时发布了同期的节能减排目标，在减排指标方面则增加了氨氮和氮氧化物，"十一五"时期所形成的节能减排考核方案——包括考核的组织机构、考核指标、考核信息收集方法、考核结果发布方式等继续沿用。

"十二五"结束了以后,国务院针对"十三五"时期的节能减排工作于2016 年发布了《关于印发"十三五"节能减排综合性工作方案的通知》,将节能考核指标增加了能源消耗总量,变成了"双控"(单位国内生产总值能源消耗强度和能源消耗总量控制),明确指出"将考核结果作为领导班子和领导干部年度考核、目标责任考核、绩效考核、任职考察、换届考察的重要内容",不再强调实行政绩"一票否决"。至此,节能减排一票否决正式终止。

从 2005 年 12 月到 2015 年,政府在节能减排一票否决方面实施的一系列改革具有很强的试验性质。从形式上来看,改革试验的正式文件一般有"意见""通知""暂行办法""暂行条例""试行""试点""决定"等关键词,前面所述的各个阶段的改革试验,其文件名称均有上述特征;从试验的时间来看,改革试验都是在一个有限的时间段内执行,时间短的不到一年,时间长的不超过 5 年[1],节能减排一票否决改革试验在各个阶段都没有超过 5 年,符合改革试验的特征(具体情况见表 25)。

表 25 鲁陕两省节能减排一票否决改革试验情况表

阶段	改革试验名称	试验考察内容	试验的形式特征	试验的时间段	试验的时间长度	试验原理
1	减排一票否决	SO_2 减排	决定	2005.12—2007.11	约 2 年	单组前后测目标管理
2	节能一票否决	万元 GDP 能耗降低	意见、试行	2006.8—2007.11(鲁) 2006.10—2007.11(陕)	约 1 年	交互分类设计
3	节能减排一票否决	万元 GDP 能耗、SO_2 和 COD 排放降低	方案	2007.11—2010.12	3 年	单组前后测目标管理
4	节能减排一票否决	万元 GDP 能耗、SO_2、氮氧化物、氨氮和 COD 排放降低	意见	2011.1—2015.12	5 年	单组前后测目标管理

资料来源:作者自制。

---

[1] 吴怡频、陆简. 政策试点的结果差异研究——基于 2000 年至 2012 年中央推动型试点的实证分析. 公共管理学报,2018(1):58—70。

第三节　鲁陕两省节能减排一票否决
改革试验的环境结果

一、第一阶段改革试验的结果

节能减排一票否决改革试验第一阶段的目的在于让污染物的排放，主要是 SO_2 的排放实现下降。虽然在《决定》中并没有提出具体的目标，但中央政府自身预期的目标是在 2006 年的预期节能减排目标是主要污染物降低 2%[①]，即 SO_2 减排量降低 2%。虽然 2007 年 5 月发布的文件提出要从 2007 年开始实施节能减排一票否决改革，但具体实施办法在 2007 年 11 月才通过，因此本阶段的减排一票否决改革试验在事实上只在 2006 年和 2007 年被执行。表 26 的数据显示，自 2003 年党中央提出"科学发展观"以来，我国的 SO_2 排放量一直处于增长状态，在 2006 年我国 SO_2 排放量比 2005 年增加了 39.4 万吨，相比 2005 年增长了 1.55%（具体数据见表 26），与中央政府降低 2% 的目标相去甚远。但就 2005 年的增加量而言，比 2003—2005 年的历年增加量都低。所以从中央政府目标管理的角度来看，这一阶段的减排一票否决改革试验虽然在一定程度上遏制了 SO_2 排放量增长的趋势，但总体上是无效的。

表 26　2004—2008 年全国二氧化硫排放情况表

（单位：万吨）

年度	2004	2005	2006	2007	2008
排放量	2254.9	2549.4	2588.8	2468.1	2321.2
增减量	+96.4	+294.5	+39.4	−120.7	−146.9
增长率	4.47%	13.06%	1.55%	−4.66%	−5.95%

数据来源：历年《中国统计年鉴》；不包含台湾的数据。

[①] 谢振华.中国节能减排：政策篇.中国发展出版社,2008:283。

表27　2004—2008年鲁陕两省二氧化硫排放情况表

（单位:万吨）

年度		2004	2005	2006	2007	2008	2009
山东	排放量	182.1	200.3	196.2	182.22	169.19	159.03
	年增长率	−0.82%	9.99%	−2.05%	−7.13%	−7.15%	−6.01%
陕西	排放量	81.8	92.2	98.1	92.72	88.94	80.44
	年增长率	6.79%	12.71%	6.40%	−5.48%	−4.08%	−9.56%

数据来源:2005—2009年的《中国统计年鉴》。

　　就鲁陕两省本身的减排一票否决改革试验而言,可以以减排考核的内容二氧化硫的排放量变化情况来衡量鲁陕两省第一阶段改革试验的效果。由于鲁陕两省第一阶段的改革实际发生在2006年和2007年,可以将2006年和2007年的数据看成是减排一票否决改革试验的后测效果,而改革前两年(即2004年和2005年)的鲁陕两省二氧化硫排放量可以看成是改革的前测。表27中的数据表明,山东省的前测是2004年和2005年两年的平均数191.2万吨,后测数据是2006年和2007年两年的平均数189.21万吨,后测减去前测的值为−1.99万吨,这说明山东省的减排一票否决改革试验是有效果的;陕西省的前测(2004年和2005年的平均数)是87.0万吨,后测数据是95.41万吨,后测减去前测的值为8.41万吨,这说明陕西省的减排一票否决改革试验是无效果的。从鲁陕两省目标管理的角度来看,中央政府要求两省每年完成2%的二氧化硫排放的削减量,根据表27中二氧化硫排放的年增长率来看,只有山东省的排放量在2006年和2007年是负增长并且超过了2%,陕西省在2006年为正增长,这同样说明减排一票否决改革试验对山东省是有效的,而对陕西省是无效的。

　　从鲁陕两省2004—2008年二氧化硫排放量的数据来看,山东省在2005年前的排放量一直处于增长状态,在2006年后一直处于递减状态;陕西省在2006年前一直处于增长状态,在2007年后一直处于递减状态,说明山东省对于减排一票否决改革试验反应比较敏感,陕西省对于减排一票否决改革试验反应不敏感,效果不好。

总体而言,鲁陕两省在节能减排一票否决第一阶段的效果不好。

二、第二阶段改革试点的结果

节能减排一票否决改革试验第二阶段采取交互分类设计的方式来对陕西省、山东省节能一票否决的效果进行验证。从图3的数据可以看出,2006年陕西省和山东省的单位GDP能耗相对于2005年有了一定程度的降低,但是从2002年到2011年的数据发展趋势来看,陕西省和山东省的单位GDP能耗处于逐年下降的状态,2006年实行的节能一票否决试点未能明显改变或者加快这一下降的趋势。因此,从单位GDP能耗的结果来看,节能一票否决试点没有取得明显的效果。

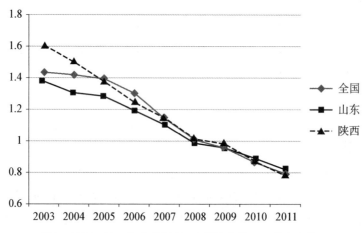

图3　2003—2011年鲁陕两省及全国的单位 GDP 能耗变化图

数据来源:单位能耗数据由年度能耗量÷年度 GDP 计算而得。山东省和陕西省的历年能耗量和 GDP 数据来源于国泰安数据服务中心。

具体到与参照组的比较而言,陕西省的单位 GDP 能耗在 2005 年以前明显高于全国平均水平,2005 年则略低于全国平均水平,到 2006 年则明显低于全国平均水平,说明陕西省实施的节能一票否决改革试验是成功的;而山东省的单位 GDP 能耗在 2005 年以前和 2006 年都是低于全国平均水平的,山东省和全国的单位 GDP 能耗在 2005 年和 2006 年的差距分别为-0.1099 和-0.1107,基本保持不变,这说明山东省实施的节能一票否决改革试验没有取得明显的效果。2007 年以后,由于中央政府实施了节能减排一票否决改革试验,各省级地方政府的改革同化,所以陕西省、山东省与全国的单位 GDP 能耗也趋同,无法说明陕西省、山东省节能一票否决的效果。而比较陕西省与山东省在 2006 年实施的节能一票否决改革试验,陕西省单位 GDP 能耗下降幅度略高于山东省。陕西省与山东省节能一票否决改革试验的区别在于,陕西省实施的是政绩一票否决、山东省实施的是评优创先一票否决,陕西省一票否决的力度要高于山东省,对下级政府的威慑力度更大,这可能是陕西省节能一票否决改革试验效果更好的原因。

　　总体而言,第二阶段的节能一票否决改革试验是无效果的,但政绩一票否决的效果比评优创先一票否决的效果要略好一些。

三、第三阶段改革试验的结果

　　根据国发[2007]15 号文件的规定,全国节能减排一票否决改革试验第三阶段的目的在于,万元国内生产总值能耗由 2005 年的 1.22 吨标准煤下降到 1 吨标准煤以下,降低 20％左右;主要污染物排放总量减少10％,二氧化硫排放量由 2005 年的 2549.4 万吨减少到 2185.1 万吨,化学需氧量(COD)由 1414.2 万吨减少到 1238.1 万吨。始于 2007 年的节能减排一票否决改革试验,在 3 年内实现了目标(具体情况见表28),万元 GDP 能耗降到了 0.873 吨标准煤、SO_2 和 COD 排放量分别降低了14.29％和 13.31％,分别是预期目标的 142.9％和 133.1％,均超过了预期目标。从节能减排的目标来看,全国范围的节能减排一票否决改革试验取得了预期的成功。

表 28　2005—2010 年全国节能减排情况表

单位:吨标准煤/万元、万吨

年度		2005	2006	2007	2008	2009	2010
节能		1.395	1.305	1.152	1.003	0.963	0.873
减排	SO_2	2549.4	2588.8	2468.1	2321.2	2214.4	2185.1
	COD	1414.2	1428.2	1381.8	1320.7	1277.5	1238.1

　　注:节能数据来源历年《中国统计年鉴》;减排数据来源历年《中国环境状况公报》;不包含台湾的数据。

表 29　2005—2010 年鲁陕两省节能减排情况表

单位:吨标准煤/万元、万吨

年度		2005	2006	2007	2008	2009	2010
山东省	节能	1.32	1.27	1.21	1.13	1.03	1.02
	SO_2 减排	200.3	196.2	182.22	169.19	159.03	153.78
	COD 减排	77	75.8	71.98	67.86	64.7	62.05
陕西省	节能	1.46	1.34	1.23	1.06	1.03	0.88
	SO_2 减排	92.2	98.1	92.72	88.94	80.44	77.86
	COD 减排	35	35.5	34.48	33.21	31.81	30.77

　　注:节能数据来源 2006—2011 年《中国统计年鉴》;减排数据来源 2006—2011 年《中国环境状况公报》《山东省环境状况公报》《陕西省环境状况公报》。

　　从鲁陕两省节能减排一票否决改革试验的单组前后测来看,衡量本阶段鲁陕两省节能减排一票否决改革试验的结果,可以将 2008 年、2009 年和 2010 年的节能减排情况作为后测,将 2005 年、2006 年和 2007 年的年均数据作为前测,后测减去前测的值就是本阶段节能减排改革试验的效果。表 29 中的数据表明,山东省节能的前测数据是 1.267(2005 年、2006 年和 2007 年的年均数),用 2008 年、2009 年和 2010 年的后测数据减去前测数据,值分别为 -0.137、-0.237、-0.247,用 2008 年、2009 年和 2010 年的平均数减去前测数据,其值是 -0.207;山东省 SO_2 减排的前测数据是 192.91,用三个后测数据分别减去前测数据,值分别为 -23.72、-33.88、-39.13,用 2008 年、2009 年和 2010 年的平均数减去前测数据,其值是 -32.24;山东省 COD 减排的前测数据是 74.93,用三个后测数据分别减去前测数据,其值分别是-7.07、-10.23、-12.88,用2008年、2009年和2010年的平均数减去前测数据,其值是-10.06。上述数据表明,山东省节能减排一票否决改革试验在本阶段的效果是好的。陕西省节能的前测数据是1.34,用2008年、2009年和2010年的后测数据分别减去前测数据,其值分别是-0.28、-0.31、-0.46,用三年的平均数减去前测数据,其值是-0.35;陕西省SO_2减排的前测数据是94.34,用2008年、2009年和2010年的后测数据分别减去前测数据,其值分别是-5.4、-13.9、-16.48,用三年的平均数减去前测数据,其值是-11.93;陕西省COD减排的前测数据是34.99,用2008年、2009年和2010年的后测数据分别减去前测数据,其值分别是-1.78、-3.18、-4.22,用三年的平均数减去前测数据,其值是-3.06。上述数据表明,陕西省节能减排一票否决改革试验在本阶段的效果是好的。

从鲁陕两省节能减排一票否决改革试验的目标管理来看,按照文件规定,各省的节能指标(万元GDP能耗)要比2005年减少20%,减排指标要比2005年减少10%。根据上表中数据显示,山东省的节能从2005年的每万元GDP1.32吨标准煤降到了2010年的1.02吨标准煤,降幅达22.73%,而陕西省的节能从2005年的每万元GDP1.46万吨标准煤降到0.88吨标准煤,降幅达39.73%,均达到了国家设定的目标;山东省的SO_2排放量从2005年的200.3万吨下降到2010年的153.78万吨,降幅达23.23%,陕西省的SO_2排放量从2005年的92.2万吨下降到77.86万吨,降幅达15.55%,均达到了国家设定的目标;山东省的COD排放量从2005年的77万吨下降到2010年的62.05万吨,降幅达19.42%,陕西省的COD排放量从2005年的35万吨下降到2010年的30.77万吨,降幅达12.09%,均达到了国家设定的目标。总而言之,从目标管理的角度来看,鲁陕两省在第三阶段的改革试验是成功的。

四、第四阶段改革试验的结果

按照《环境保护"十二五"规划》规定的目标,到2015年,全国"单位国内生产总值能源消耗降低 16%，单位国内生产总值二氧化碳排放降低 17%。主要污染物排放总量显著减少，化学需氧量、二氧化硫排放分别减少 8%，氨氮、氮氧化物排放分别减少 10%"。从 2011 年到 2015 年执行的最终结果来看，全国化学需氧量、二氧化硫、氨氮、氮氧化物排放分别减少 8%、14.92%、13.04%、18.59%（具体数据见表 30），是目标任务的 100%、186.5%、130.4%、185.9%。2011 年至 2015 年的节能减排一票否决改革试验实现了预期的目标。

表 30　2010—2017 年全国节能减排情况

单位：吨标准煤/万元、万吨

年度		2010	2011	2012	2013	2014	2015	2016	2017
节能*		0.87	0.86	0.82	0.79	0.75	0.71	0.63	0.57
减排	SO_2	2185.1	2217.91	2117.63	2043.92	1974.42	1859.12	1102.86	1015.55
	COD**	1238.06	1273.7	1251.2	1209.3	1175.7	1139.3	1046.53	1014.09
	氮氧化物	2273.6	2404.27	2337.76	2227.36	2078.0	1851.02	1394.31	1325.99
	氨氮	264.4	260.4	253.59	245.66	238.53	229.91	223.24	215.20

＊按照 2010 年可比价格计算。节能方面的数据来源：历年《中国统计年鉴》；减排方面的数据来源：历年《中国环境状况公报》和国务院历年向全国人大作的《关于环境状况和环境保护目标完成情况的报告》。

＊＊由于统计口径的变化，COD 的统计相对于 2010 年，在工业源和生活源的基础上增加了农业源和集中式的排放统计。本文出于前后比较的目的，仅取工业源和生活源两个方面的数据。不包含台湾的数据。

从鲁陕两省节能减排一票否决改革试验的单组前后测来看，衡量本阶段鲁陕两省节能减排一票否决改革试验的结果，可以将 2011 年至 2015 年的节能减排情况作为后测，将 2006 年至 2010 年的年均数据作为前测，后测减去前测的值就是本阶段节能减排改革试验的效果。表 31 中的数据表明，山东省节能的前测数据是 1.132，用 2011 年至 2015 年历年的后侧数据减去前测，值分别为 −0.332、−0.372、−0.412、−0.432、−0.472，用 2011 年至 2015 年的平均数减去前测数据，其值是 −0.404；山东省 SO_2 减排的前测数据是 172.084，用 2011 年至 2015 年的后测数据分别减去前测数据，值分别为 10.616、2.796、−7.584、−13.064、

-19.514,用2011年至2015年的平均数减去前测数据,其值是-5.35;山东省COD减排的前测数据是68.478,用五个后测数据分别减去前测数据,其值分别是129.722、123.642、116.122、109.562、107.282,用2011年至2015年的平均数减去前测数据,其值是117.266。上述数据表明,山东省节能减排一票否决改革试验在本阶段的效果不理想。陕西省节能的前测数据是1.108,用2011年至2015年的后测数据分别减去前测数据,其值分别是-0.318、-0.378、-0.408、-0.438、-0.448,用五年的平均数减去前测数据,其值是-0.398;陕西省SO₂减排的前测数据是87.612,用2011年至2015年的后测数据分别减去前测数据,其值分别是-12.292、-18.302、-21.352、-9.512、-14.112,用五年的平均数减去前测数据,其值是-15.114;陕西省COD减排的前测数据是33.154,用2011年至2015年的后测数据分别减去前测数据,其值分别是22.646、20.466、18.776、17.336、15.756,用五年的平均数减去前测数据,其值是18.996。上述数据表明,陕西省节能减排一票否决改革试验在本阶段的效果基本上是好的,但在COD减排方面有很大的努力空间。鲁陕两省在COD减排方面不理想,主要原因是统计口径变化带来数据巨大变化。

表31　2010—2017年鲁陕两省节能减排情况表

单位:吨标准煤/万元、万吨

年度		2011	2012	2013	2014	2015	2016	2017
山东省	节能	0.80	0.76	0.72	0.70	0.66	0.68	0.64
	SO₂减排	182.7	174.88	164.5	159.02	152.57	73	73.91
	COD减排	198.2	192.12	184.6	178.04	175.76	53.05	52.08
陕西省	节能	0.79	0.73	0.70	0.67	0.66	0.64	0.58
	SO₂减排	75.32	69.31	66.26	78.1	73.5	31.8	19.9
	COD减排	55.8	53.62	51.93	50.49	48.91	18.73	39.55

注:节能数据来源历年《中国统计年鉴》;减排数据来源历年《中国环境状况公报》《山东省环境状况公报》《陕西省环境状况公报》。

从鲁陕两省节能减排一票否决改革试验的目标管理来看,中央政府要求各省单位国内生产总值能源消耗降低16%,化学需氧量、二氧化硫排放分别减少 8%。从上表中的数据来看,山东省的节能从 2011 年的每万元 GDP0.80 吨标准煤降到了 2015 年的 0.66 吨标准煤,降幅达 15.91%,而陕西省的节能从 2005 年的每万元 GDP0.79 吨标准煤降到 0.66 吨标准煤,降幅达 16.46%,均达到了国家设定的目标;山东省的 SO_2 排放量从 2011 年的 182.7 万吨下降到 2015 年的 152.57 万吨,降幅达 16.49%,陕西省的 SO_2 排放量从 2011 年的 75.32 万吨下降到 2015 年的 73.5 万吨,降幅达 2.42%,只有山东省达到了国家设定的目标;山东省的 COD 排放量从 2011 年的 198.2 万吨下降到 2015 年的 175.76 万吨,降幅达 11.32%,陕西省的 COD 排放量从 2011 年的 55.8 万吨下降到 2015 年的 48.91 万吨,降幅达 12.34%,均达到了国家设定的目标。总而言之,从目标管理的角度来看,鲁陕两省在第四阶段的改革试验是比较有效的,只有陕西省的 SO_2 减排没有达到目标。

第四节　鲁陕两省节能减排一票否决改革试验的公民满意度

公民满意度是鲁陕两省节能减排一票否决试验的根本目的和归宿,公民满意度可以作为检验鲁陕两省节能减排一票否决改革试验的重要标准。本部分主要从行为和态度两方面分析鲁陕两省节能减排一票否决改革试验过程中的公民满意度。

一、基于行为的公民满意度

公民的行为体现了公民心里对现实的满意状态。鲁陕两省公民在生态环境领域的信访行为量体现了公民对节能减排一票否决改革试验的满意度,而信访量的变化则体现了公民满意度的变化。下面通过分析鲁陕两省公民在节能减排一票否决改革试验过程中的信访行为,来分析其对改革试验的满意度(具体数据见表 32)。

表 32　2003—2010 年鲁陕两省公民信访情况表

单位:件

改革阶段		改革试验前			第一阶段	第二阶段	第三阶段		
年度		2003	2004	2005	2006	2007	2008	2009	2010
山东省	信访量	42754	34950	27989	33990	24556	—	26474	24788
	信访增减量	—	−18.25%	−19.91%	+21.44%	−27.76%	—	+7.81%	−6.37%
陕西省	信访量	—	—	—	—	—	28156	28681	24532
	信访增减量	—	—	—	—	—	—	+1.86%	−14.47%

注:"—"表示数据缺失。信访增减量是相对于前一年而言的;由于山东省 2008 年的数据缺失,其 2009 年的信访增减量是相对于 2007 年的。

数据来源:2003 年至 2010 年的《山东省环境状况公报》和《陕西省环境状况公报》。

表 32 的数据反映了鲁陕两省公民 2003—2010 年之间的信访行为情况,包括了节能减排一票否决改革试验前 3 年,以及改革的第一阶段、第二阶段、第三阶段的信访行为情况。从整体上看,山东省的数据较为完整,而陕西省的数据缺失较多。以山东省公民环境信访行为来看,2003 年的公民信访量最高,达 42754 件,远高于改革试验第一阶段、第二阶段和第三阶段的公民信访量;将改革前三年的年均信访量 35231 件作为前测,将改革第一阶段、第二阶段和第三阶段的年均信访量作为后测,后测减去前测的值分别为−1241、−10675、−9600,这说明,改革后的公民不满意度有了很大的降低。从历年的信访增减量来看,改革前,山东省公民的信访量是逐年减少,但在改革的第一阶段突然增加了 21.44%,在改革试验第三阶段的 2009 年增加了 7.81%,这说明山东省公民的信访行为量在改革试验中总体上减少的同时,局部的量还是有一些波动。

表 33 的数据反映了鲁陕两省公民在 2011—2019 年间的信访行为情况,其中 2011—2015 年是节能减排一票否决改革试验的第四阶段,而 2016—2019 年是改革试验后的信访情况,属于改革效果的后测。从山东省公民的信访行为情况来看,改革试验后 2017 年的信访量显著高于其他年份,比前一年增长了 21 倍多,第四阶段的年均信访量为 12340.7 件,而改革试验后的年均为 30877.5 件,增长了 150.21%,即改革措施取消后,公民的不满意度显著上升;从陕西省公民的信访行为情况来看,改革试验

结束后 2018 年的信访量显著高于其他年份,增长率也高于其他年份,第四阶段的年均信访行为量为 22240.2 件,改革试验的后测数据为 27787.5 件,改革试验结束后公民的信访行为增加了 24.94%。从鲁陕两省的数据来看,改革试验结束后,公民的不满意度均有很大程度的上升。这从反面说明公民的满意度降低了。

表 33　2011—2019 年鲁陕两省公民信访情况表

单位:件

改革阶段		第四阶段					改革试验后		
年度		2011	2012	2013	2014	2015	2016	2017	2018	2019
山东省	信访量	31777	1758	3487	—	—	3531	78777	21762	19440
	信访增减量	+28.20%	−94.47%	+98.35%	—	—	+1.26%	2131.01%	−72.38%	−10.67%
陕西省	信访量	23623	18505	22202	23758	23113	25332	26738	40598	18482
	信访增减量	−3.71%	−21.67%	+19.98%	+7.01%	−2.71%	+9.6%	+5.55%	+51.84%	−54.48%

注:"—"表示数据缺失。信访增减量是相对于前一年而言的;由于山东省 2014—2015 年的数据缺失,其 2016 年的信访增减量是相对于 2013 年的。

数据来源:2011 年至 2019 年的《山东省环境状况公报》和《陕西省环境状况公报》。

从改革试验前、改革试验中和改革试验后的情况来看,山东省改革试验中公民信访行为量是最少的,年均只有 17818 件,是改革试验前的 50.57%,是改革试验结束后的 57.71%。由于一票否决措施实施前和取消后都不再会对政府的行为产生影响,因此,节能减排一票否决对于促进政府官员积极作为,降低公民的不满意度是有效的。

从改革试验的整个过程来看,山东省改革试验第四阶段的公民信访行为量是最少的,年均只有 12340.7 件,约为第二阶段、第三阶段的一半,是第一阶段的 36.31%;陕西省改革试验第四阶段的公民信访行为量也是最少的,年均只有 22240.2 件,比第三阶段的年均 27123 件少了 4882.8 件(第一、二阶段的数据缺失)。因此,从信访行为的角度来看,第四阶段的公民满意度最高,改革试验效果相对最好,但这一结论没有排除前三个阶段可能带来的影响。

二、基于态度的公民满意度

测量鲁陕两省公民对于节能减排一票否决改革试验的满意度,最直接的方式就是通过问卷进行直接调查。尽管参与调查的人在填写问卷的时候会有一些策略性的考虑,导致公民满意度情况不真实,但问卷调查仍然是最直接获得公民满意度的方式。由于山东省的人口超过了 1 亿,陕西省的人口超过了 3 千万,鲁陕两省进行全民普查在成本上和时间上不现实,因而进行抽样就成为一种调查公民对节能减排一票否决改革试验满意度的现实选择。

本课题在这里直接采取了中国社会科学院"地方政府基本公共服务力评价研究"联合课题组的部分数据来衡量鲁陕两省公民对节能减排一票否决改革试验的满意度。根据该课题组的做法,抽样在客观上分成两步,第一步是对鲁陕两省的城市进行抽样,第二步是对城市内的被调查公民进行抽样。由于省会城市是该省城市的典型代表,在进行城市抽样时,选择了鲁陕两省的省会,而第二步对被调查公民进行抽样时则采取了中国社会科学院在进行城市基本公共服务力的公民满意度调查的方法。

由于中国社会科学院"地方政府基本公共服务力评价研究"课题组只有 2011—2015 年的环境满意度数据,而且本课题组也无法对 10 多年前的公民满意度进行调查,因此,本课题组只对鲁陕两省第四阶段节能减排一票否决改革试验的公民满意度情况进行分析(具体数据见表 34)。

表34　2011—2015 年鲁陕两省公民的环境满意度情况表

年度	山东				陕西			
	样本量	满意度得分	全国排名	九项工作排名	样本量	满意度得分	全国排名	九项工作排名
2011	412	57.32	33	5	407	60.78	28	2
2012	614	52.97	37	9	712	58.56	25	3
2013	530	53.61	37	7	534	58.98	33	2
2014	561	55.02	33	7	751	58.15	28	3
2015	586	54.28	34	8	650	55.87	31	7

数据来源:2011—2015 年的《中国城市基本公共服务力评价》。

从满意度得分来看,表 34 的数据表明,山东省第四阶段改革试验的公民满意度年均得分为 54.64,其第一年的满意度最高,其后急剧降低并每年都有一定的升降;陕西省第四阶段改革试验的公民满意度年均得分为 58.486,明显高于山东省的年均满意度得分,陕西省也是第一年的满意度最高,达 69.78,其后三年的满意度得分均在 58.5 左右,第五年降至 55.87 分。从全国排名来看,表 34 的数据表明,山东省的公民满意度排名一直在 33 名之后(总计 38 个城市),在改革试验第四阶段期间年均排名为 34.8 名,陕西省的公民满意度排名一直在 25 名之后,年均排名为 29名。山东省和陕西省公民满意度的全国排名均不在前 50% 以内,排名状况不好,说明相对于全国公民而言,鲁陕两省公民对于环境基本公共服务供给的满意度均较低,但陕西省略好于山东省。从政府承担的公共交通、公共安全、住房保障、基础教育、社会保障和就业、医疗卫生、城市环境、文化体育、公职服务等九个方面工作的满意度排名来看,数据表明,山东省公民环境满意度的九项工作排名最高为第 5 名,第四阶段期间的平均排名为第 7.2 名,陕西省公民环境满意度的九项工作排名最高为第 2 名,第四阶段期间的平均排名为第 3.4 名,这说明在省内各项工作的横向比较中,山东省公民的环境满意度不高,而陕西省公民的环境满意度相对较高。整体上而言,鲁陕两省公民对第四阶段改革试验的满意度均不高,低于全国大多数省份;陕西省公民的满意度总体上略高于山东省。

第五节　鲁陕两省节能减排一票否决
改革试验的基本结论与讨论

一、基本结论

通过上述对鲁陕两省节能减排一票否决改革试验的分析,可以得出以下结论:

第一,鲁陕两省节能减排一票否决改革试验是逐层递进、逐步深入的。从一票否决制度的角度来看,节能减排一票否决改革试验经历了从表态式一票否决(第一阶段)到考核式一票否决的过程(第三、四阶段)、从评优创先一票否决到政绩一票否决的过程。从改革试验的角度来看,节能减排一票否决改革试验经历了由面到点再到面、由短期到长期、改革试验的内容逐步增加的过程。鲁陕两省的节能减排一票否决改革试验,第一阶段是与全国范围内的减排一票否决试验同步,第二阶段是山东省和陕西省两个"点"独立的节能一票否决试验,然后是第三、四两个阶段的改革试验是全国范围内的节能减排一票否决改革试验与鲁陕两省的改革试验融合在一起的。在这里,第一阶段的"面"和第二阶段的"点"所试验的内容是不同的。从时间的角度来看,第一、二阶段是短期的改革试验,时间长度分别为 2 年、1 年,第三、四阶段是较长期的改革试验,时间长度分别为 3 年、5 年。时间较短的改革试验难以全面地看出改革的效果。从改革内容来看,第一阶段只针对 SO_2 的减排问题、第二阶段是针对节能问题,评价指标是单位 GDP 能耗;第三阶段是节能减排问题,包括单位 GDP 能耗、SO_2、COD;第四阶段则在第三阶段的基础上增加了氮氧化物和氨氮两项指标。鲁陕两省的节能减排一票否决改革试验,从试验时间长度、试验空间范围、改革内容、改革结果的奖惩强度四个方面是逐步增加的。

第二,鲁陕两省节能减排一票否决改革试验在不同阶段的效果是不一样的。2006 年的减排一票否决改革试验从单组前后测的角度来看是无效的;2007—2010 年和 2011—2015 年的节能减排一票否决改革试验从单组前后测的角度来看都是有效的。从第一阶段与第三、四阶段的比较来看,考核式一票否决的节能减排效果要比表态式一票否决好,长时间的改革试验比短期的改革试验效果好(具体情况见表35)。从山东省和陕西省进行节能一票否决的试验结果来看,一票否决强度大的"政绩一票否决"的效果比评优创先一票否决效果好。

表35 节能减排一票否决改革试验各阶段有效性情况表

改革试验名称	单组前后测	目标管理	交互分类设计
第一阶段改革试验	无效	无效	—
第二阶段改革试验	—	—	无效
第三阶段改革试验	有效	有效	—
第四阶段改革试验	有效	有效	—
整体	有效	有效	—

第三,从整体上看,鲁陕两省及扩大后的节能减排一票否决改革试验是有效的。从2005年12月减排一票否决改革试验开始到2015年的节能减排一票否决改革试验结束,鲁陕两省节能减排一票否决改革试验前后一共经历了10年的时间。从目标管理的角度来看,虽然2006年的国家节能减排目标没有实现,但根据国家发改委和环境保护部发布的通告显示,"十一五"(2006—2010年)和"十二五"(2010—2015年)期间全国总的节能目标和减排目标都顺利实现。从单组前后测的角度来看,除了SO_2在2011年、COD和氮氧化物在2011年和2012年由于改革衔接而出现小幅度波动外,整个节能减排一票否决改革试验期间,节能和所考核污染物的排放都是逐年下降的。因此,从整体上看,鲁陕两省及扩大后的节能减排一票否决改革试验在整个实验期间是有效的。

第四,鲁陕两省节能减排一票否决试验涉及到通过节能和减排严控高耗能高排放产业、大力发展节能环保产业,同时在严控高耗能高排放产业、大力发展节能环保产业的过程中,需要加强环保技术创新,最终达到规避生态环境风险的目的。在此改革试验的过程中,鲁陕两省政府的积极主动作为是第二阶段试验得以顺利进行的直接动力源,而在第一、三、四阶段则是中央政府和鲁陕两省政府直接发动的。在鲁陕两省节能减排一票否决改革试验过程中,两省的生态环境、公民的满意度起到了重要的推动作用,而市场机制在此过程中起到了重要的促进作用。

第五,从公民满意度的角度来看,鲁陕两省在节能减排一票否决绩效考核期间的环境质量逐年提高,公民的信访行为总量也不断降低,说明鲁陕两省节能减排一票否决绩效考核通过改善环境质量提高了公民的环境满意度,但鲁陕两省公民环境满意度得分的全国排名并不高,没有实质性的改变,说明鲁陕两省节能减排一票否决绩效考核的相对效果还有进一步提高的空间。

二、进一步的讨论

从 2016 年开始,中央政府不再实行节能减排一票否决。这样,在鲁陕两省的节能减排一票否决改革试验中出现了取得良好效果的改革试验不被推广的现象。针对这一情况,有必要进一步讨论:为什么已经取得了良好效果的改革试验会被取消呢?

从节能减排一票否决改革试验内部来看,一票否决存在着难以克服的内在冲突,即执行改革试验的主体无权对没有达到规定目标的主体进行"一票否决"。"公信力是责任政府政治合法性的根基"[1],政府相关改革的实施不能损害这一根基。节能减排一票否决改革试验过程中,从各对象的反应来看,各个阶段都有一定数量的一票否决对象没有达到预期的目标,根据改革试验的制度规定,这些对象应该被"一票否决",即根据文件规定禁止其参与当年的评奖评优(评优创先一票否决)或者继续下一年度的职务(政绩一票否决),但是,实施节能减排一票否决的环保部和国家发展改革委却没有调整相关部门负责人职位的权力,也没有否决其他部门评奖评优的权力,这造成了"一票否决"在事实上无法实施。文件中规定的内容无法实施,必然会削弱该制度的公信力,最终导致政府公信力的降低,进而降低社会公众对政府、下级政府对上级政府的认同度,降低其认同合法性。虽然节能减排目标的实现能够提高政府的绩效合法性,进而提高政府的公信力,但由于上述内在冲突的存在,节能减排目标实现所产生的政府公信力提升被其内在冲突抵消了。2010 年,时任国务院总理温家宝在全国节能减排工作会议上强调要强化行政问责,"对未完成的

---

[1] 吴威威.良好的公信力:责任政府的必然追求.兰州学刊,2003(6):24—27。

要追究主要领导和相关领导责任,根据情节给予相应处分,直至撤职"①。这事实上要求根据未完成的程度,进行有差别的处理,消解了一票否决的威慑力,进一步加剧了一票否决内在冲突。

从节能减排一票否决改革试验的外部来看,一票否决改革工具的存在,还导致了一系列外部性的问题,如选择性关注、责任转移、激励扭曲、策略主义盛行②,及其他一票否决考核项目的泛滥等。在这种情况下,取消一票否决这一改革工具,就成为政府的一种必然要求。

针对一票否决改革工具,如果一定要实施一票否决,要注意两点,一是要实施考核式一票否决改革,即一票否决要与科学的绩效考核制度密切联系在一起,仅有一票否决的权力,而没有具体考核措施的一票否决,是无法发挥其积极效果的;二是就应该努力避免一票否决改革的内在冲突,最好让执行一票否决改革工具的主体具有一定的人事任免权,如将采用一票否决工具的工作交给组织部门来执行,或者由相关业务部门和组织部门联合执行亦或者如湖北省襄阳市所制定的环境保护一票否决管理办法那样,将环境保护一票否决作为人事任免的前置程序,从而避免绩效合法性与认同合法性之间的冲突。在中央政府实施的整个节能减排一票否决改革试验过程中,都是由环保部或国家发改委来执行的,没有组织部门的参与,也没有成为组织部门人事任免的前置程序,所以导致了其无法继续实施。

---

① 栗晓宏.节能减排的政策和制度创新——政府目标责任制特点分析.环境保护,2013(11):32—33。

② 战旭英."一票否决制"检视及其完善思路.理论探索,2017(6):79—84。

第六章
改革实施案例：太原市"禁煤"改革执行的过程

2018 年 6 月，生态环境部在《禁止环保"一刀切"工作意见》中明确指出，严格禁止"一律关停""先停再说"等"一刀切"式的改革政策执行。但是在 2018 年 11 月，中央生态环保督察组对 10 省份"回头看"时发现，依然有多个地方在环保督察整改中采取"一刀切"的方式执行中央政府的改革政策，其中山西省太原市禁煤"一刀切"尤为典型。为什么在中央政府明确发文反对"一刀切"的情况下，一些地方政府还是选择了"一刀切"式改革政策执行？"一刀切"式执行的效果如何？

"一刀切"指的是为了达成某种政策效果而采用的相对单一的执行标准或/和方式①，是"不对具体事物作具体的分析，一律同样对待"②，是基层执法偏离法治轨道的表现。"一刀切"式改革政策执行是指改革政策执行主体以单一标准简单化处理改革政策内容，导致改革政策适用对象范围扩大或忽视改革协同性的懒政行为。

针对"一刀切"式政策执行，学术界已有一定程度的研究，形成了两种截然相反的态度。持积极态度的人认为，政策执行中的"一刀切"，"本质是上级为了纠正下级执行偏离而采取的一种策略"③，它"既约束了下属

---

① 张璋. 政策执行中的"一刀切"现象：一个制度主义的分析. 北京行政学院学报，2017(3)：56—62。
② 黄宏、王贤文. 生态环境领域"一刀切"问题的思考与对策. 环境保护. 2019(8)：39—42。
③ 张璋. 政策执行中的"一刀切"现象：一个制度主义的分析. 北京行政学院学报，2017,(3)：56—62。

在授权过程中的扭曲行为,又可以保证执行层面在非常状态时有激励和权力采取有针对性的措施,从而在效率和扭曲之间获得一定的平衡"①。持消极态度的人认为,"一刀切"是基层执法偏离法治轨道的表现,"导致乡镇发展过程中目标缺失,无法结合自身实际推动科学发展"②,"一刀切"式政策执行产生的直接原因在于基层协同执法不足、责权失衡与高压问责③,深层原因在于不信任文化之上的非人格化管理④,而"农业学大寨"运动中的"一刀切"是政治运动导致的辩证思维方式缺乏所致⑤。这两种针锋相对的观点表明,学术界对"一刀切"式政策执行的内涵、产生机理、运行过程等问题还缺乏明确的认识。基于此,本章拟运用"压力——回应"理论和央地博弈、政府间博弈、改革执行者与改革对象间博弈这三重博弈理论,以生态环境部公布的太原市"禁煤""一刀切"为典型,对"一刀切"式改革政策执行过程进行分析。

第一节　太原市"禁煤"改革实施的
"压力——回应"分析

一、改革实施中的压力与回应理论

(一)"压力——回应"的理论基础

从系统论的角度来看,政府的行为是对外界压力的一种反应。戴维·伊斯顿认为政治系统与外部环境之间存在着不可分割的互动,即外

---

① 梁平汉.多层科层中的最优序贯授权与"一刀切"政策.经济学(季刊),2013,(1):29—46。
② 白现军.从"一刀切"到"分类别":乡镇政府绩效考核制度创新——徐州模式解读.行政论坛,2013(5):38—41。
③ 石磊.基层执法纠偏的路径选择——以环保"一刀切"为例.长白学刊,2020(1):86—93。
④ 刘圣中.不信任文化中的非人格化管理——匿名评审、年龄界限与一刀切现象的综合分析.公共管理学报,2007(4):71—77。
⑤ 张昭国、魏春英.基于农业学大寨运动为个案的"一刀切"现象论析.陕西高等学校社会科学学报,2011(6):15—18。

部输入——内部转换——系统输出。外部输入主要包括社会需求等，这事实上构成了对政治的一种压力。而系统感知这一压力，所产生的内部转换和系统输出事实上是对外界压力的一种系统性回应。"压力——回应"理论在学界已有很高的接受度，多用来解释政府的政策议程问题和焦点事件的治理问题，前者是指某一社会问题通过相关公民或社会组织的呼吁、舆论、抗争等形式对决策者形成足够的压力，"迫使他们改变旧议程，接受新议程的过程"①；后者是指焦点事件的突然出现，引起社会舆论的强烈反响，而迫使政府将其纳入政策议程，进而加以解决，如"雪乡事件"②等。后者本质上还是在分析政策议程问题。总体上来看，目前关于"压力——回应"理论的研究主要集中政策议程环节。

　　传统的官僚制理论认为，改革的政策制定出来以后，就进入改革政策执行环节，不再受社会其他主体的干扰。而团体理论认为，改革政策在执行阶段也会受到来自社会中相关利益团体的干扰，也存在着相关利益主体的博弈，执行博弈是改革政策制定阶段博弈的进一步深化，改革对象、相关社会团体会在改革政策执行过程中施加自己的影响力。这种施加"影响力"的过程本质上是施加"压力"的过程。因此，改革政策执行主体在执行过程中承受来自多个方面的压力。为了取得良好的执行效果，改革政策执行主体就必须对执行过程中的压力做出有效的回应。在此意义上，"压力——回应"理论框架是适用于改革政策执行过程的。

（二）改革政策执行中的压力

　　相关研究认为，政府在政策议程设定阶段主要承受政治压力、社会压力等。在绩效考核阶段承受着上级部门常规化考核、上级领导不定期督查与上级政府签订责任状过程中带来的多重任务压力③。事实上，地方政府不仅仅是在政策议程设定、绩效考核阶段承受着相关压力，在改革政

---

① 王绍光. 中国公共政策议程设置的模式. 中国社会科学，2006，(5)：86—99。
② 文宏. 网络群体性事件中舆情导向与政府回应的逻辑互动. 政治学研究，2019(1)：77—91。
③ 张国磊等. 行政考核、任务压力与农村基层治理减负——基于"压力—回应"的分析视角. 华中农业大学学报(社会科学版)，2020(2)：25—30。

策执行阶段也承受着相应的压力。根据压力来源的不同，这些压力可以分为执行系统内的压力和执行系统外的压力两个方面。

1. 执行系统内的压力。执行系统内的压力主要有体制性压力、执行资源的压力、执行时间的压力、执行监督的压力等。

体制性压力来源于我国的压力型体制，包含着数量化的任务分解机制、各部门参与的任务解决机制和物质化的多层次评价机制等三个方面，同时被"一把手"工程和一票否决制所强化[1]。多层次的评价机制则表现为常规考核、专项考核、任期考核等三个方面的压力。这三个方面的压力强度依次上升。数量化的任务分解机制是上级领导将工作内容以量化的方式向下进行分配，由于其内容明确、具体、量化，而且逐级细化甚至"加码"[2]，给下级带来了极大的压力。数量化的任务分解机制受到"领导高度重视"这一附加因素的调节，即"领导高度重视"通过附加于某一工作任务上，会强化这一工作任务的压力。"领导高度重视"是"一种科层运作的注意力分配方式，……在避责式重视和邀功式重视两个维度下实现权威、人力和财力资源的倾斜性使用"[3]。结果是涉及到上级"领导高度重视"的事情，"下级政府官员都会全力以赴，以最快速、最高效的完成情况向上级领导作出答复，以期能够让上级领导对自己的工作绩效满意"[4]。这是因为上级决定着下级的考核评价结果以及晋升等利益相关的事项，因此，上级重视、强调的事项，往往也会给下级以极大的压力，促使下级尽可能完成该项工作。

执行资源的压力主要是来源于执行资源——包括人、财、物等方面的不足所产生的压力。

执行时间的压力主要由于对改革政策执行行为限定了时间范围而对执行者产生的心理压力。它包括挑战性时间压力和阻碍性时间压力两个方面[5]。

① 杨雪冬. 压力型体制：一个概念的简明史. 社会科学,2012(11):4—12。
② 杨宏山. 政策执行的路径—激励分析框架:以住房保障政策为例. 政治学研究,2014(1):78—92。
③ 庞明礼. 领导高度重视：一种科层运作的注意力分配方式. 中国行政管理,2019(4):93—99。
④ 庞明礼、王晓曼."领导高度重视"式治理的绩效可持续性研究——基于对中部某县 H 村的观察. 地方治理研究,2019,(2):2—12。
⑤ 张军成、凌文辁. 挑战型—阻碍型时间压力对员工职业幸福感的影响研究. 中央财经大学学报,2016(3):113—121。

执行监督的压力主要是监督者的监督行为对执行者所造成的压力。

2.执行系统外的压力。主要有来自同级竞争压力、来自关联政策执行的压力（如经济发展政策、维稳政策等）、来自改革对象及相关利益群体的压力、来自改革政策冲突的压力等。

同级政府竞争的压力。我国同级政府之间围绕晋升、资源等展开竞争。同级政府之间的相互竞争，在促进我国社会经济迅速发展的同时，也给处于竞争中的地方政府带来了巨大的压力。这种压力源于地方政府晋升竞争的基本特征，即"一个官员的晋升直接降低另一个官员的晋升机会，即一人所得为另一人所失"[1]。由于我国地方政府领导人的晋升主要依据是其政绩，而政绩的来源主要在于公共政策的有效执行及充分的执行资源。因而，晋升锦标赛导致了地方政府在公共政策执行及执行资源方面的竞争。王浦劬等人注意到，以政绩考核为核心的晋升锦标赛导致了公共政策竞争[2]。同级政府竞争的压力在邻近区域的同级政府中尤为突出。地方政府间的竞争具有很强的"邻近效应"，地方政府竞争所带来的压力也具有很强的邻近效应。"我国省级地方政府当前的环境政策之间存在明显的相互攀比式竞争，即周边省份环境投入多，本地区投入也多；周边省份监管弱，本地区环境监管也弱。"[3]环保政策执行压力"邻近效应"的产生，一方面在于"空气污染显著增加了人力资本流动的可能性"[4]，环保政策的执行导致生产要素（如污染型企业、劳动人口）的跨区域流动，使得追求财政收入的地方政府的收益发生了变化；另一方面，地理区位的邻近，使得不同地方政府的自然资源禀赋接近，让中央政府更易于对其进行比较、鉴别，进而判断"锦标赛"中的优胜者。从根本上说，邻近效应的产生让邻近地区地方政府间的竞争压力增加。同级政府竞争的

① 周黎安.晋升博弈中政府官员的激励与合作——兼论我国地方保护主义和重复建设问题长期存在的原因.经济研究,2004(6):33—40。
② 王浦劬等.中国公共政策扩散的模式与机制分析.北京大学学报:哲学社会科学版,2013(6):14—23。
③ 杨海生等.地方政府竞争与环境政策——来自中国省份数据的证据.南方经济,2008(6):15—30。
④ 罗勇根等.空气污染、人力资本流动与创新活力——基于个体专利发明的经验证据.中国工业经济,2019(10):99—117。

压力与晋升需求的压力、政绩竞争的压力密切地联系在一起。

关联政策执行的压力。关联政策是指由于公共政策的外部性而产生相互影响的政策,关联性是"某一政策的实施对其他政策产生的一些影响"①,又称"政策行为超域效应"②。从某个角度来看,甲政策的执行对乙政策所施加的影响本质上是对乙政策的执行所产生的一种压力:如果甲政策对乙政策所施加的影响是要求乙政策尽快实施,那么这种压力就是一种正向的压力;反之,这种压力就是一种负向的压力。

公众及相关利益群体的压力。改革政策的执行必须要得到改革对象和相关利益群体的认可与支持,否则改革政策执行就难以顺利展开、难以实现既定目标。从宏观上讲,我国政府和公众之间的利益是一致的,但由于地方政府在具体改革政策和改革政策执行策略之间的偏差,导致社会公众和政府之间存在着分歧。当这种分歧达到一定程度时,社会公众就会行动起来采取各种方式,对政府及相关部门施加压力,以维护自己的利益。在某些情况下,社会公众为了让自己施加于政府的压力起到作用,就组成一定的利益群体,集体向相关政府及政府部门施加压力。在改革政策执行过程中,社会公众及相关利益群体会采取制度内的、制度外的各种方式来向政府施加压力。如果社会公众及相关利益群体与政府所执行改革政策的利益一致,他们此时对政府所施加的压力,就是一种正向的压力;反之,他们此时对政府所施加的就是一种负向的压力。

改革政策冲突的压力。政策冲突是不同的政府或政府部门就同一个政策问题做出了相互矛盾的政策决定,或者是不同的政策作用在同一个执行主体身上时导致了左右为难的状况。改革政策冲突有不同位阶政策冲突、同位阶政策冲突和政策内部冲突三种类型③。面对改革政策冲突,改革政策执行者往往不能兼顾冲突的双方,不能同时满足冲突双方的要求或者同时执行冲突的改革政策内容,而且改革政策执行者还必须对冲

---

① 张敏.公共政策外部性的理论探讨:内涵、发生机制及其治理.江海学刊,2009(1):125—129。
② 胡象明.论政府政策行为超域效应原理及其方法论意义.武汉大学学报:人文社会科学版,2000(3):409—415。
③ 任鹏.政策冲突中地方政府的选择策略及其效应.公共管理学报,2015(1):34—45。

突双方都负责，或者同时接受对冲突的政策内容的考核，因此，改革政策冲突会让执行者产生很强的压力：无论执行者选择执行哪一方的政策要求，都在事实上忽视了另一方的政策要求。

上述压力源共同构成了改革政策执行过程中的压力集。这些压力源在改革政策执行的过程中都是客观存在的。上级所施加的压力在逐级向下传导的过程中，由于执行者的主观认知和具体的社会情景等方面的不同，基层执行者的压力感知会存在偏差[①]。在实践中，不是所有的压力源都会被改革政策执行者所感知到，而是只有一部分压力源会被感知到，只有被感知到的压力才会对执行者起作用。Cavanaugh 等提出了压力的二元结构理论，根据个体感知的差异将压力分为挑战性压力和障碍性压力，并认为挑战性压力能够促进个体工作绩效的提高，而障碍性压力则会对个体的工作绩效产生负面影响[②]。从作用的方向来看，这些压力源有的会促使执行者更加积极地执行好改革政策，即正压；而有的压力源则要求执行者不要执行好该改革政策，即形成了负压。

马斯洛认为人有五个层次的需求，在人的每个阶段会有一个占主导地位的需求，该需求满足了以后会产生一个新的占主导地位的需求。与此类似，改革政策执行者可感知到的压力中，会有一个占主导地位的压力对执行行为起作用，但是，当执行者通过一系列执行措施消除了或者弱化了来自这方面的压力以后，又会有一个新的压力源占主导地位；或者当某一压力源主体改变了压力强度或者社会中有突发事件、焦点事件出现，改变了执行主体原有的可感知压力集，就会产生一个新的压力源占主导地位。不同情况下上级政府给下级政府施加的压力具有差异性，基层政府常常处在不断变化的压力下执行各项改革政策[③]。

美国学者 Gardner 发现，"绩效压力在提高组织积极性的同时也具有

---

① 崔晶.政策执行中的压力传导与主动调适——基于 H 县扶贫迎检的案例研究.经济社会体制比较,2021(5):129—138。

② Cavanaugh M A, Boswell W R, RoehlingM V, Boudreau J W. An empirical examination of self-reported work stress among U. S. managers. *Journal of Applied Psychology*, 2000,85 (1):65－74.

③ 陈家建、张琼文.政策执行波动与基层治理问题.社会学研究,2015(3):23—45。

惊人的破坏力"①,"一旦基层政府的压力超过一定阈值,压力型体制就会产生异化,形式主义、政策扭曲等现象严重"②,因此,"政府需要在绩效压力不足和压力过大之间找到平衡"③。研究表明,压力与绩效之间呈倒 U 形关系④,我国地市级审计局审计人员的实证数据也说明了这一点⑤。适当的压力是高绩效的来源。压力过高或者过低都不会产生高绩效,也不会有恰当的回应。

(三) 改革政策执行中的回应

建设一个回应性政府并努力提高政府的回应性,是现代民主政治的核心内容之一。政府的回应有多种方式,按回应的载体可分为"话语性回应、行动性回应和制度性回应等"⑥。改革政策执行是一种行为,因而政策执行中的回应主要是行动性回应,然而,由于执行可以是通过语言来执行,也可以是通过制定相关规章、制度、条例、办法、措施等方式来执行,因此,话语性回应和制度性回应也是改革政策执行中政府回应的方式。从主体动机的角度看,执行中的回应可以分为邀功型和避责型两种类型⑦。在我国,邀功型回应主要是围绕政绩和晋升展开,而避责型回应则围绕减少或避免责任展开。

从目标达成程度上讲,改革政策执行中的回应可以分为政策空传、政策变通、政策落地三种,并构成了一个回应的连续光谱⑧。政策空传就是

① Gardner H K. Performance Pressure as a Double-Edged Sword: Enhancing Team Motivation While Undermining the Use of Team Knowledge. *Administrative Science Quarterly*, 2012, 57(1):1,46.

② 秦小建. 压力型体制与基层信访的困境. 经济社会体制比较,2011(6):147—153。

③ Van Thiel S, Leeuw FL. The Performance Paradox in the Public Sector. *Public Performance &Management Review*, 2002,25(3):267-281.

④ Yerkes R. M. , Dodson J. D. . The relation of strength of stimulus to rapidity of habit-formation. *Journal of Comparative Neurology and Psychology*, 1908(18):459-482.

⑤ 黄海艳、陈莉莎. 地市级审计人员的工作压力与绩效的关系研究. 中国行政管理,2015(12):89—93。

⑥ 李放、韩志明. 政府回应中的紧张性及其解析——以网络公共事件为视角的分析. 东北师大学报:哲学社会科学版,2014(1):1—8。

⑦ 倪星、王锐. 从邀功到避责:基层政府官员行为变化研究. 政治学研究,2017(2):42—52。

⑧ 李瑞昌. 中国公共政策实施中的"政策空传"现象研究. 公共行政评论,2012(3):59—85。

没有实质性的回应,象征性执行①、选择性应付②等都是政策空传的表现,都是指地方政府在执行时采取做表面文章、搞形式主义、制作虚假文本材料等仪式化的策略来执行。改革政策变通是指在政策实施过程中,改革政策实施者自行变更原改革内容并加以推行的一种行为。改革政策变通不是对原改革政策不折不扣的执行,而是对原改革政策原则与目标部分地或形式上地遵从。变通后的政策原则与目标可能与原政策一致,也可能不一致乃至背道而驰③,变通式回应包括选择性执行,即地方政府有选择性地部分执行中央政府的某一政策或决定,表现为有利的就执行,不利的就不执行等④。在此基础上,李瑞昌提出了"选择性均衡实施模式",认为"政策实施既不是中国大陆各级地方官员所言的不折不扣地执行了中央的政策,也不完全是地方政府只按照有利于自己利益进行'选择性的实施',而是在两者间取得一种均衡"⑤。此外,还有一种执行者与制定者互动基础上的变通,即讨价还价式回应,是指"地方政府在执行的过程中通过协商等各种辅助手段让中央政府或降低目标和标准或增加时间和执行资源或做出有利于自己的考核结果"⑥。改革政策落地即改革政策的目标完全实现了。改革政策落地,是一种理想状况,按照韦伯的观点来看,科层制是理想的执行体制,科层式回应是有效的回应方式,能有效实现政策落地。"理性官僚制的管理行为是属于目的合理性的行动,从效率与功能上看是远远胜过非理性的行动。"⑦但科层制回应也有过度程式化、"冷漠"等特点,进而导致目标与手段倒置、组织机构臃肿等弊端⑧,因此,相

---

① 田先红、罗兴佐.官僚组织间关系与政策的象征性执行——以重大决策社会稳定风险评估制度为讨论中心.江苏行政学院学报,2016(5):70—75.
② 杨爱平、余雁鸿.选择性应付:社区居委会行动逻辑的组织分析——以 G 市 L 社区为例.社会学研究,2012(4):105—124。
③ 王汉生等.作为制度运作和制度变迁方式的变通.中国社会科学季刊:冬季号,1997(21):45—68.
④ Kevin J. O'Brien and Lianjiang Li, "Selective Policy Implementation in Rural China". *Comparative Politics*, Vol. 31, Number 2, January 1999(2), pp. 167‐185.
⑤ 李瑞昌.中国公共政策实施中的"政策空传"现象研究.公共行政评论,2012(3):59—85。
⑥ 向俊杰.节能减排一票否决绩效考核:央地博弈中的逻辑演进.行政论坛,2020(1):88—98。
⑦ 张康之.韦伯对官僚制的理论确认.教学与研究,2001(6):27—32。
⑧ 魏娜.官僚制的精神与转型时期我国组织模式的塑造.中国人民大学学报,2002(1):87—92。

关学者提出运动式回应作为相对于科层式回应的存在,有效补充了科层式回应的不足[①]。相对而言,运动式回应是治理资源不足情境下的理性选择[②],能在较短时间内实现资源要素的组合,并达成治理目标[③],实现政策落地。但运动式回应对于法治社会的建设而言,具有很大的负面作用[④],其执行效果具有很强的脆弱性[⑤]。因而,科层式回应和运动式回应对于实现改革政策落地,均具有高度的不确定性。

目前,相关学者对于政策执行中执行者回应方式的研究忽略了"一刀切"的方式。"一刀切"式回应是为了达成特定的改革政策效果和政策目标而采用单一的标准来执行改革政策,属于行动性回应的范畴,具有"邀功"的取向;在实践中,环保领域的相关"一刀切"案例都是地方政府在上级政府"督察"前夕,面临强力问责的情况下所做的选择,因而具有"避责"的动机在内。在"一刀切"式执行过程中,执行者往往是采取了某种程度的"变通",但这种"变通"体现为没有对改革对象做具体的分析,而扩大了改革对象的范围,因而,"一刀切"式回应不同于选择性回应、"选择性均衡"回应、讨价还价式回应,以及科层式和运动式回应等回应方式。

(四) 政策执行中的"压力——回应"过程

从理论上来看,上述回应方式形成了一个回应的连续光谱图(如图 4 所示)。每一种回应方式都有某种程度的不足,然而实践中,地方政府价值观、认知与能力,以及具体的社会历史背景与执行情景等方面因素影响了他对压力、回应方式与回应结果之间关系的判断,使得其在执行改革政

---

① 魏程琳等. 常规治理、运动式治理与中国扶贫实践. 中国农业大学学报:社会科学版,2018(5): 58—69。

② 唐皇凤. 常态社会与运动式治理——中国社会治安治理中的"严打"研究. 开放时代,2007(3): 115—129。

③ 文宏、郝郁青. 运动式治理中资源调配的要素组合与实现逻辑. 吉首大学学报:社会科学版, 2017(6):38—46。

④ 黄小勇. 现代化进程中的官僚制——韦伯官僚制理论研究. 哈尔滨:黑龙江人民出版社,2003: 304。

⑤ 贺璿、王冰."运动式"治污:中国的环境威权主义及其效果检视. 人文杂志,2016(10):121— 128。

策时依然采取了其中一种或者几种回应方式。

改革政策空传区间	改革政策变通区间	改革政策落地区间
象征性回应 选择性应付回应	选择性执行回应 选择性均衡回应 讨价还价式回应 "一刀切"式回应	科层式回应 运动式回应

图4　基于目标达成度的回应连续光谱图

注:本图是在李瑞昌教授连续光谱图的基础上补充、修改而成。

在改革政策执行实践中,执行者面对来自执行系统内外的诸多压力,按照自己的价值观、认知与能力,并结合社会历史背景与执行情景进行判断,形成自身感知到的压力,并根据占主导地位的压力选择改革政策执行过程中的回应方式;在按照回应方式做出相应的执行行为以后,产生一定的回应绩效;如果回应绩效达到了政策本身的目的,并解决了改革问题,那么改革政策执行就结束;如果回应绩效没有达到改革政策本身的目的,也没有解决相应的改革政策问题,那么相关主体就会调整自身施加于执行者的压力强度,执行者就再次进入"压力——可感知压力——占主导地位的压力——回应——评估回应绩效"这一过程,如此循环反复,直至达到改革目的或解决相关改革问题(如图5所示)。

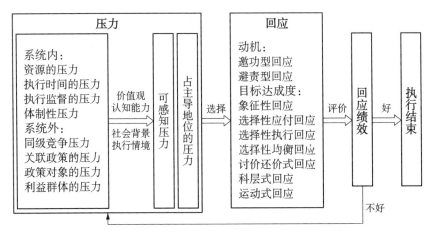

图5　改革政策执行中"压力—回应"模型

图 5 展示了改革政策执行过程中的"压力——回应"过程，同时，也在一定程度上说明了以下两个问题：

一是在相同的政治——行政体制下执行同一的改革政策时，面对同样的压力时，不同区域的执行者为什么会选择不同的回应方式。其原因在于，客观上，不同的执行者所面对的社会背景和执行情景不同，主观上，不同执行者的价值观和主观认知不同，导致了他们面临相同的压力形成了不同的压力认知，进而产生了不同占主导地位压力，并依据其所感知到的压力，以及自身所认为的主导地位压力，选择了相应的回应方式。

二是同一主体在执行统一改革政策时随着时间的变迁为什么会选择不同的回应方式。原因在于，同一主体在执行同一改革政策的过程中，在不同的执行阶段，会由于执行压力的变化、自身对改革政策和社会情景认知的变化，会形成不同的压力感知，进而改变自身的回应方式，即改变执行的方式。

"压力—回应"贯穿于中国政策过程[①]，也贯穿于中国的改革政策执行过程。本文将运用图 5 所示的框架来分析太原市"禁煤"改革"一刀切"式执行过程。太原市"禁煤"政策的执行自我国 2000 年 4 月《大气污染防治法》修改开始，经历了无回应、运动式回应、一刀切式回应和科层制回应四个阶段，比较这四个阶段太原市政府所承受的压力及其执行方式的效果，可以梳理出一刀切式改革产生、终止的现实逻辑。

二、太原市"禁煤"改革执行过程中的压力与回应演进

根据太原市在"禁煤"改革政策执行过程中回应方式的变化，可以将整个改革过程分为无回应阶段、运动式回应阶段、"一刀切"式回应阶段、科层化回应阶段。

（一）无回应阶段（2000.4—2016.12）

在 2000 年新修改的《大气污染防治法》中规定"城市人民政府可以划

---

① 江天雨.中国政策议程设置中"压力—回应"模式的实证分析.行政论坛,2017(3):39—44。

定并公布高污染燃料禁燃区"，即划定"禁煤区"。从此时一直到 2016 年 4 月，山西省政府以及太原市政府都没有就是否划定"禁煤区"表明态度，因此，这段时间称之为无回应阶段。

在这段时间内，太原市政府除了压力型体制带来的常规性压力以外，在"禁煤"方面还承受着以下几个方面的压力：

一是设立"禁煤区"的压力。这一压力很轻，因为《大气法》明确规定这一要求不是强制性要求，而是一种可选择的行政行为。太原市政府选择不"设立禁煤区"，也是改革政策所允许的行为。但是，我国的煤炭品质较低，煤炭中的粉尘等污染物含量较高，同时山西省是产煤大省，也是煤炭消耗大省，据世界卫生组织 1998 年公布的报告表明，太原是中国也是全球污染最严重的城市[①]。从污染程度上讲，中央政府要求设立"禁煤区"，太原市理应先行先试。因此，国家提出的"禁煤区"改革，虽然是一种可选择执行的改革政策，但是也给太原市政府带来了一定的压力。这方面的压力是一种正向的压力，即促使太原市政府积极行动起来"禁煤"的压力。

二是关联政策的压力。关联政策是指在执行"禁煤"改革时，与之相关的政策所带来的压力，如经济发展政策、"维稳"政策、财政政策等。如果太原市实施"禁煤"，那么以煤炭和钢铁为主导产业的太原市，其经济发展速度在短期内将会受到重创；"禁煤"同时会提高公民的冬季取暖成本，进而引起民众的不满，引发"稳定"问题，增加执行"维稳"政策的压力；在公民日常生活中禁止使用煤炭来取暖、做饭等，必然就需要用电、天然气等清洁能源来替代，这还需要一大笔资金来更换原有的相关设备等，进而加剧太原市的财政不足的问题。此时执行"禁煤"改革政策会给关联政策的执行带来负面的影响，而相关关联政策又是中央政府考核地方政府、上级政府考核下级政府的重要指标，如社会治安一票否决、经济发展一票否决等。因此，相关关联政策与"禁煤"改革政策之间存在着一定程度的冲

[①] 本刊记者. 九届全国人大常委会十次会议听取《大气污染防治法》执法检查报告和《关于防治北京大气污染的工作报告》. 中国人大，1999(5)：7—8。

突。相关关联政策的执行就构成了"禁煤"改革政策执行的压力,而且,这种压力是一种负向的压力。

在"禁煤"改革政策执行的正向压力极度不足,负向压力过大的情况下,太原市政府也感知到了执行"禁煤"改革政策的负向压力,设立"禁煤区"的压力并没有成为太原市政府占主导地位的压力源。太原市政府采取了"无回应"策略,也就是说,太原市政府没有采取行动来执行"禁煤"改革政策。这一回应策略选择的结果是太原市的煤炭消耗量稳步增长。据历年《山西省统计年鉴》数据,从 2000 年到 2015 年,山西省居民生活方面的煤炭消耗量从 686.92 万吨迅速上升到 1000 万吨以上,并长期保持不变。大量煤炭消耗的后果是,在煤炭大省山西,2006 年"新生儿出生缺陷率高达每万人 189.96 例,其中神经管畸形发生率每万人 102.27 例,分别是全国的 2 倍和 4 倍"[①]。据相关年度的《山西省环境状况公报》数据显示,2013—2016 年,太原市的年均重污染天数(排除扬尘天数后)高达25.25 天,2013 年甚至达到了 36 天,年均二级空气质量天数只有 205.25天,是山西省最严重的地级市之一。上述数据表明,《大气法》中所提倡的"禁煤区""禁煤"改革政策对山西省及太原市而言没有起到应有的作用。

(二) 运动式回应(2016.12—2017.12)

2016 年 12 月 21 日,习近平总书记专门强调了北方地区清洁取暖问题,由此拉开了京津冀及周边地区"禁煤"改革的帷幕,并定下了"宜气则气、宜电则电"的改革政策内容。直到 2017 年 12 月 11 日,住房城乡建设部针对气源供应不足的现实,发布了《关于开展城镇供热行业"访民问暖"活动加快解决当前供暖突出问题的紧急通知》(建城[2017]240 号),明确提出"对尚未落实气源或'煤改气'气源未到位的区域,不得禁止烧煤取暖……,切实增强人民群众获得感,努力让群众温暖过冬、满意过冬"。这一改革政策的发布,意味着此前的"宜电则电、宜气则气"改革政策被迫修正。

在这段时间内,"禁煤"改革重新回归到北方地区各级政府的视野中,

---

① 陆振华.燃煤污染成公众健康主要危险因素. 21 世纪经济报道,2010 - 9 - 1:008。

太原市政府承受的压力主要有以下几个方面:

一是领导高度重视,增加了"禁煤"改革政策执行的压力。针对"禁煤"改革,习近平总书记在讲话中指出:"推进北方地区冬季清洁取暖,关系北方地区广大群众温暖过冬,关系雾霾天能不能减少,……宜气则气,宜电则电,尽可能利用清洁能源,加快提高清洁供暖比重"。2017 年 3 月,李克强总理在全国人民代表大会上提出要"全面实施散煤综合治理,推进北方地区冬季清洁取暖";国家领导人的这些讲话,给太原市政府施加了极大的压力。这种压力对"禁煤"改革政策的执行是一种正向的压力。4 月 22 日,山西省省委常委会提出要"加强散煤污染治理,实施清洁取暖工程"[①];5 月 9 日,山西省省委书记骆惠宁要求"加快燃煤锅炉淘汰,大力推进煤改气、煤改电,太原市在今年冬季要全面实现清洁取暖,为大气污染防治、雾霾治理作出积极贡献"[②];9 月 8 日,财政部、住建部、环保部、国家能源局联合召开北方地区冬季清洁取暖试点工作视频会议,专门强调、安排冬季清洁取暖工作;10 月 9 日,山西省省委书记骆惠宁在太原调研民生工作,"入户察看取暖设施,……要求保障热源气源供应,按时高质供热,让居民清洁温暖过冬"[③]。习近平总书记、李克强总理、相关部委负责人以及山西省省委书记在清洁取暖问题上的讲话表态,给予太原市政府执行"禁煤"改革政策以极大的压力和动力。

二是同级政府竞争的压力。太原市政府在执行"禁煤"改革时承受着严重的竞争压力。太原市进入北方地区冬季清洁取暖试点城市是与北方地区相关城市政府竞争的结果。中央政府实施北方地区冬季清洁取暖的改革,采取各地市政府申报、省级政府推荐、相关部委进行资格审查、公开答辩、现场评审并公布结果的方式进行。由于进入北方地区冬季清洁取暖试点城市能够给相关城市政府带来巨大的现实利益和潜在利益,从而吸引北方地区的相关城市进入了竞争博弈的程序。最终,包括北京、天津、河北、河南、山西、陕西等省市的 28 个城市进入了试点城市名单。"禁

---

① 省委召开常委会议. 山西日报,2017 - 4 - 23:01。
② 赵向南. 骆惠宁在太原市检查环保督导整改工作. 山西日报,2017 - 05 - 11:01。
③ 杨彧、曹婷婷. 不信蓝天唤不回——太原市散煤清洁治理深聚焦. 山西日报,2018 - 1 - 22:01。

煤"改革政策执行竞争导致了地方政府间的执行方式学习和执行模仿,表现为考察学习、执行方式移植等,如长治市由市委主要领导带队主动走出去到兄弟地市学习改革政策和经验[①];而太原市政府在特定情境下做出的"一刀切"执行选择,也是学习和模仿的结果,2017 年 4 月 18 日太原市市委书记利用陪同省委书记到临汾市调研的机会,了解临汾市实施"煤改气""煤改电"的做法和决心[②]。另外,河北省曲阳县在 2017 年就一刀切式执行"禁煤",使得多所小学没能供暖,学生和老师上课受冻[③],让太原市政府了解到其他地区强力推行"禁煤"改革政策的决心,感受到了"禁煤"改革政策执行的竞争力度和竞争压力。这种压力对于"禁煤"改革政策的执行而言是一种正向的压力,有利于促使太原市政府积极执行"禁煤"改革政策的内容。

三是专项考核的压力。专项考核是常规的年度考核、任期考核、晋升考核之外的,针对特定的专项工作内容所进行的一种考核。不是所有的专项工作都会有考核,在所有的专项工作中,只有少部分特别重要的工作、关键的工作才会进行专项考核,绝大部分专项工作都会纳入到年度的常规考核中,因此,承担专项工作的下级政府往往会十分重视专项考核。基于此,专项考核往往会给被考核者带来十分严重的压力,原因在于,和常规的年度考核不同,专项考核往往是由与专项工作内容相关的专业人士进行的,考核者所关注的内容十分集中。

太原市政府在执行"禁煤"改革政策时也承受着极大的专项考核压力。相关文件规定,中央政府在"禁煤"改革政策执行期间和执行结束后,"财政部、住房城乡建设部、环境保护部、国家能源局将组织进行绩效考核,并根据预定目标任务的完成情况拨付或清算资金"(财建[2017]238号)。《北方地区清洁取暖规划(2017—2021)》也要求定期开展监督检查

---

① 单明等.北方农村清洁取暖区域性典型案例实施方案及经验总结.环境与可持续发展,2020 (3):50—55。

② 赵向南.骆惠宁在临汾调研时强调:深化改革激活力铁腕治污逼转型.山西日报,2017 - 4 - 21:01。

③ 朱洪园.河北曲阳多所乡村小学至今未供暖.中国青年报,2017 - 12 - 05:1。

和考核评价；《京津冀及周边地区 2017 年大气污染防治工作方案》则要求"按月排名，按季度考核，……考核和排名结果交由干部主管部门，作为对领导班子和领导干部综合考核评价的重要依据"。这些专项考核的压力促使太原市政府积极行动起来，切实执行"禁煤"改革政策。专项考核压力对于太原市政府执行"禁煤"改革政策而言是一种正向的压力。

四是经济发展的关联压力。发展经济是后发展国家的一项中心任务。在我国，"以经济建设为中心"是一项基本国策。发展经济也成为我国各级政府的中心工作。在实践中，上级政府对下级政府进行常规的绩效考核时，经济发展速度已成为非常重要的内容，经济发展速度的核心指标 GDP 甚至成为一票否决类指标，进而演变成"GDP 至上""GDP 崇拜"。为了发展地方经济，为了本地 GDP 的增长，各地方政府做出了很多努力。在极端的情况下，有些地方政府甚至容忍了高污染企业、牺牲了本地优美的自然环境、放弃了部分地方政府的税收，等等。经济发展之于地方政府的压力，由此可见一斑。

经济发展工作给予太原市政府以强大的压力。一方面，太原市的经济发展水平，在全国省会城市中排名靠后，经济发展的愿望较为迫切。另一方面，与"禁煤"有关的相关改革政策给太原市政府带来了较大的收益。这些经济方面的收益主要体现为国家的财政补贴和原有经济损失的规避。太原市在 2017 年的财政收入只有 311.85 亿元①，但执行中央政府的冬季清洁取暖改革，中央政府会每年补助太原市政府 7 亿元，连续 3 年，相当于太原市每年的财政收入多了 2.24%。此外，国家政策规定，当出现重污染天气时，当地必须停止一切社会经济活动。这一规定使得，重污染天气的出现会给当地带来重大的经济损失。2017 年临汾市委书记在一次访谈中透露："从去年 11 月以来，受几次环境预警的影响，企业停产、工地停工，临汾 GDP 最少损失 30 多亿元，增速放缓了 2.8 个百分点。"②太原市此前也多次出现过重污染天气，相关区域也多次被预警（具体数据见表

---

① 山西统计年鉴 2018. http://tjj. shanxi. gov. cn/tjsj/tjnj/nj2018/indexch. htm。

② 王仁和、任柳青. 地方环境政策超额执行逻辑及其意外后果——以 2017 年煤改气政策为例. 公共管理学报，2021(1):33—45。

36），并被迫停工、停产。在 2017 年，太原市的重污染天数约为临汾市的50%，但太原市的经济体量比临汾市大，造成的损失也更大，因此，太原市的损失应该超过了临汾市的 50%。但如果太原市政府切实执行"禁煤"改革政策，在冬季采用电和天然气来取暖，则会减少甚至避免这种损失，进而提高太原市的经济发展速度。而且，如果其他地区都实施"禁煤"改革政策，而太原市政府不执行，那么，太原市的经济发展速度相对而言将会慢很多。总之，经济发展工作所带来的压力给予太原市政府执行"禁煤"改革政策以很大的促动作用，这方面的压力对于"禁煤"改革而言是一种正向的压力。

表 36　太原市与临汾市重污染天数比较表

单位：天

城市	2013 年	2014 年	2015 年	2016 年	2017 年
太原市	36	27	12	26	16
临汾市	11	47	18	49	35

数据来源：2014—2018 年的《山西省环境状况公报》。

五是公众及相关利益群体的压力。太原市政府执行"禁煤"改革政策，离不开社会公众和相关利益群体的支持。在冬季禁止使用煤炭来取暖以后，需要用电或者天然气来替代煤炭。但是这一替代方案需要付出两个方面的成本，一是由于更换能源，导致需要变换取暖设备所带来的成本，如更换取暖用的锅炉、家用取暖器等；二是由于更换能源导致取暖设备的运行成本大大提高，表现为同一户家庭在一个冬季用电或者天然气取暖比用煤炭取暖要贵很多。如果仅仅是这样，成本全部由公众来承担，必然会引起公众的反抗，进而引发负向的压力。但太原市政府做了大量的宣传并承诺给予煤改气、煤改电的居民以足够的补贴，并积极回应群众反映的问题①，得到了广大居民的支持（表 37 是某学者在太原市下属乡村所做的调研，说明了这一观点），从而使得原本负向的压力变成了正向

---

① 从 2016 年 6 月到 2017 年 10 月 26 日，太原市政府办结了中央督导组交办的、群众反映的问题共计 32 批 1310 件。曹婷婷. 40 余天　太原重污染天数同比减半. 山西日报，2017－11－15（06）。

的压力。"禁煤"改革政策执行中的相关利益群体,主要是实施煤改气、煤改电工程相关的公司,包括设备生产、销售和安装公司。他们是极力支持该项改革政策的,原因在于短期内公司会有大量的业务。因此,在这个阶段,公众及相关利益群体施加于"禁煤"改革政策之上的压力都是正向的压力。

表37　太原市晋源区 Y 村对"禁煤"改革的态度

序号	访谈对象	访谈对象支持"禁煤"的理由
1	Z伯	国家要治理污染,改成天然气是好事
2	W姨	一是省下了烧煤的钱;二是家里不用乌烟瘴气了,气比煤干净
3	D同学	能用上暖气,像个城里人,挂着暖气的家比烧炉子要漂亮,好打理
4	Y叔(村民代表)	比起去年的土地征用问题,煤改气得到了村民的普遍同意

资料来源:张虹."超越二元":另一种城镇化的可能与乡村振兴——基于山西省镇中村的个案观察.山西农业大学学报(社会科学版),2020(1):64—69。

在这种情况下,太原市政府感知到了来自于上级政府、领导、来自于专项考核、同级竞争、社会公众及相关利益群体的正向压力,并在国家正式要求划定"禁煤区"之前就在太原市市区试行"禁煤区",这属于太原市政府基于改革政策预见性而自我"加压",可见,这一阶段太原市政府所承受的压力是适度的。在这一压力下,太原市政府采取了运动式的回应方式,运动式回应的表现为:

一是 2017 年 5 月成立了市委书记任组长、市委副书记、市长任第一副组长的"散煤清洁治理领导小组"。"领导小组治理机制成为科层治理运动化的实践路径"[1],体现了运动式治理逻辑。太原市"散煤清洁治理领导小组"是运动式回应在太原市"禁煤"改革政策执行中的组织体现。

二是实行了领导包联责任制和"一票否决"制。太原市及其下相关区县"组织干部包乡包村"[2],组织开展"煤改气""煤改电"工作,并将散煤治

---

[1] 原超."领导小组机制":科层治理运动化的实践渠道.甘肃行政学院学报,2017(5):35—46。
[2] 杨彧.太原市区今冬彻底告别原煤散烧.山西日报,2017-09-26:05。

理工作作为改善省城环境质量的重要事项纳入考核范围,实施"一票否决"。这是运动式回应在太原市"禁煤"改革工作中的责任机制。

三是实施了"秋冬季大气污染综合治理"攻坚行动。"攻坚行动"是政府针对重大政策或者执行难度特别大的政策,在短时间内凝聚人力、物力,采取突击的方式,以取得政策执行效果的一种方式。"秋冬季大气污染综合治理"是运动式回应在太原市"禁煤"改革工作中的行动机制。

该阶段的运动式回应取得了一些阶段性成绩,表现为太原市市区严格禁煤。2017年9月下旬,太原市市政府新闻办召开专题新闻发布会,会上称,自4月份开展散煤治理工作以来,市区燃煤锅炉基本"清零"[①];同年12月中旬,太原市环保局声称太原已超额完成农村煤改电、煤改气"双改"任务,"禁煤区"已实现清洁供暖全面覆盖[②]。到年底,"煤改电""煤改气"完成11.6万户;空气质量指数同比下降28.7%,PM2.5浓度均值同比下降33.1%,重污染天数同比下降75%[③]。据历年《山西环境状况公报》统计,太原市的重污染天数从2013—2016年的年均25.25天降为2017—2018年的年均16天。

(三) 一刀切式回应阶段(2018.1—2018.12)

住房与城乡建设部发布的建城[2017]240号文件,将原有的"宜电则电、宜气则气"的"禁煤"改革政策改变为"宜电则电、宜气则气、宜煤则煤、宜热则热"。"禁煤"改革政策内容的修正意味着"禁煤"改革政策的执行进入了新阶段。2018年6月,生态环境部在《禁止环保"一刀切"工作意见》,进一步肯定了"禁煤"改革政策内容的改变。太原市政府在这个阶段执行的"禁煤"改革政策,除了改革政策内容有所不同以外,其他方面都延续了前一个阶段的改革政策内容。在这个阶段,太原市政府继续承受着

---

① 山西省生态环境厅. 太原市通报"禁煤区"工作进展情况. (2017 - 09 - 22)[2020 - 04 - 23] https://sthjt. shanxi. gov. cn/html/snxw/20170922/54445. html。

② 山西省生态环境厅. 太原超额完成"双改"任务"禁煤区"清洁供暖全覆盖. (2017 - 12 - 13) [2020 - 04 - 23] https://sthjt. shanxi. gov. cn/html/snxw/20171213/57125. html。

③ 耿彦波. 政府工作报告. (2018 - 04 - 09)[2021 - 05 - 23]. http://www. taiyuan. gov. cn/doc/ 2018/04/09/275943. shtml。

来自中央政府的专项考核压力、同级政府的竞争压力、经济发展的压力以外,还有三个方面的变化:

一是领导态度的冲突。领导的态度代表着领导者在"禁煤"改革政策执行中关注、重视的方向。2018 年 6 月 13 日,国务院总理李克强主持召开国务院常务会议上,部署实施蓝天保卫战三年行动计划时指出"坚持从实际出发,宜电则电、宜气则气、宜煤则煤、宜热则热,确保北方地区群众安全取暖过冬"。[①] 2018 年 10 月 26 日至 27 日的全国生态环境系统改革座谈会上,生态环境部部长强调严禁"一刀切"。而 2018 年 6 月 15 日,山西省省长楼阳生在省政府办公会上明确提出要继续"稳妥有序实施'煤改气'、'煤改电'"[②];8 月 17 日,山西省政府召开 2018 年散煤治理和清洁取暖工作推进会,主管副省长贺天才提出要"加强监管,严禁劣质煤、泥煤进入市场流通"[③]。可见,山西省主要领导的思路还是继续推进"煤改气""煤改电",忽略了"宜煤则煤"的工作内容,这与中央政府的最新工作要求不一致。

二是政策冲突的压力。在建城[2017]240 号文件和《禁止环保"一刀切"工作意见》两个文件发布以后,中央政府的改革政策内容中包含一点变化,即增加了"宜煤则煤",在某些情况下,居民是可以燃煤取暖的;然而 2018 年 5 月 25 日,山西省政府发布《山西省大气污染防治 2018 年行动计划》(晋政办发[2018]52 号),提出 2018 年 9 月底前,包括太原市在内的 11 个设区市均要将城市建成区划定为"禁煤区",禁止储存、销售、燃用煤炭,并在"在城市主要出入口及交通干线设置散煤治理检查站"。山西省政府的文件是要求在太原市市区内全面禁止燃煤取暖。可见,山西省政府与中央政府在"禁煤"改革方面的要求是冲突的。按照我国下管一级的行政体制,太原市政府是接受山西省政府的监督与考核,即太原市政府对山西省政府负责。但同时,"2+26"城市冬季清洁取暖问题按财建[2017]

---

① 李克强主持召开国务院常务会议部署实施蓝天保卫战三年行动计划等. (2018 - 06 - 13) [2021 - 06 - 08] http://www.gov.cn/guowuyuan/2018-06/13/content_5298502.htm。

② 张巨峰. 省政府召开常务会议. 山西日报,2018 - 06 - 17:01。

③ 程国媛. 贺天才出席 2018 年散煤治理和清洁取暖工作推进会. 山西日报,2018 - 08 - 18:02。

238 号文件规定,是由各地市政府直接向中央政府相关部门申报,并接受财政部、住房城乡建设部、环境保护部、国家能源局四部委的考核监督。这样太原市政府在"禁煤"改革问题上也要对中央政府负责。在这种情况下,太原市政府在"禁煤"改革上形成了双重负责的情势。如果负责的双方产生了冲突,那么太原市就会面临政策冲突的压力。事实上,太原市政府在 2018 年执行"禁煤"改革政策时就承受着很大的压力,而且,这种压力是一种负向的压力。

三是公众压力方向的变化。公众对于公共政策的态度构成了公众对政策的压力。自 2018 年以来,公众——特别是太原市城中村的公众对于"禁煤"改革政策执行的态度发生了根本性的转变。一方面,城中村居民的冬季取暖成本急剧增加。经过一个采暖期过去后,城中村居民已经认识到"煤改气""煤改电"虽有政府的补贴,但经济负担还是增加了很多。根据访谈了解到,每户家庭在以往一个采暖季使用 2—3 吨煤炭,费用约1200—1800 元;现在通过"煤改电"取暖,每日需用电 60—100 度,一个采暖季费用约 2574—4290 元(按 0.286 元/度电计算);"煤改气"取暖,每日需燃气 15—20 立方,一个采暖季费用约 4950—6600 元(按 2.2 元/立方计算),现在的取暖费较之以前增加了至少 1 倍[①]。原因之二是,政府的补贴往往滞后。"煤改电""煤改气"需要居民先全额付费,等冬季取暖期结束后再进行身份识别、清算补助,时间跨度长,等拿到补助已到下一个取暖季,影响了居民使用积极性。据统计,在"禁煤"改革预算资金的执行过程中,太原市 2017—2019 年的总预算资金是 425630 万元,但执行率只有 79.94%,是山西省各地市中除阳泉市以外最低的,而太原市迎泽区的预算执行率仅为 59.5%[②]。如此低的预算执行率,意味着还有大量的"煤改电""煤改气"费用是由当地居民和相关企业垫付。

在这种情况下,太原市的居民开始反对"禁煤"改革政策,其对于"禁

[①] 张玲芳.对全省冬季清洁取暖财政资金使用及政策执行情况的调研.山西财税,2020(11):19—22。

[②] 张玲芳.对全省冬季清洁取暖财政资金使用及政策执行情况的调研.山西财税,2020(11):19—22。

煤"改革政策的压力由正向变成了负向,具体表现为:第一,公民开始通过各种正式的渠道,如省长信箱、市长热线(市政府"12345"热线)、市级"12369"平台、市级城乡管委"12319"平台等渠道反映供暖问题,其中康乐片区的举报就有309件,通过市级城乡管委"12319"平台反映的就有255件[1];第二,太原市城中村的居民开始了基于"日常生活"的非正式抵抗。有些居民在负担不起电费和天然气费用、又无法购买燃煤的情况下,开始"烧旧家具、废旧地板、枯枝朽木等,用以取暖"[2],导致了比燃煤取暖更严重的污染。负责执行"禁煤"改革政策的街头官僚在面对居民的取暖需求与上级的禁煤命令的冲突时,选择了禁"煤"而不禁其他燃料取暖,形成了"禁煤不禁污"的局面。

　　三是改革政策执行的时间压力凸显。充分的时间是规范执行的必要条件。执行时间压力越大,决策和执行就越容易出错。2018年5—6月中央政府与山西省政府在"禁煤"改革政策方面出现冲突以后,给太原市政府执行"禁煤"改革政策带来了很大的困扰,这种困扰浪费了执行"禁煤"改革政策的宝贵时间。但"禁煤"改革政策主要是针对冬季取暖。此时,选择执行省政府的改革政策要求,在时间上显得很仓促,由此带来的压力也很大。这种时间上的压力对于"禁煤"改革政策的执行而言是一种负向的压力。

　　在这个阶段,太原市政府明显感受到了上述压力的变化。与前一阶段相比,太原市在这一阶段的"禁煤"正向压力并没有减少,但又增加了诸多负向的压力,这些压力混合在一起,明显超出了太原市政府在执行改革政策时所能承受的正常压力。"高压下的员工可能因组织与领导提出的要求矛盾而产生认知失调"[3],过高的压力也会使由公务员组成的政府的认知失调。

---

① 太原市迎泽区禁煤"一刀切"影响群众温暖过冬.(2018-11-16)[2021-04-23]http://www.mee.gov.cn/xxgk2018/xxgk/xxgk15/201811/t20181116_674178.html.

② 同上。

③ Thau S, Mitchell M S. Self-gain or Self-regulation Impairment? Tests of Competing Explanations of the Supervisor Abuse and Employee Deviance Relationship through Perceptions of Distributive Justice. *Journal of Applied Psychology*, 2010,95(6):1009—1031.

在这种情况下,太原市政府将改革政策冲突的压力上升为占主导地位的压力源。表现在,第一,在如何执行"禁煤"改革政策方面,2018年6—10月不是太原市的取暖期,不涉及取暖的问题,太原市政府在此期间采取了观望的态度;第二,到了11月,太原市的冬季采暖期开始,在中央政策和省政府的政策之间如何选择迫在眉睫,太原市政府按照"就近原则"①,同时考虑到山西省11个地市中已有7个地市选择执行省政府的改革政策②,也选择严格执行省政府的"禁煤"改革政策;第三,太原市政府忽略了中央政府对于"禁煤"改革政策的最新要求,忽略了部分居民在"禁煤"改革方面的多元化需求及由此产生的压力。

在这种情况下,太原市政府做出了"一刀切"式的回应,即要求禁煤区内的所有居民不得燃煤取暖。太原市政府"一刀切"式回应的表现是,第一,没有对改革的对象进行具体的分析,没有确定哪些居民属于"禁煤"的对象,哪些居民属于可以使用燃煤取暖的对象,从而在实践中扩大了改革对象的范围;二是设置了"一刀切"式执行的机构,即散煤治理检查站;三是采取了单一的执行标准,即是否燃煤取暖,而不论其他。

太原市政府做出"一刀切"式回应的直接结果是,部分居民,特别是城中村居民的冬季取暖没有了保障。

然而,此时被太原市政府所忽视的压力——来自部分居民、中央政府的压力发挥了作用:部分居民通过持续不断的信访、举报,最终让中央生态环保督察组发现并制止了太原市迎泽区在"禁煤"改革政策执行中的"一刀切"行为,太原市政府的"一刀切"回应方式终止。

从2018年太原市"禁煤"改革"一刀切"式执行的环境结果来看,"一刀切"式回应的直接效果并不好。太原市的重污染天数与前一年相比没有变化,但二级空气质量天数降低了5天③,太原市没有完成空气质量优

---

① 任鹏. 政策冲突中地方政府的选择策略及其效应. 公共管理学报,2015(1):34—45。
② 长治市、吕梁市、忻州市、临汾市、大同市、朔州市、运城市都在2018年10月前公布了本市的"禁煤区"管理办法,只有晋城市、阳泉市、晋中市是在2018年11月后公布的。
③ 2019年山西省环境状况公报. https://sthjt. shanxi. gov. cn/hjgb/index. jhtml(2020 - 12 - 09)[2020 - 08 - 21]。

良天数比例等两项省考核指标的年度目标任务①。

从"禁煤"改革政策的根本目的来看,"一刀切"式回应违背了"禁煤"改革的初衷。根据习近平总书记等党和国家领导人的讲话和中央政府颁布的相关文件分析,太原市"禁煤"改革政策执行的根本目的在于保障人民的健康生活,增强人民的获得感。但该阶段太原市政府的"一刀切"式回应,使得部分居民的冬季取暖没有了保障,恶化了人民的生存状况,损害了人民的利益。

(四) 科层式回应(2019 年以来)

在 2018 年 11 月,中央环保督察小组通报了太原市迎泽区的"禁煤"改革政策"一刀切"式执行的事件以后,太原市政府迅速做出了改变,为用不上电和天然气的居民发放了洁净煤,改变了以往"一刀切"式执行的做法。从此以后,太原市政府在"禁煤"改革政策执行过程中的压力又发生了变化,主要体现为以下几个方面:

第一,来自太原市公民的压力骤减。在 2018 年 12 月以来,太原市居民——包括城中村的冬季取暖问题得到了保障,而且 2017 年冬季的取暖补贴已经全部顺利发放到位,同时,以后冬季取暖补贴采取直接降低电价的方式(晋发改商品发〔2018〕711 号),不再需要居民再垫付相关取暖款项。因此,太原市居民反对"禁煤"的声音急剧降低,太原市居民在各类政务网络平台上的举报大大减少。

第二,执行资源的压力减少。进入 2019 年,太原市的取暖设备更换已经全部完成,为冬季取暖用的电与天然气的供应已经充足,取暖补贴的发放已经形成了固定的模式。执行"禁煤"改革政策所需的资源得到了较为充分的保证。

第三,改革政策冲突与领导态度的冲突已经消失。在 2019 年 5 月 6 日,中央第二生态环境保护督察组向山西省反馈"回头看"及专项督

①　李晓波. 太原市政府工作报告. http://www.taiyuan.gov.cn/doc/2019/03/04/808811.shtml (2019 - 03 - 04)[2021 - 08 - 20]。

察情况反馈会在山西省召开。督察组经党中央、国务院批准，向山西省委通报了督察意见，并特别指出太原市在"未实施集中供热的情况下，以大气污染防治为名，不分青红皂白地禁煤，影响群众温暖过冬"的问题；针对督察组反馈的问题，山西省委书记骆某宁要求全省各级党委政府要"以真改实改、为人民利益而改的负责态度，狠抓反馈意见整改"①；5 月 8 日，太原市市委书记罗某宇主持召开市委常委会会议，传达贯彻中央第二生态环境保护督察组对山西省开展"回头看"情况反馈会精神和骆某宁书记讲话精神，并表示"认真落实中央和省环保政策，'煤改电''煤改气'工作要充分尊重群众意愿，……坚决杜绝'一刀切'"②。至此，中央政府与省政府之间的改革政策冲突结束。在"禁煤"改革政策执行实践中，中央政府、山西省政府、太原市政府对"禁煤"改革问题的理解与认知达成了一致。

第四，由于领导态度的冲突与改革政策冲突的消失，执行时间的阻碍性压力也随之消失，转化为挑战性时间压力。

随着上述压力的减少或者消失，"禁煤"改革政策执行的环境效应和经济效应凸显，"禁煤"改革政策得以顺畅执行。太原市政府对此采取了科层化的回应方式，表现为"禁煤"改革政策执行进入常态化。

第一，"禁煤"改革政策仍然在执行，但该改革政策的执行的内容有所变化。太原市政府在 2019 年的《工作报告》中明确提出"要坚决打赢蓝天保卫战，持续推进治污、控煤、管车、降尘"，这表明太原市政府将"禁煤"改革政策在执行中转变为"控煤"政策，改革政策执行的强制性力度下降，与生态环境部提出的"宜电则电、宜气则气、宜煤则煤、宜热则热"精神一致。同时"禁煤"改革，逐年稳步推进。太原市"禁煤"改革政策的变化，反过来改变了公民对该改革政策的态度。

第二，太原市"攻坚计划"的任务已经完成。除部分山区农村外，太原市冬季取暖设备的改造已经全部完成。"禁煤"工作的内容在市区和平原

---

① 尚慧辉. 中央第二生态环境保护督察组向山西省反馈"回头看"及专项督察情况. 山西日报，2019 - 05 - 07：1—2。

② 杨彧. 太原市直面问题立行立改坚决抓好整改落实. 山西日报，2019 - 05 - 09：2。

地区转为督促相关供热单位和用户使用设备;虽然"散煤清洁取暖领导小组"仍然存在,但其工作的对象已经转为重点关注太原市的农村——特别是山区的农村。

在这种情况下,由于运动式执行的工作对象不存在,太原市的"禁煤"改革政策执行事实上转入常态化的执行阶段。

"禁煤"改革政策科层式执行的结果是,太原市"完成3.48万户'煤改电''煤改气',实现平原地区清洁供暖全覆盖"[①];空气质量有了明显的改观,全年环境空气质量达到二级标准的天数由2018年的170天上升到2020年的224天[②]。这些数据表明,太原市冬季清洁取暖改造的工作已经完成,以运动式的方式进行"禁煤"的改革政策对象已经不存在。受太原市"禁煤"改革政策执行效果的影响,山西省人民生活用煤的总量急剧下降,约为2016年前的1/3,城市人民生活用煤的总量约为2016年前的1/4。

第二节　太原市"禁煤"改革中"一刀切"行为的三重博弈分析

一、"一刀切"式政策执行内涵辨析

"一刀切"并不是一个新概念,也不是一个新现象。早在社会主义改造时期,中央政府就针对地方政府政策执行中的"一刀切"现象,提出了明确的反对意见[③]。在中国知网的年鉴库中以"一刀切"为关键词进行全文检索,可以看到自1980年至2021年4月,相关记录高达13027条,这说

---

① 李晓波. 政府工作报告. (2020 - 05 - 09)[2021 - 02 - 21]http://www. taiyuan. gov. cn/doc/2020/05/09/974763. shtml。

② 2019年、2020年的山西省环境状况公报. (2021 - 06 - 07)[2021 - 08 - 21]https://sthjt. shanxi. gov. cn/hjgb/index. jhtml。

③ 龚育之. 1月26日　中央要求注意解决社会主义改造中出现的新问题. 中国二十世纪通鉴(1940—1961)(第三卷),北京:线装书局,2002:3605。

明"一刀切"这个概念在实践中出现的频率非常之高,但是对"一刀切"进行严肃学术讨论的论文只有 27 篇,对这 27 篇文献进行分析,会发现目前的研究对"一刀切"持积极和消极两种态度,其区别见表 38。

表 38　对"一刀切"政策执行两种评价的对比

	消极评价	积极评价
行为表现	简化政策内容、扩大政策对象范围	对下级行为的预防性纠偏
行为标准	单一化的标准	
行为后果	偏离了政策的根本宗旨	政策执行效率与扭曲的平衡

资料来源:作者自制。

概念是认识事物的一种方式。人们对概念内涵的解释程度体现了人们的认识与客观实际相符的程度。"真概念就是正确反映了事物本质属性的概念,假概念就是错误或歪曲反应了事物本质属性的概念"[1],判断真概念与假概念的标准就在于概念的内涵与社会客观实际的相符程度。基于此,用生态环境部公布的"一刀切"案例来判断、鉴别学术界提出的"一刀切"内涵真伪,是一条可行的路径。表 39 统计了生态环境督查组通报的"一刀切"典型案例(见表 39)。通过对这些"一刀切"典型案例的文本进行分析,可以得出以下几点认识:

表 39　中央生态环境保护督察组通报的"一刀切"典型案例表

时间	地区	事　件
2017.04	四川夹江县	计划要求所有陶瓷企业分批停用煤气发生炉,改用天然气;但执行中临时要求一次性停用;后又一次性要求迁入产业园
2018.06	广东韶关	一级水源地内的企业项目未能依法清理关闭,在中央环保督察组进驻后匆忙发通知,强制清退、拆除

---

① 李振江.法律逻辑学.郑州:郑州大学出版社,2018:26。

续表

时间	地区	事 件
2018.06	云南瑞丽	临时"一刀切"关停砂石场应对督察,后违规批准恢复生产
2018.07	江苏江阴	62家印染厂未建污水预处理设施,长期超标纳管,江阴市仅要求有关企业集中停产一个月以应付中央环保督察
2018.08	陕西彬州	以治污降霾之名强行设卡冲洗所有过往车辆
2018.11	山西太原	迎泽区禁煤"一刀切",影响群众温暖过冬
2018.11	陕西宝鸡	在"散乱污"企业综合整治过程中,对部分企业生活用电进行限制,甚至对未被列入"散乱污"清单的两家规模以上企业实施拉闸停电
2019.06	河南驻马店	上蔡县某空气质量监测站附近农田禁止使用收割机
2019.09	山东临沂	兰山区辖区部分街镇餐饮企业"一刀切"停业

资料来源:生态环境部官网;黄宏、王贤文. 生态环境领域"一刀切"问题的思考与对策. 环境保护. 2019,(8):39—42。

第一,"一刀切"是改革政策执行的一种行为。一般而言,政策过程包括政策议程设置、政策制定、政策执行、政策评估、政策终止等环节。从中央生态环境保护督查组公布的案例来看,针对某一公共政策问题的"一刀切"做法,往往发生在地方政府"关停""拆除""查办""处理""执行""整治""监测"等行为过程中(具体见表40),而这些行为都是政策执行的体现,而不是政策议程设置、政策制定、政策评估和政策终止等环节的体现。当然,有的地方政府做出的"一刀切"要求,也会体现在领导人的讲话或者某一政府"文件"中,从形式上看表现为某种"决策"的属性,但从本质上讲,领导人的这些讲话或政府"文件",往往是在执行上级政府或政府部门的环保政策,是在执行中央生态环境保护督查组的要求,因而其行为属于执行过程中的"决策",总体上仍属于政策执行领域。因此有学者将实践中的"一刀切",统称为"一刀切"政策,是不准确的说法,不利于理解"一刀切"式政策执行的本质。

表 40 "一刀切"典型案例的属性分析表

案例发生地	政策执行表现	超范围 (不讲协调性)的表现	主动执行还是纠偏	发生时间
四川夹江县	关停所有陶瓷企业煤气发生炉,改用天然气	将分期分批执行临时改为一次性执行	地方政府主动	中央环保督察组来前
广东韶关	拆除饮用水源地项目	不依法组织拆除/关闭,而是临时强制拆除/清退	地方政府主动	中央环保督察组进驻后
云南瑞丽	查办违法开采砂石企业	不区分是否取得合法手续,一律临时关停	地方政府主动	中央环保督察组来前
江苏江阴	处理印染企业超标排放	62 家企业集中临时停产 1 个月	地方政府主动	中央环保督察组来前
陕西彬州	治污降霾	设卡强制所有过路车辆洗车并收费	地方政府主动	——
山西太原	执行冬季清洁取暖政策	不区分是否有电,天然气可用于取暖,一律禁煤	地方政府主动	采暖期来临前
陕西宝鸡	"散乱污"企业综合整治	限制企业生活用电,对未列入整治清单的两家规模以上的企业也停电	地方政府主动	中央环保督察组进驻后
河南驻马店	大气质量监测	为保证监测数据合格而不顾及倒伏麦子抢收	地方政府主动	麦子抢收时
山东临沂	大气污染治理	不区分是否达到环保要求、是否合法,兰山街道大部分餐饮企业停业,义堂镇 270 多家餐饮企业全部停业,兰山区 400 多家板材企业全停产,全部货运停车场停业(除一家客运停车场外)	地方政府主动	中央环保督察组到来前 2 天

资料来源:生态环境部官网;黄宏、王贤文.生态环境领域"一刀切"问题的思考与对策.环境保护,2019,(8):39-42。

第二,"一刀切"式改革政策执行不是执法必严,是懒政行为。"一刀切"式改革政策执行,将改革内容以某一标准施加于所有对象上,从表面上看,这是规则面前人人平等,是严格执法的表现,排除了具体执行人员的自由裁量行为,有利于纠正改革政策执行者在实践中的偏离,体现了行政公平。但在实践中,"一刀切"式改革政策执行者往往不认真辨认改革对象和改革政策要求,超出了必要的范围,或者是不讲改革的协同性,只顾及该改革政策的唯一标准,而不顾及其他政策施加于同一改革对象身上的其他要求。中央环保督察组公布的"一刀切"典型案例中,除了江苏江阴市案例和河南驻马店案例外,都出现了不区分情况,超出法律和政府文件的范围来执行的情况(见表 40),而江阴市要求 62 家印染企业集中停产 1 个月,事实上没有将应对督察组的督察与治污协同考虑;驻马店则没有将大气质量监测与农民的麦子收割统筹考虑。"一刀切"式改革政策执行的主体事实上是未能全面、系统地考虑改革政策执行的要求,简单化处理了改革政策执行的内容,是一种懒政行为,是"不对具体事物作具体的分析,一律同样对待"[①]。

第三,"一刀切"式改革政策执行不是一种对下级执行改革政策行为的纠偏,而是一种主动执行的行为。针对中央环保督察组所公布典型案例,以上级政府或上级文件是否所做出的明确要求,来判断是否是某一地方政府的主动作为还是被动应付,同时以是否有更下一级政府的执行偏差来判断某一地方政府的"一刀切"行为是否是纠正下级地方政府的执行偏差,可以看到,案例中的"一刀切"式改革政策执行是地方政府或部门主动做出的改革政策执行行为(见表 40),而不是针对下级政府(或公务人员)已有的相关行为而做出的纠偏行为。该执行行为本身偏离了党和政府执政为民的根本宗旨和要求,是一种扭曲的行政行为,"是典型的形式主义、官僚主义"。

综上所述,"一刀切"式改革政策执行是指改革政策执行主体以单一标准简单化处理改革政策内容,导致改革政策适用对象范围扩大或忽视

---

① 黄宏、王贤文.生态环境领域"一刀切"问题的思考与对策.环境保护.2019(8):39—42。

改革协同性的懒政行为。

二、"一刀切"式执行的产生与发展：央地的监管与执行博弈

从博弈论的角度来看，改革政策从制定环节进入执行环节，并不意味着各方博弈的结束，而是各方博弈的深化。在改革政策的执行过程中，包含着多重博弈。

改革开放以来，我国地方政府在其产生方式、组织形态、财政收入等方面相对独立于中央政府，成为相对独立的主体。这一地位的变化，使得地方政府可以采取多种策略与中央政府进行博弈，这些策略包括不折不扣地执行、选择性执行（折扣式执行）、"一刀切"式执行、不执行等。地方政府做出策略选择的主要考虑因素在于执行资源（包括人、财、物等）、时间压力与来自于中央政府的压力，其收益等于获得的晋升机会、来自中央政府的资源与付出的成本的考量。而作为改革政策制定者的中央政府，在改革政策执行过程中同时也充当着监督者的角色，以保证改革政策执行朝着预期的目标进行，中央政府可以选择的策略包括弱监督、强监督等。中央政府做出策略选择的主要考虑因素在于地方政府的执行策略以及监督的成本，其收益在于改革政策目标实现的程度与监督成本的权衡。期间，央地双方所获得的信息会影响双方对于对方可能选择行为的判断。

（一）弱监督下的地方政府执行策略选择

在信息对称的情况下，如果中央政府做出了弱监督的选择，地方政府感知到中央政府的弱监督取向，地方政府在执行改革政策时会针对自身执行资源和时间情况，采取不同的执行方式：

如果时间充分且资源充分，一个积极有为的地方政府在执行过程中会选择不折不扣地执行；

如果时间充分但资源不充分，它会选择拖延执行、象征性执行方式。拖延执行是地方政府在时间充分，但资源不充分的情况下所采取的一种执行方式；象征性执行，即地方政府在执行时采取做表面文章、搞形式主

义、制作虚假文本材料等仪式化的策略来执行,有学者观察到,一些地方对"稳评"①、城市生态治理②等改革政策采取象征性执行方式,就是在"中央政府约束机制的弱化"且地方政府将有限资源运用于发展地方经济的情况下发生的。

如果地方政府的执行时间不充分但执行资源充分,它会选择运动式的执行方式。运动式治理是指政治权力主体运用手中掌握的政治权力和享有的行政执法职能,充分调动各方面的资源,采用自上而下的方式发动,针对某些突发性事件或久拖不决的重大社会疑难问题进行的一种暴风骤雨式专项治理活动,它是治理主体为实现特定目标的一种非常态治理工具。运动式执行具有"治理成本的虚高性",同时具有时间上的紧迫性、短期性③,也就是说,运动式执行的实施条件在于执行资源充分而执行的时间不充分。运动式执行与"一刀切"式执行的区别在于,运动式执行没有采取单一化的标准来处理改革政策内容以致改革政策对象范围扩大。

如果时间不充分且执行资源也不充分,它会采取选择性执行(折扣式执行)或者暂时搁置不执行,以图蒙混过关。选择性执行是指地方政府有选择性地部分执行中央政府的某一改革政策或决定,表现为有利的就执行,不利的就不执行等④,"政策执行者在执行政策时根据自己的利益需求对上级政策原有的精神实质或部分内容任意取舍,有利的就贯彻执行,不利的则有意曲解乃至舍弃,致使上级政策的内容残缺不全,无法完整落到实处,甚至收到与初衷相悖的绩效"⑤;地方政府采取搁置的策略,往往是因为中央政府的关注度不够,也没有针对此事项给予地方政府过多的监督与压力,使得地方政府在时间和资源都不充分的情况下,暂时不

① 田先红、罗兴佐.官僚组织间关系与政策的象征性执行——以重大决策社会稳定风险评估制度为讨论中心.江苏行政学院学报,2016(5).70—75.
② 余敏江.论城市生态象征性治理的形成机理.苏州大学学报:哲学社会科学版,2011(3):52—55.
③ 冯志峰.中国运动式治理的定义及其特征.中共银川市委党校学报,2007(2):29—32.
④ Kevin J. O'Brien and Lianjiang Li, Selective Policy Implementation in Rural China. *Comparative Politics*, Vol. 31, Number 2, January 1999, pp. 167–185.
⑤ 丁煌.我国现阶段政策执行阻滞及其防治对策的制度分析.政治学研究,2002(1):28—39.

执行。

(二) 强监督下的地方政府执行策略选择

如果中央政府做出了强监督的选择,且地方政府也感知到中央政府的强监督取向,地方政府在执行改革政策时会针对自身执行资源和时间情况,采取不同的执行方式:

如果地方政府在执行过程中时间充分且执行资源也充分,那么地方政府会不折不扣地执行;

如果地方政府在执行过程中时间充分但执行资源不充分,它会选择拖延或者讨价还价地执行。地方政府的拖延策略往往是在时间非常充分的情况下出现。讨价还价式执行是指地方政府真正地执行中央政府的改革政策或决定,只不过在执行的过程中通过协商等各种辅助手段让中央政府或降低目标和标准或增加时间和执行资源或做出有利于自己的考核结果。在四东县草原休禁牧政策实施过程中,执行者无法承担高昂的成本,政策问题又无法回避,使得乡镇政府只能选择与上级讨价还价式执行[①]。"直观来看,下级政府试图通过讨价还价公开表达利益,带有对上级公然冒犯的意味,可能会给下级政府带来不利后果,因此下级政府会努力避开讨价还价的回应方式。"[②]

地方政府在执行过程中如果时间不充分但资源充分,它会选择"一刀切"式执行的方式。"一刀切"的执行方式具有上级政府督察压力强、资源动员能力强的特点,同时具有任务繁重、时间急迫和科层压力紧张的特征[③],说明"一刀切"是在中央政府的强监督,地方政府执行时间紧张、资源较为充分——至少是潜在执行资源充分的情况下做出的选择。通过分析表 40 中央环保督察组公布的案例,可以发现,改革政策"一刀切"式

---

① 冯猛. 政策实施成本与上下级政府讨价还价的发生机制——基于四东县休禁牧案例的分析. 社会,2017(3):215—241。

② 倪星、谢水明. 上级威权抑或下级自主:纵向政府间关系的分析视角及方向. 学术研究,2016(5):57—63。

③ 庄玉乙、胡蓉. "一刀切"抑或"集中整治"? ——环保督察下的地方政策执行选择. 公共管理评论,2020(4):5—23。

执行发生时,地方政府的时间压力有三种情况,一是客观的自然情境产生了极强的时间压力,如河南驻马店的麦子抢收、太原市的采暖季来临;二是中央环保督察组到来前或进驻后几天内产生的执行时间紧张;三是没有特别的时间压力,如陕西彬州设卡冲洗车辆(见表40)。可见,除了陕西彬州是为了牟利以外,其他地方政府的"一刀切"式执行往往是在中央政府的高压之下,时间紧迫,但执行资源尚充分的情况下进行的选择。

如果地方政府在执行过程中时间不充分且资源也不充分,它会搁置或者抵制该改革政策的执行。此时,由于中央政府做出了强监督的举动,地方政府无法拖延或者做出选择性执行选择。

上文对改革政策执行中央的博弈策略的分析(见表41),是一种静态的分析,是建立在对中央政府监督程度的简单抽象基础上的。事实上,中央政府的监督可能包括发文督促、领导讲话强调、执法检查、成立专门的督察组等一系列强度不等的形式,但本部分出于简化分析的需要,仅将中央政府的监督分为强监督和弱监督两种情况。而且,中央政府监督的强弱程度会随着时间的变化而发生转换,如在执行前期只是发文督促,到后期转变成成立专门的督察组进行监督,而督察组在一轮督察后,还会进行"回头看"、约谈地方政府领导人等。

表41　央地博弈中地方政府改革政策执行的条件与策略关系表

中央政府的监督策略	弱监督				强监督			
执行时间	充分		不充分		充分		不充分	
执行资源	充分	不充分	充分	不充分	充分	不充分	充分	不充分
地方政府的执行策略	不折不扣执行	拖延或象征性执行	运动式执行	搁置或选择性执行	不折不扣执行	拖延或讨价还价	"一刀切"式执行	搁置或抵制

数据来源:作者自制。

三、"一刀切"式执行的推动与扩散:地方政府间的竞争博弈

我国同级地方政府间存在着竞争关系。政治锦标赛理论认为,我国

同级政府之间围绕晋升、资源等展开竞争,地方政府的晋升竞争具有很强的零和博弈特征。由于我国地方政府领导人的晋升主要依据是其政绩,而政绩的来源主要在于改革政策的执行及改革政策执行的资源。因而,晋升锦标赛导致了地方政府在改革政策执行方面的竞争,特别是执行资源方面的竞争。王浦劬等人注意到,以政绩考核为核心的晋升锦标赛导致了公共政策竞争①。晋升锦标赛极大地调动了各级地方政府采取各种公共政策推动本地发展的积极性,这是我国经济快速发展、实现"中国奇迹"的关键。

地方政府间的竞争往往会延伸到财政方面的竞争。改革政策执行效果的重要影响因素在于改革政策执行的资源,而改革政策执行资源的核心在于财政。在西方,地方政府及其领导人往往"试图过多地增加超出了公众实际需要的项目和预算"②,而且,由于地方政府间的激烈竞争,没有使其预算最大化的官员,其位置是不会长久的③。在我国,特别是实行分税制以来,我国地方政府围绕财政收入展开了激烈的竞争,原因在于,充沛的财政收入是改革政策有效执行,实现理想的政绩,进而为自身晋升奠定坚实基础的关键。

地方政府间的竞争在推动改革政策执行的同时导致了改革政策扩散,包括执行方式的扩散。竞争机制是政策扩散的重要机制④,而且事实也说明,如果没有政府间横向竞争,"城市低保制度不可能在短短七年时间内在全国200多个城市实现从无到有的迅速扩散"。⑤ 竞争式政策扩散的主要机制是各地政府间的政策学习和政策模仿,特别是在资源情境相似的地方政府之间。政策学习是一个根据过去的政策结果和现有的政

---

① 王浦劬、赖先进.中国公共政策扩散的模式与机制分析.北京大学学报:哲学社会科学版,2013(6):14—23。

② 珍妮特·V·登哈特、罗伯特·B·登哈特.新公共服务:服务,而不是掌舵.北京:中国人民大学出版社,2010:68。

③ 威廉姆·A·尼斯坎南.官僚制与公共经济学,北京:中国青年出版社,2004:40。

④ Shipan Charles R, Volden Craig. The Mechanisms of Policy Diffusion. *American Journal of Political Science*, 2008,52(4):40 - 57.

⑤ 朱旭峰、赵慧.政府间关系视角下的社会政策扩散——以城市低保制度为例(1993—1999).中国社会科学,2016(8):95—116,206。

策信息,调整政策目标或技术的刻意尝试,以更好地实现政府终极目标的行为和过程①。政策模仿是一种简单的、机械的政策学习。地方政府间的政策学习与相互间竞争有着密切关系;从政策学习的结果看,地方政府间横向政策学习是把双刃剑,学习既能带来政府服务效能的提升、竞争升级,同时也有可能产生政策趋同、区域内产业同构、地方保护等一系列恶性竞争问题②。

政策学习和政策模仿包括政策执行方式的学习和模仿。政策学习和政策模仿包括学习和模仿竞争对手好的方面,也包括坏的方面。在改革政策执行的竞争过程中,在中央政府强监督、执行时间紧张且资源充分的情况下,地方政府都有采用正常执行方式和"一刀切"式执行两种选择。在同时存在两个地方政府竞争的情况下,同级地方政府之间就会陷入执行方式选择的囚徒困境(见表42)。如果甲乙两个地方政府都常规执行方式,虽然都不会完成上级政府交代的改革政策内容,但对于社会总体收益是最好的;如果都采用"一刀切"的执行方式,此时不但不会真正地解决问题,还会引起新的社会问题,社会的总体收益是最差的;如果一方采取"一刀切"的执行方式,而另一方采取常规执行方式,那么,从表面上看,采取"一刀切"执行方式的一方完成了上级改革政策执行内容,而且还有相当大的概率会得到上级的认可,在同级竞争中胜出。因此,在这种情况下,理性的竞争者会选择采用"一刀切"的执行方式。

表42　地方政府的"一刀切"囚徒困境

		乙地方政府	
		常规执行方式	"一刀切"式执行
甲地方政府	常规执行方式	(2,2)	(0,3)
	"一刀切"式执行	(3,0)	(1,1)

① Craig Volden, Michael M. Ting, Daniel P. Carpenter. A Formal Model of Learning and Policy Diffusion. *The American Political Science Review*, vol. 102, no. 3(August 2008),pp. 319–332.

② 苗婷婷. 地方政府间政策学习与横向竞争的逻辑辨析. 中共宁波市委党校学报,2019(3):69—77。

正是意识到其他竞争者可能会采取"一刀切"的执行方式,使得自己在竞争中处于不利的地位,地方政府就会选择"一刀切"的执行方式。出于对竞争者可能会采取"一刀切"执行方式的担忧,推动了地方政府采取"一刀切"的改革政策执行方式。一旦某一地方政府采取了"一刀切"的政策执行方式,其他同级地方政府就会通过模仿和学习,也采取"一刀切"的执行方式。同级地方政府间的博弈最终会导致"一刀切"式执行方式的扩散。

地方政府间的竞争具有很强的"邻近效应"(neighborhood effects)。在分析公共政策扩散时,要关注地理近邻方面的因素[①]。由于地方政府间的竞争而导致的改革政策扩散在邻近地方政府间影响尤其明显。曹清峰注意到了房地产调控政策实施中的"邻近效应",即由于地方政府间的博弈使得某一地政府对住房调控政策的执行强度会影响到周边地区政府对该政策的执行[②]。"邻近地区降低实际税率水平会使本地的环境污染水平下降,而邻近地区提高实际税率会增加本地环境污染水平"[③],原因在于某一地降低了实际税率,会使得污染企业和污染物转移到该地区,进而使得邻近地区的环境污染水平下降。杨海生等人也观察到,"我国省级地方政府当前的环境政策之间存在明显的相互攀比式竞争,即周边省份环境投入多,本地区投入也多;周边省份监管弱,本地区环境监管也弱"[④]。改革政策执行过程中的"邻近效应"的产生,一方面在于"空气污染显著增加了人力资本流动的可能性"[⑤],环保政策的执行导致生产要素(如污染型企业、劳动人口)的跨区域流动,使得追求财政收入的地方政府的收益发生了变化;另一方面,地理区位的邻近,使得不同地方政府的自

---

① Berry, F. S.. Sizing up State Policy Innovation Research. *Policy Study Journal*, 1994, 22(3): 442-456.

② 曹清峰. 空间"邻近效应"与地方政府住房限购政策的实施. 南开经济研究, 2017(1): 77—89。

③ 周林意、朱德米. 地方政府税收竞争、邻近效应与环境污染. 中国人口·资源与环境, 2018(6): 140—148。

④ 杨海生、陈少凌、周永章. 地方政府竞争与环境政策——来自中国省份数据的证据. 南方经济, 2008(6): 15—30。

⑤ 罗勇根、杨金玉、陈世强. 空气污染、人力资本流动与创新活力——基于个体专利发明的经验证据. 中国工业经济, 2019(10): 99—117。

然资源禀赋接近,这让中央政府更易于对其进行比较、鉴别,进而判断"锦标赛"中的优胜者。因而,地方政府间的竞争对邻近地区的政府影响更明显,某一地方政府采取"一刀切"式环保政策执行时,对周边同级政府影响更大,会促使其更快地学习、模仿,也采取"一刀切"式的环保政策执行方式。

四、"一刀切"式执行的终止:执行者与改革对象间的利益博弈

改革政策的执行需要得到改革政策对象的配合、支持。如果改革对象不支持政策,那么改革政策执行的难度就会成倍增加,甚至流产;如果改革对象支持政策,那么改革政策就能顺利执行。改革政策对象是否支持改革政策,在于改革政策本身是否损害了其利益。如果政策执行者采取"一刀切"的方式来执行,损害了改革对象的利益,改革对象就会采取各种方式,包括制度内的、制度外的方式进行反抗,这样,改革对象就会与作为执行者的地方政府进入了博弈的程序。

在执行者与目标对象的博弈过程中,博弈的参与人是地方政府和改革政策执行对象。地方政府的博弈行动策略是"一刀切"式执行、取消"一刀切"式执行;执行对象的行动策略包括制度内的信访、游行、举报、求助媒体曝光等,制度外的静坐、上访,以及厦门 PX 事件中的"散步"行为、浙东海村环境抗争事件中坐在路上的拦路行为和跪拜市长行为[1]等,此外还有"身体抗争"、制造群体性事件等。改革政策执行者的收益在于,通过"一刀切"式执行来完成环保政策执行任务,获得相应的"政绩",引起上级的注意,为自己的晋升奠定基础;而执行对象的收益在于,通过自己的抗争,让改革政策执行者取消"一刀切"式执行给自己带来的侵害,以维护自身的权益。在博弈过程中,由于信息不对称,博弈双方都无法准确判断对方的下一步行动,因此,改革政策对象会逐步加大对"一刀切"执行方式的

---

[1] 李晨璐、赵旭东. 群体性事件中的原始抵抗——以浙东海村环境抗争事件为例. 社会,2012,32(05):179—193。

抵抗力度,争取自己的利益诉求得以实现,而此时,改革政策执行者会感知到改革对象的抵抗,并根据抵抗的激烈程度来权衡继续采用"一刀切"式执行的成本与收益,进而决定是否继续采取"一刀切"式执行方式。

在博弈过程中,改革政策的执行对象是一个群体,该群体在博弈过程中存在"搭便车"效应。该群体中的某一个人采取了抵抗的行动导致政府终止了"一刀切"式的执行行为,那么他所获得的收益,其他人也会同样获益;如果他的抵抗行动导致了来自于地方政府的"报复",那么,这种来自于抵抗行动的成本,就由该行动者独自承担。因此,在与地方政府博弈的过程中,改革政策执行对象中理性的个体是不会主动采取行动来抵抗地方政府的"一刀切"式执行行为,而是等待其他个体来采取行动,这就在执行对象中形成了"搭便车"效应。但有两种情况会促使改革政策执行对象行动起来:一种情况是,这些改革政策执行对象能够组织起来,并在组织内形成"选择性激励"机制;另一种情况是,个体采取抵抗行动的成本很低或者具有很强的隐蔽性。个体采取抵抗行动的成本低,使得该成本付出低于地方政府"一刀切"式执行带来的损失,那么对他而言,抵抗行动的收益是大于成本的,即使他的成本收益率不如其他的"搭便车"者;如果个体所采取的抵抗行动具有很强的隐蔽性,让地方政府难以发现,从而能有效规避地方政府对自身抵抗行动的报复及由此"报复"带来的损失,那么改革政策执行对象中的个体也会积极采取相应的抵抗行动。

执行者与改革政策执行对象就"一刀切"执行方式进行的博弈,如果执行者最终在博弈中占据了优势,那么"一刀切"式的改革政策执行会继续下去,直到改革政策执行结束,或者直到产生"一刀切"的环境发生了变化,如中央政府的环保督察压力减轻、改革政策执行的时间压力不存在等;如果执行对象在博弈中占据了优势,那么,"一刀切"式改革政策执行方式将被迫终止。

从总体上而言,改革政策执行过程中的央地博弈发生在"一刀切"式执行的产生到结束的始终,而地方政府间的博弈则在"一刀切"式改革政策执行的产生与扩散阶段,而地方政府与政策对象的博弈则发生在"一刀切"式执行发生以后。

五、太原市"禁煤"改革中的"一刀切"式执行博弈

纵观太原市"禁煤"改革的整个执行过程，其中存在着央地博弈、地方政府间博弈、执行者与改革对象之间博弈等三个层面的博弈。

(一) 央地博弈

在山西太原"禁煤"改革过程中始终存在着央地博弈的事实。太原"禁煤"改革过程中的央地博弈，以"访民问暖"活动为标志分为前后两个阶段。

在前一个阶段的央地博弈过程中，中央政府的行动策略主要有领导讲话强调、发文件制定规范性要求、常规检查督导等策略。

领导讲话强调能够给下级施加很大的压力，并在一定程度上改变下级工作的注意力。在中国公共治理实践中，"领导高度重视"在很大程度上决定科层运作的注意力分配，并实现权威、人力和财力资源的倾斜性使用。由于上级决定着下级的考核评价结果以及晋升等利益相关的事项，因此，上级重视、强调的事项，往往也会被下级重视，并尽可能完成。太原市的"禁煤"改革政策是我国北方地区冬季清洁取暖政策的重要组成部分，2016 年 12 月 31 日，习近平总书记在中央财经领导小组第十四次会议上指出："推进北方地区冬季清洁取暖，关系北方地区广大群众温暖过冬，关系雾霾天能不能减少，……宜气则气，宜电则电，尽可能利用清洁能源，加快提高清洁供暖比重"。2017 年 3 月，李克强总理在全国人民代表大会上提出要"全面实施散煤综合治理，推进北方地区冬季清洁取暖"；国家领导人的这些讲话，表明了国家领导人在"禁煤"改革方面的态度，给中央政府各部门、相关地方政府予以很大的压力，同时会在很大程度上影响地方政府的注意力。

随后，中央政府相关部委制定了一系列具体推动"禁煤"改革的政策文件，形成了一系列正式的制度性规范，在"禁煤"改革事项上对地方政府形成了正式的压力；在太原市政府具体执行相关政策的过程中，又采取了

一系列检查督导的措施。相关统计表明,从 2016 年 6 月实施环保督察制度开始到 2017 年 10 月 26 日,环保部对太原市一共统一安排了 12 轮督察①。

在此阶段的博弈过程中,太原市政府面对来自中央政府的压力,选择了不折不扣执行的策略,主要的原因在于,一方面太原市政府执行"禁煤"改革政策的时间较为充裕,中央政府与其制定了为期三年的规划,另一方面,太原市政府在执行"禁煤"改革政策时的资源较为丰富。太原市在执行中央政府的"禁煤"改革政策时,中央会补助太原市 21 亿元,相当于太原市每年的财政收入多了 2.24%。另外,如果太原市不执行"禁煤"改革政策,那么太原市政府的损失会更大,因为太原市在冬季燃煤取暖的过程中会造成空气污染爆表,这样太原市的各类企业都必须强制停工停产,而停工停产会造成严重的 GDP 流失和税收损失。环保成了经济发展的先决条件,太原市政府也通过诸多类似环境预警事件认识到环境保护的重要性。在认真执行有补助,不执行损失巨大的情况下,太原市政府认真执行"禁煤"改革政策,在 2017 年年底超额完成了中央政府规定的"煤改气""煤改电"目标。

在后一阶段的博弈过程中,中央政府对"禁煤"改革政策的态度发生了变化,由"宜电则电、宜气则气"转变为"宜电则电、宜气则气、宜煤则煤、宜热则热"的方针。在这一阶段,中央政府同样采取了领导讲话强调,如 2018 年 10 月 26 日至 27 日,生态环境部部长在会上强调严禁"一刀切";向各地方政府发布规范性文件,如生态环境部发布《禁止环保"一刀切"工作意见》,2018 年 10 月 25 日生态环境部发布《汾渭平原 2018—2019 年秋冬季大气污染综合治理攻坚行动方案》,以及组成督导组到各地方政府进行检查督导(如生态环境部督察组的"回头看"活动)的方式进行。中央政府的这些行为,虽然是常规性的,但是也给太原市政府造成了相当程度的压力。

针对中央政府的政策转变,太原市政府采取了"一刀切"的执行策略。

---

① 曹婷婷.40 余天　太原重污染天数同比减半.山西日报,2017 – 11 – 15(06)。

太原市政府采取"一刀切"式策略来应对中央政府的改革政策转变，将"宜电则电、宜气则气、宜煤则煤、宜热则热"简化为"禁煤"，忽略了"宜煤则煤、宜热则热"的政策内容，也就是说，太原市政府将"禁煤"的改革对象扩大到不宜电、气、热而宜煤的公众身上。这种执行策略选择的基础在于，一是太原市政府"一刀切"执行"禁煤"改革的资源比较丰富，有中央政府的拨款，有省政府的配套，还有与"煤改气""煤改电"相关商家的垫资；二是"禁煤"改革带来 GDP 增长的收益巨大；三是时间很紧。2017 年 12 月 11 日，住房与城乡建设部发布的《关于开展城镇供热行业"访民问暖"活动的通知》是一个非常紧急的通知，给予太原市及相关地区的政府反应的时间很短，而此时正好是冬季供暖期的中间，前期经过大量的宣传活动已经让民众在很大程度上接受了"煤改气""煤改电"改革政策，而且"禁煤"改革政策进入实质性执行才 1 个多月，而距离冬季取暖期结束也只有 3 个多月。此时不再严格执行"禁煤"改革政策，不但会使前期的宣传工作付诸东流，还要面对一系列次生问题，如已经"煤改气""煤改电"民众是否可以重新改为燃煤取暖，如果重新改为燃煤取暖是否要给予他们补贴，补贴多少合适？如果可以改为燃煤取暖，那么不重新使用燃煤取暖的居民是否会觉得不公平？正在进行的"煤改气""煤改电"工程及相关家庭怎么办？中央政府和省政府拨付的专项补贴能否及时花完？如果此时不再严格执行"禁煤"改革政策，中央政府是否还会拨付剩余的资金等等。而有效避免这些次生问题的途径就是继续实行"禁煤"改革政策，而且是针对所有居民实行"一刀切"，以实现表面的平等来缓解上述矛盾。四是如果不坚持"一刀切"式执行"禁煤"改革政策，太原市政府对上、对外难以自圆其说。2017 年 9 月 21 日，太原市政府新闻办召开专题新闻发布会称，自 4 月份开展散煤治理工作以来，"市区 35 吨及以下燃煤锅炉基本清零"[1]；同年 12 月中旬，太原市环保局声称太原已超额完成农村煤改电、煤改气"双改"任务，"禁煤区"已实现清洁供暖全面覆盖[2]。而太原市的禁煤区

---

[1] 杨彧. 太原市区今冬彻底告别原煤散烧. 山西日报，2017 - 09 - 26：(05)。

[2] 胡志中. 太原超额完成"双改"任务　"禁煤区"清洁供暖全覆盖. (2017 - 12 - 11)[2021 - 03 - 23]. http://news.cyol.com/yuanchuang/2017-12/11/content_16768714.htm。

就包括太原市的建成区范围,即市区。如果让太原市区的城中村居民继续使用燃煤取暖过冬,那么就与太原市政府此前的声明自相矛盾,难以自圆其说。此外,采取"一刀切"的方式继续执行"禁煤"改革政策,如果遇到本地居民的激烈反抗,还可以随时采取"一刀切"的方式停止"禁煤"改革政策。

因此,在执行压力变大、执行资源不变、执行时间紧张的情况下,太原市政府并没有采取不折不扣的方式来执行中央政府的最新政策,而是采取了"一刀切"的执行方式对中央政府的最新政策。"一刀切"式执行的结果是太原市政府顺利地度过了2017年11月至2018年3月的冬季采暖期,没有受到来自上级政府的惩罚。以"一刀切"的执行方式度过该采暖期以后,山西省政府于2018年5月开始,在全省11个地级市的建成区推行"禁煤区",实行"禁煤"改革政策,而中央政府于6月发布的《禁止环保"一刀切"工作意见》文件,10月25日生态环境部发出《汾渭平原2018—2019年秋冬季大气污染综合治理攻坚行动方案》文件,26日至27日生态环境部部长的讲话,都明确禁止实行"一刀切"。在此期间山西省政府与中央政府所发布的文件精神是不一致的,给太原市政府造成了很大的困扰。但此时不是采暖期,不涉及文件内容的具体落实,属于改革文件的"空转"期,太原市政府采取了搁置拖延的执行策略。

到2018年11月1日,太原市的冬季采暖期到来时,"禁煤"改革政策如何执行迫在眉睫,太原市政府面临着"一刀切"式"禁煤"改革政策执行与权变式执行的选择。如果选择按照中央政府的要求来执行,太原市政府还是面临着与前一个采暖期同样的次生问题,而且还面临着违背直接上级——山西省政府意图所带来的风险;如果继续选择"一刀切"式执行,则能在避免这些次生问题的同时,还会有GDP增长的收益,风险是被中央政府所发现并遭受相应的惩罚。但风险只是有一定的概率,原因在于中央政府要监管的地方政府太多,而且理论上,中央政府只监管省一级地方政府。在这种情况下,太原市政府选择了继续实行"一刀切"式的改革政策执行策略。但是,2018年冬季刚进入采暖期6天,中央政府就发现了太原市政府的"一刀切"行为①,并予以公开通报处理。

(二) 政府间博弈

在太原市政府采取"一刀切"的方式执行"禁煤"改革政策的整个过程中,存在着同级地方政府间的竞争博弈,而且同级地方政府间的竞争极大地推动了太原市政府采取、继续实施"一刀切"的改革政策执行方式。

太原市设立"禁煤区"在一定程度上是地方政府间竞争的结果。"禁煤区"最早是 1999 年 6 月全国人大常委会副委员长邹家华在《全国人大常委会执法检查组关于检查<中华人民共和国大气污染防治法>实施情况的报告》中提出的建议,后在 2000 年新修改的《大气法》中予以规定,但各地实际落实的差异很大。到 2016 年底中央财经领导小组第十四次会议释放出大力"推进北方地区清洁取暖"的信号以后,2017 年 2 月环大气[2017]110 号文件要求北京等 4 城市在 8 个月内完成"禁煤区"任务,山西省才要求太原等 6 市划定"禁煤区"。因此,太原市划定"禁煤区",一方面是大气污染治理的现实需要,另一方面是出于与北京、天津、河北、山东、河南等邻近省份相关城市竞争的目的。

太原市进入"禁煤"改革试点城市是与北方地区相关城市政府竞争博弈的结果。中央政府治理冬季燃煤取暖导致的大气污染,采取各地市政府申报、省级政府推荐、相关部委进行资格审查、公开答辩、现场评审并公布结果的方式进行。由于进入"禁煤"改革试点城市能够给相关城市政府带来巨大的现实利益和潜在利益,而且中央政府也没有明确表明一定会支持多少个城市试点、支持哪些城市试点,从而吸引北方地区的相关城市进入了竞争博弈的程序。最终,2017 年 6 月,包括太原市在内的首批 12 个城市进入了试点城市名单。

① 一般情况下,我国各级政府都是下管一级,实行垂直管理的政府部门主要接受上一级政府对口部门的管理。但是"2+26"城市冬季清洁取暖问题按财建[2017]238 号文件规定,是由各地市政府直接向中央政府相关部门申报,并接受中央政府四部委的考核监督。此次是中央生态环境保护督察组对太原市政府的公开通报处理,同时按程序向山西省委省政府做了说明和通报。

　　进入试点城市以后，就要为实现"禁煤"而努力，积极执行"禁煤"改革政策，因为中央政府在"禁煤"改革政策执行期间和执行结束后，"财政部、住房城乡建设部、环境保护部、国家能源局将组织进行绩效考核，并根据预定目标任务的完成情况拨付或清算资金"（财建〔2017〕238号）。这样地方政府间进入了"禁煤"改革政策的执行博弈。在博弈过程中，"禁煤"改革政策执行得相对更好的地方政府，不仅会得到更多的中央政府拨款，还会取得更"耀眼"的政绩，从而在晋升锦标赛中胜出。因此，"禁煤"改革政策执行博弈导致了地方政府间的执行学习和执行模仿，表现为考察学习、执行方式移植等，如长治市由市委主要领导带队主动走出去到兄弟地市学习政策和经验①。而太原市政府在特定情境下做出的"一刀切"执行选择，也是学习和模仿"拉闸限电"式节能减排、燃煤"刑拘"等执行方式的结果。

　　此外，在太原市、长治市、晋城市设立"禁煤区"的行为取得了良好的效果以后，山西省政府发文要求各地市政府均要在2018年9月底前设立"禁煤区"，实行连片管控，"禁止储存、销售、燃用煤炭"，并要求在"在城市主要出入口及交通干线设置散煤治理检查站"。这一要求与中央政府此前、此后的相关改革政策要求冲突，导致了运城市、阳泉市、晋中市、朔州市对设置"禁煤区"处于观望的态度（设置"禁煤区"的文件滞后于山西省政府的要求），但吕梁市、忻州市、临汾市、大同市则出于在锦标赛中胜出的心理而积极实施"禁煤区"（各地市"禁煤区"建设时间见表43）。这种状况反映了各地市在中央与省政府的文件内容冲突下的矛盾心理。上级政府的改革政策冲突与相关地市领导人的矛盾心理，导致了太原市政府在2018年4月至10月期间对中央政府禁止环保工作"一刀切"的要求采取了搁置、拖延的策略。

---

① 单明等.北方农村清洁取暖区域性典型案例实施方案及经验总结.环境与可持续发展，2020（3）：50—56。

表 43 山西省其他 10 个地级市发布的关于禁煤区治污的文件情况表

发布时间	地级市	文件名称	文号或发文网站
2017.10.25	长治市	长治市人民政府办公厅关于印发《长治市"禁煤区"建设工作方案》的通知	长政办发[2017]135 号
2017.09.25	晋城市	晋城市人民政府关于在市区建成区全面禁煤的通告	晋市政通告[2017]4 号
2017.10.20	晋城市	晋城市城区"禁煤区"建设实施办法	——
2018.06.27	吕梁	关于印发吕梁市 2018 年大气污染防治整改工作方案的通知	吕政办发[2018]40 号
2018.07.11	忻州市	忻州市人民政府办公厅关于印发忻州市大气污染防治 2018 年行动计划通知	忻政办发[2018]87 号
2018.07.17	临汾市	临汾市人民政府办公厅关于印发临汾市 2018 年散煤污染专项整治实施方案的通知	临政办发[2017]135 号
2018.08.16	大同市	关于印发大同市城市"禁煤区"建设实施方案的通知	同政办发[2018]125 号
2018.10.25	运城市	运城市人民政府办公厅关于印发运城市 2018 年"禁煤区"建设实施方案的通知	运政办发[2018]66 号
2018.12.10	阳泉市	关于印发阳泉市 2018 年禁煤区建设实施方案的通知	阳政办发[2018]126 号
2018.12.26	晋中市	晋中市燃煤污染防治条例	晋中市人大常委会官网
2020.08.17	朔州市	朔州市朔城区人民政府关于划定朔城区禁煤区的通告	朔区政办发[2020]19 号

资料来源:作者根据相关地方政府官网整理。

(三) 执行者与执行对象的博弈

在太原市政府采取"一刀切"的方式执行"禁煤"改革政策的整个过程中,存在着执行者与执行对象之间的博弈。二者的博弈以采暖季为标准,可以划分为两个阶段。

在前一个阶段,即 2017—2018 年采暖期及以前,由于地方政府宣传工作做得很充分,而且中央政府也要求各试点城市政府将相关文件"按信息公开有关规定通过政府门户网站公开",做到政策透明,取得了试点地区居民的认可与支持,如一项对山西省太原市晋源区 Y 村的访谈表明,不同年龄的居民都从不同的角度支持"煤改气""煤改电"(见表 37)。除了上述理由以外,作为改革对象的居民,之所以赞成"禁煤"改革政策,最重要的原因在于政府给予"煤改气""煤改电"用户大量的补贴。根据太原市人民政府办公厅《关于印发太原市 2018 年散煤治理实施方案的通知》(并政办发[2018]40 号)规定,太原市"煤改气"项目补贴为 10,000 元/户,运行费补贴是对 2,250 方以内的天然气给予最高不超过 2,865 元/户;太原市"煤改电"项目补贴是 27,400 元/户,电网工程 30%补贴,运行费是采暖期用电补贴 0.2 元/度,每个采暖季最高不超过 2,400 元/户。在这一的补贴政策之下,太原市市区居民的冬季取暖费用基本上没有明显的变化,因而得到了大多数居民的认同,进而使得太原市政府在 2017—2018 年冬季采暖期的"禁煤"改革政策执行顺利。

然而,到 2017—2018 年的冬季采暖期过去了以后,太原市居民——特别是城中村居民的态度整体上发生了变化,由支持"禁煤"改革政策转变为反对。其原因之一在于,城中村居民的冬季取暖成本急剧增加。经过一个采暖期过去后,城中村居民已经认识到"煤改气""煤改电"虽有政府的补贴,但经济负担还是增加了很多,现在的取暖费较之以前增加了至少 1 倍。原因之二是,政府的补贴往往滞后。"煤改电""煤改气"需要居民先全额付费,等冬季取暖期结束后,再经过复杂的程序和长时间的等待,才能拿到补助,影响了居民使用积极性。据统计,在"禁煤"改革政策的执行过程中,太原市 2017—2019 年预算资金的执行率只有 79.94%,而太原市迎泽区的预算执行率仅为 59.5%[1]。这说明居民和相关企业垫付了大量的"煤改电""煤改气"费用。

面对这一现实,太原市的居民开始反对"禁煤"改革政策。制度内的反对方式包括,通过街道等途径不断地催促"煤改电""煤改气"补贴的落

---

[1] 张玲芳.对全省冬季清洁取暖财政资金使用及政策执行情况的调研.山西财税,2020(11):19—22。

实;通过信访、市长热线、政府网络平台反映"禁煤"改革的问题。在中央第二生态环境保护督察组对山西开展"回头看"工作之际,次日便收到来自群众的 7 封关于该片区严禁用煤、无法温暖过冬的举报信,最终促使中央生态环境保护督查组叫停了太原市"禁煤"政策"一刀切"执行行为,并给居民发放洁净煤。

除了制度内的反对以外,太原市的居民还进行了制度外的、基于日常生活的抵抗。在 2018 年冬季取暖期开始以后,部分地区农村居民存在"改而不用"或不舍得用的现象,经济条件较差的农民直接恢复了散煤取暖①。在太原市迎泽区康乐片区,散煤取暖被康乐街片区环保检查工作办公室严格禁止,散煤供应商无法将燃煤送到居民家中,因此,有些居民开始烧旧家具、废旧地板、枯枝朽木等,用以取暖。迎泽区居民(主要是城中村居民)的这种行为,使得环保检查工作办公室的"街头官僚"无可奈何:毕竟上级要求的是"禁煤",而居民用不起电也是事实。由此,在上级要求与居民实际需求的冲突中,"禁煤"改革政策的执行,演变成了"禁煤不禁污"。

太原市居民的制度内外的博弈行为选择,是基于自身利益的考虑。在该事件中,个体反抗的积极收益是整个片区、整个城市的人所共同享有的。采取反抗行动者的成本收益是低于没有行动的人的,但就每个个体的反抗本身而言,其行为都是低成本的,如通过省长信箱、市长热线、网络平台的举报,以及燃烧废旧木板取暖等。正因为反抗行为的低成本,使得个体行为的收益超过了行为的成本,才使得民众与政府的博弈成为可能。

第三节 太原市"禁煤"改革政策执行中的公民满意度

太原市是山西省的省会。截至 2020 年年末,其常住人口为 5318522 人,而山西省人口总数为 34904977 人,太原市常住人口占山西省常住人

---

① 赵文瑛等.北方地区冬季清洁取暖进展及展望.石油规划设计,2020(3):18—22。

口 15.24%[①]。太原市是山西省 11 个地市中人口数最多的城市。

太原市于 2016 年 7 月开始准备进行"禁煤",到 2017 年 2 月正式开始实施"禁煤"改革政策,到 2018 年下半年,山西省的其他地市才开始在太原市"禁煤"改革政策执行经验的基础上陆续推进"禁煤"改革。因此,山西省的公民在生态环境方面的满意度变迁在很大程度上反映了公民对太原市"禁煤"改革政策执行的满意度变迁。

一、基于行为的公民满意度

人民群众对生态环境的不满意,就会通过各种方式反映出来。生态环境领域的信访是公民表达自己对生态环境问题不满的、一种体制内的方式。特定时间段内生态环境问题的信访量则反映了生态环境领域的公民满意度,而不同时间段内生态环境问题信访量的变化就反映了生态环境领域的公民满意度变迁。在 2015 年以来,山西省生态环境领域最主要的事件是太原市的"禁煤"改革。虽然后来临汾市、阳泉市等地市也加入到"禁煤"改革中来,但由于有了太原市之前的探索,公民的反映反而不如太原市公民那么激烈,因此,山西省生态环境信访的变化在很大程度上体现了太原市公民的满意度变化。《山西省生态环境状况公报》记录了当年山西省的生态环境信访量情况。根据 2012 年至 2020 的《山西省生态环境状况公报》所记录的信访量数据,可以看到太原市"禁煤"改革政策执行前后以及执行各个阶段的公民满意度变迁(具体数据见表 44)。

表 44　2012—2020 年山西省生态环境信访量表

单位:件/批/人次

年度	2012	2013	2014	2015	2016	2017	2018	2019	2020
信访总量	8318	9814	11079	11901	10051	16757	19579	—	11847
来信	669	841	580	643	—	777	940	—	111
来访批次	295	342	233	336	—	734	492	—	24

---

① 《山西省统计年鉴 2021》。

续表

来访人数	340	449	409	558	—	1173	727	—	39
电话	7285	8521	9931	10288	9480	14704	17551	—	—
电子邮件	69	110	568	634		542	796		
受理事项	107	178	123	1079	548	5718	363		
处理率	100%	—	100%	100%		100%	100%	—	100%

注:①"—"表示该数据缺失;②2017年的数据根据2018年数据的增减比率计算得出。

数据来源:2012年至2020年的《山西省生态环境状况公报》。

根据表44中的数据,关于太原市"禁煤"改革政策执行可以得出以下几点结论:

第一,从2012年到2018年,信访总量一直呈上升的趋势,说明山西省内的公民,特别是太原市公民对山西省的生态环境,特别是环境基本公共服务的供给是不满意的,而且不满意的程度也一直呈上升的趋势。2012年,山西省的信访总量为8318件,但2016年,信访总量上升到了10051件,增加了1733件,年均增长5.21%;而到2018年,信访总量就增加到了19579件,增加了11261件,6年增长了1.35倍,年均增长高达22.56%。由此可见公民不满意程度增长的速度很快。

第二,将太原市"禁煤"改革政策执行前和执行中的公民满意度进行比较,可以发现"禁煤"改革方案执行中的公民满意度最低。在"禁煤"改革政策正式开始执行前,即2012年至2016年,年均信访总量为10232.6件;在"禁煤"改革政策执行过程中,即2017年至2020年,年均信访总量高达16061件。在太原市"禁煤"改革政策的执行中的年均信访总量比"禁煤"改革政策执行前的年均信访总量多了5828.4件,年均多了56.96%。改革方案执行中的信访总量显著增加,说明"禁煤"改革方案执行中的公民满意度低于改革方案执行前的公民满意度。产生这种状况的原因主要在于,改革带来了不确定性,并引发了公民的不安,以及由不安引发了"不满";而"禁煤"改革政策的执行,不仅仅带来不安和不满,还可能会带来生活能源使用成本的巨大增加。

第三，从"禁煤"改革政策执行的不同阶段来看，"禁煤"改革政策执行得到了公民的认同，使得公民满意度得到了极大的提高。在"禁煤"改革政策执行的前期，即从开始执行"禁煤"改革政策到2018年1月，公民年均的信访总量比改革前增加了63.76％；在"禁煤"改革政策执行的中期，即"一刀切"式执行期间（2018年1月至2019年1月），公民的年均信访总量持续增加，这个时期，公民的年均信访总量比改革前期的年均信访总量增加了2822件，增长了16.84％，比"禁煤"改革前的年均信访总量增加了9346.4件，增长了近1倍；在"禁煤"改革政策执行的后期，即常态化执行期间（2019年以来），公民的年均信访总量急剧降低，基本上达到了改革前的水平。在改革政策执行的后期，公民的年均信访总量为11847件，比改革中期减少了7732件，降低了39.49％。上述数据表明，"禁煤"改革初期，由于改革带来的不确定性引发了公民的不安、不满；在改革中期，由于"一刀切"式执行方式伤害了公民的利益，进一步提高了公民的不满意程度；而到了改革后期，"一刀切"式执行方式被终止，改革政策的执行进入常态化，环境基本公共服务供给的水平得到提高，公民的满意度也相应得到了极大的提高。

《太原市环境状况公报》记录了太原市公民的环境信访情况，直接反映了太原市公民的环境基本公共服务满意度状况。但是，其中的数据不全，只有2017年和2018年的《太原市环境状况公报》有完整的环境信访数据。

在2017年的《太原市环境状况公报》中，太原市环保局"12369环保举报热线共受理各类环境污染举报案件9158件"，另接到"省级信访37件，市级信访57件，举报信7件"，合计总量达9259件，占山西省信访总量的55.25％。在2018年的《太原市环境状况公报》中，太原市生态环境局"受理12369各类环境污染举报案件9668件"，另受理"上级部门督办转办案件27件，生态环境信访信息管理系统信访案件28件，市级群众信访举报案件20件"，合计9733件，占山西省信访总量的49.71％。可见，太原市公民的信访占山西省信访总量的绝大多数，山西省的信访总量在很大程度上反映了太原市公民对环境基本公共服务的满意度。同时，这些数据也说明，太原市公民对"禁煤"改革政策的执行反应较为强烈。

二、基于态度的公民满意度

测量太原市公民对于"禁煤"改革政策执行的满意度，最直接的方式就是通过问卷的方式对太原市市民进行直接调查。尽管参与调查的人在填写问卷的时候会有一些策略性的考虑，导致公民满意度情况不真实，但问卷调查仍然是最直接获得公民满意度的方式。由于太原市的常住人口在"禁煤"期间从 485 万上升到了 531 万，并且还处于上升趋势，以全民普查的方式对太原市所有公民进行"禁煤"改革的满意度调查在成本上和时间上不现实，因而进行抽样就成为一种调查公民对"禁煤"改革政策实施满意度的现实选择。

本书在这里直接采取了中国社会科学院"地方政府基本公共服务力评价研究"联合课题组的部分数据来衡量太原市公民对"禁煤"改革政策实施的满意度。如前所述，中国社会科学院采取了一系列做法来保证所获得数据的科学性（见第四章第三节）。中国社会科学院"地方政府基本公共服务力评价研究"课题组从 2011 开始至今一直在对太原市公民的环境满意度进行调查，获得了 2011—2020 年的环境满意度数据。太原市"禁煤"改革正式开始的时间是 2017 年，其改革政策的执行一直延续至今，因此，2017 年至 2020 年太原市公民的环境满意度体现了太原市公民对"禁煤"改革政策执行的满意度，而 2011 年至 2016 年太原市公民的环境满意度就构成了"禁煤"改革政策执行公民满意度的前测，这样清洁取暖改革方案公布与实施期间和公布前的公民满意度进行比较，就在客观上形成了一个相对科学的单组前后测设计。2011 年至 2020 年太原市公民的环境满意度情况见表45。

表 45 反映了中国社会科学院从 2011 年至 2020 年间对太原市环境方面公民满意度调查的情况和结果。从样本量来看，除 2018 年以外，每年的问卷样本量均超过了 300 份，达到了一定的规模，能够在很大程度上反映太原市公民的环境满意度。

表45 2011—2020 年太原市公民的环境满意度情况表

年度	有效样本量(份)	满意度得分	全国排名	九项工作排名
2011	648	48.90	38	5
2012	703	53.48	34	6
2013	536	60.06	28	2
2014	380	62.73	10	3
2015	461	55.59	32	6
2016	500	55.47	34	8
2017	456	57.30	35	8
2018	268	61.68	37	2
2019	318	64.49	27	6
2020	340	68.32	31	4

数据来源:2011—2020 年的《中国城市基本公共服务力评价》。

表 45 中的数据从满意度得分、满意度得分的全国排名、九项工作之间的排名展示了太原市公民对"禁煤"改革政策执行的满意程度。从满意度得分来看,"禁煤"改革政策执行期间,2017 年的满意度得分最低,为57.30,四年年均环境满意度得分为 62.95,而其前测期间的最低得分是2011 年的 48.90,年均得分为 56.04,"禁煤"改革政策执行期间的公民满意度得分显著高于"禁煤"改革政策执行之前的满意度得分。从满意度得分的全国排名来看,"禁煤"改革政策执行期间,公民环境满意度的最高排名是第 27 名,年均排名为 32.5 名,排名相对很靠后;而其前测期间,太原市公民环境满意度的最高全国排名是第 10 名,年均排名是 29.33,前测数据明显比"禁煤"改革政策执行期间的排名情况要好,公民的满意度水平要高。从九项工作回见的排名来看,"禁煤"改革政策执行期间,太原市公民环境满意度与其他 8 个方面工作相比,最高的排名是第 2 名,年均排名是第 5 名;而其前测期间,太原环境的最高排名是第 2 名,年均排名是第 5 名,"禁煤"改革政策执行期间与前测期间的公民环境满意度水平持平。

从总体上看,太原市"禁煤"改革政策执行期间的公民满意度比其前测期间的得分高，而在全国公民满意度排名中，"禁煤"改革政策执行期间的公民满意度比其前测期间的排名要低，这一矛盾的状况说明，在"禁煤"改革政策执行期间，全国公民的环境满意度均有所提升，但太原市公民满意度提升的速度相对全国水平而言更为缓慢。就太原市"禁煤"改革本身而言，改革获得公民更多的满意与支持，但相对于全国的环境基本公共服务供给水平而言，太原市"禁煤"改革政策执行的效果并不明显。

第四节 太原市"禁煤"改革政策执行的基本结论与建议

一、基本结论

本章以"压力——回应"理论和三重博弈分析框架对太原市"禁煤"改革执行问题进行了分析。从"压力——回应"的角度来看，可以得出以下结论：

第一，将"压力——回应"理论的应用场景从政策议程环境发展到改革政策执行环节，并提出改革政策执行中政府的压力主要有系统内的执行资源压力、执行时间的压力、执行监督的压力、体制性压力，以及系统外的同级竞争压力、关联政策的压力、改革对象的压力、利益群体的压力等。由于自身价值观、知识、能力，以及时代背景和执行情境的影响，不是所有的压力都会被改革政策执行者所感知到，在执行者所感知到的压力中，只有一个或几个压力会成为占主导性的压力，并决定了执行者的回应方式。改革政策执行者回应执行压力的方式主要有无回应、象征性回应、选择性回应、讨价还价式回应、一刀切式回应、科层式回应、运动式回应等回应方式。改革政策执行者采用哪种方式来回应改革政策执行的压力，由压力集中占主导地位的压力决定。

第二，太原市政府"一刀切"式回应方式的产生在于作为改革政策执行者的地方政府承受了过高的压力，其终止则在于"一刀切"式改革政策执行伤害了公众的利益,违背了改革政策的根本宗旨,被中央政府强力制止。太原市政府执行"禁煤"改革政策的过程可以分为无回应、运动式回应、一刀切式回应、科层式回应四个阶段。在无回应阶段,太原市政府主要承受着关联政策执行的负向压力而没有采取相应的执行行为;在运动式回应阶段,太原市政府主要承受着领导高度重视、同级政府竞争、专项考核、经济发展、公众与利益群体期待等几个方面的正向压力而采取了运动式的执行方式;在"一刀切"式回应阶段,太原市政府在承受前一阶段压力的基础上增加了领导态度的矛盾、改革政策内容的矛盾、公众压力方向的转变、执行时间压力凸显等压力,而采取了"一刀切"的执行方式;在科层式回应阶段,领导态度和改革政策内容矛盾、公众压力、执行时间压力等方面压力都消失,"禁煤"改革政策执行进入常态化。从整体上看,"一刀切"式回应阶段,太原市政府的压力最大,运动式回应阶段、科层式回应阶段和无回应阶段依次递减。因此,过高的压力是地方政府采取"一刀切"式回应的主要原因,违背"禁煤"改革的根本宗旨则是"一刀切"式回应终止的主要原因。

第三,采取"一刀切"式的回应方式,并没有取得比前后几个阶段更好的改革效果。从"禁煤"改革政策的根本目的,以及太原市居民生活用煤消耗量、二级优良天气比重、重污染天气比重等方面来看,"一刀切"式回应和无回应的改革政策效果均不好;而运动式回应和科层式回应阶段的效果相对比较好。

第四,在改革政策执行过程中,同一压力源在压力的强度、压力的方向等方面也会发生变化。如经济发展带来的关联压力,在无回应阶段对"禁煤"改革政策的执行起着负向的压力,而在运动式回应阶段却起着正向的压力;社会公众的压力在运动式回应阶段起着正向的压力而在"一刀切"式回应阶段却起着负向的压力。之所以会发生这些变化,就在于改革政策执行的情境发生了变化。在无回应阶段,如果太原市政府切实执行"禁煤"改革政策,就必须自己投入大量的资源,而且没有来自上级政府的补贴,在以经济发展速度作为考核标准的情况下,作为理性的政府,选择切实执行"禁煤"改革政策对自身而言是十分不利的;而进入运动式回应阶段，太原市政府在执行"禁煤"改革政策时不仅有来自上级的财政补贴，还不用自己负担所有的执行资源，另外上级考核太原市政府的核心指标不再仅仅是经济发展速度了，民生、环保都成为重要的考核内容，因此，此时经济发展就成为一种正向的压力。在运动式回应阶段，太原市政府通过宣传让改革政策对象相信政府会给"煤改气""煤改电"以充分的补贴，获得了他们的支持，而进入"一刀切"式回应阶段，"煤改气""煤改电"的实际补贴速度和补贴量都不能让改革对象满意，因而公众的压力又变成了负向压力。由此可见，改革政策执行情境的变化会导致同一压力源在强度和方向上的变化。由于上述变化，政府对压力源的感知，以及占主导地位的压力源，也会随着执行的深入而发生变化，这是政府调整改革政策执行过程中回应方式的重要依据。

从三重博弈的角度来看，可以得出以下结论：

第一，从中央环保督察组公布的多个案例来看，"一刀切"是采用相对单一的标准来执行政策的行为，它不是严格执法的表现，而是忽视政策内容的多样性，并将政策内容简单化处理的一种懒政行为；不是一种对下级执行政策行为的纠偏，而是一种主动执行、偏离政策本身多样化要求的行为。

第二，从央地博弈的角度来看，地方政府做出"一刀切"式的改革政策执行选择，是在中央政府监管严格、地方政府执行时间紧张且执行资源充分的情境下所做出一种执行策略；从地方政府间博弈的角度来看，地方政府间客观存在的晋升博弈、资源竞争博弈，强化了地方政府在特定情境下采取"一刀切"式改革政策执行的动机，推动了地方政府的改革政策执行学习与模仿，进而推动了"一刀切"式执行的扩散；从地方政府与改革对象的博弈来看，"一刀切"式执行方式对改革对象利益的损害，导致改革对象的强烈反抗，是"一刀切"式执行方式被终止的源泉。央地博弈、政府间博弈、地方政府与政策对象的博弈的叠加，共同促使"一刀切"式环保政策执行，从产生、扩散走向终止。

第三，针对太原市"禁煤"改革政策而言，在中央政府将"宜电则电、宜气则气"的"禁煤"改革政策转变成"宜电则电、宜气则气、宜煤则煤、宜热则热"的改革政策以后,太原市政府陷入了执行资源相对充分、但执行时间紧张,且中央政府监管严格的境地,进而在多方利益权衡下选择了"一刀切"的执行方式,这种"一刀切"执行方式的选择也和"2+26"政府间的竞争、山西省内地市级政府间的竞争密切相关,这些竞争推动了太原市政府的政策学习和模仿。而太原市政府与当地居民,特别是迎泽区康乐街片区环保检查工作办公室与当地居民的博弈启动了"禁煤"改革政策"一刀切"式执行的终止进程,最终因生态环境部督察组的干预而最后终止。在太原市"禁煤"改革政策执行过程中,央地博弈、政府间博弈及执行者与政策对象的博弈交织在一起,推动了"一刀切"式执行的产生、扩散与终止的进程。

从公民满意度的角度来看,可以得出如下结论:

在"禁煤"改革政策执行的过程中,太原市的空气质量不断改善,从问卷调查的结果看太原市公民的环境满意度也在不断地提高,但是太原市公民的信访行为量在改革的前两年急剧上升,直到2020年才下降到正常水平,其主要原因是较为激进的"禁煤"改革引起了太原市公民的不安和不满,导致"禁煤"改革初期基于信访行为的公民满意度不高。从媒体访谈的数据资料来看,在"禁煤"改革初期,公民对改革满意、支持,主要是因为改革本身增加了生活的便利程度,在"禁煤"改革后期,则主要是因为改革改善了太原市的空气质量。

此外,就太原市"禁煤"改革执行而言,其实施的内容直接涉及到严控高耗能高排放产业和发展节能环保产业,因为"禁煤"本身就是"禁止"高排放产业,并以节能环保的方式加以替代;其实施内容也涉及到环保技术创新和避免生态环境风险问题,因为太原市政府及其他层级的政府并不是简单地以环保程度高的电能、天然气代替煤炭,而是鼓励在技术创新的基础上实现二者替代;在太原市"禁煤"改革执行的过程中,太原市政府、山西省政府以及中央政府的积极作为起了非常直接且关键的作用,环境承载力驱动力、市场机制的推动力和公民环境需求的拉动力也起了非常重要的作用。

二、政策建议

根据以上结论，提出以下政策建议：

第一，改革方案执行者所遭受的压力不是越高越好，过高的压力反而不会促使改革方案执行者采取最有效的回应方式来执行改革方案。

第二，中央政府要尽量少制造"紧急"的状态，在改革政策制定时尽量周全，进而杜绝地方政府"一刀切"式执行的基础；同时要积极督促各地方政府积极执行改革政策，防止地方政府的过度拖延，而造成"紧急"状态，进而形成"平时不作为，急时一刀切"局面。

第三，竞争博弈会产生改革政策执行中的模仿和学习，包括积极和消极两方面的模仿和学习。中央政府要及时公开树立好坏两方面的典型，使各地方政府树立正确的价值观，并通过制度建设以防止地方政府消极方面的模仿，防止"一刀切"等消极的政策执行方式扩散。

第四，各级政府要切实树立以人为本的观念，站在人民的立场上，选择恰当的改革政策执行方式，避免"一刀切"式执行。

第七章

改革评价案例：节能减排绩效
考核的逻辑演进

改革评价是整个环境基本公共服务供给侧改革过程中非常重要的一个环节。它不仅仅是对改革方案执行结果的确认，同时也是引导、激励改革执行者的重要方式和争取改革对象认可、支持政府的重要途径。实施节能减排是环境基本公共服务供给侧改革的一个重要方面。研究节能减排绩效考核的演进逻辑、演进过程中考核方式的变化及各种考核方式对改革效果的影响，可以找到更为科学的环境基本公共服务供给侧改革评价方式，从而进一步促进整个环境基本公共服务供给侧改革。

第一节　绩效考核中的央地博弈理论

一、中央政府与地方政府的利益分歧与连续行动带

自从改革开放以来，我国中央政府和省级地方政府之间逐步演变成博弈关系。中央政府和地方政府的这种博弈关系存在的前提，首先在于二者都是理性的经济人，都会按照最有利于自身的方式做出行为选择。"政府机构有其自身利益，这些利益不仅存在，而且还相当具体"[1]，我国

---

① 塞缪尔·亨廷顿.变化社会中的政治秩序.上海：上海三联书店，1989：23。

"政府本身有其自身的利益,政府各部门也各有其利益,而且中央政府与地方政府也有很大的区别"①,中央政府与地方政府之间的利益存在分歧。

其次在于二者都有多种行为选择。作为一个中央集权型单一制国家,国家权力高度集中于中央政府②,中央政府可以采用多种形式来监督、控制地方政府,绩效考核是其中非常重要的一种方式。从绩效考核的角度来看,中央政府可以选择的行为策略主要有基于原则性要求的无考核、表态式绩效考核、单项工作绩效考核、表态式一票否决绩效考核、考核式一票否决绩效考核、科学化绩效考核。基于原则性要求的无考核行为是上级政府就某一方面的工作对下级政府或工作人员提出指导性的方针、要求、建议等,它往往是原则性的、方向性的,没有明确的考核要求。表态式绩效考核是指上级政府或其领导人就某一方面的工作对下级政府提出了明确的要求,并做出要对其进行绩效考核的意思表示,但随后并没有具体的考核方案,也没有进行考核。单项工作绩效考核是上级政府或领导人对下级政府或领导人按照考核方案就某方面的工作进行考核,但考核结果并不纳入整体考核结果中的一种考核方式。表态式一票否决绩效考核是指政府或政府领导人做出要对某一方面的工作实施一票否决绩效考核的意思表示,但就如何将这一意思表示付诸实施却没有具体的办法,没有明确的绩效考核指标、考核方案,至于怎么考核、什么时候考核,甚至是否考核都要视具体的情况而定,它往往出现在领导人的现场讲话、新闻报道或某一文件中。表态式一票否决绩效考核只是领导者向上级或公众表明自己非常重视某项工作的一种形式。考核式一票否决绩效考核是指不仅做出对某一方面工作进行一票否决绩效考核的意思表示,而且有具体的一票否决绩效考核方案,包括有明确的绩效考核指标、考核程序、考核信息收集方法、考核结果运用等;科学化节能减排绩效考核是指科学合理地确定绩效考核方案,包括考核指标、指标权重、考核信息来源、考核主体、考核结果运用等,从而推动工作进展。从绩效考核的角度看,

① 齐明山.转变观念界定关系——关于中国政府机构改革的几点思考.新视野,1999(1):37—39。
② 王慧岩:政治学原理.北京:高等教育出版社,1999:119—123。

基于原则性要求的无考核、表态式绩效考核、单项工作绩效考核、表态式一票否决绩效考核、考核式一票否决绩效考核、科学化绩效考核六者构成了一个连续的行动带(如图6所示),从基于原则性要求的无考核到科学化绩效考核,管理的精细化程度逐渐加强。中央政府的不同行为策略代表着不同的行为力度,同时不同的行为策略又对中央政府的绩效考核能力、管理成本提出了不同的要求。因而,中央政府主要是依据成本、收益、能力限制以及之前行为的绩效来选择恰当的行为策略。

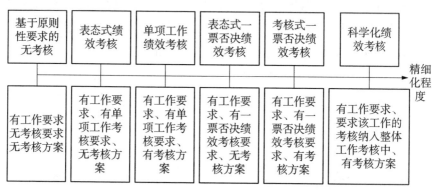

图6 中央政府考核行为的连续行动带

绩效考核引导被考核者的行为。地方政府会针对中央政府的考核行为采取相应的对策行为,包括抵制行为、忽视行为、象征性执行行为、选择性执行行为、讨价还价式执行行为、服从行为等。抵制行为是指地方政府明确反对中央政府的某一政策或决定。忽视行为是地方政府不明确反对中央政府的某一政策或决定,但又不采取实际行动来执行中央政府的该政策或决定;象征性执行行为是指地方政府对执行该项政策采取做表面文章、走过场、制作虚假文本材料等仪式化的策略[1],表现为口头上支持中央政策,或以书面形式表态,但没有按照中央政府的期望做任何事情[2];选

---

[1] 田先红、罗兴佐. 官僚组织间关系与政策的象征性执行——以重大决策社会稳定风险评估制度为讨论中心. 江苏行政学院学报,2016(5):70—75.

[2] H. 布雷塞斯、M. 霍尼赫. 政策效果解释的比较方法. 国际社会科学杂志(中文版),1987(2):115—134.

择性执行是指地方政府有选择性地部分执行中央政府的某一政策或决定,表现为有利的就执行,不利的就不执行等[①],"政策执行者在执行政策时根据自己的利益需求对上级政策原有的精神实质或部分内容任意取舍,有利的就贯彻执行,不利的则有意曲解乃至舍弃,致使上级政策的内容残缺不全,无法完整落到实处,甚至收到与初衷相悖的绩效"[②];"讨价还价是中国上下级政府互动关系中很重要的一种形式",讨价还价式执行是指地方政府真正地执行中央政府的政策或决定,只不过在执行的过程中通过协商等各种辅助手段让中央政府或降低目标和标准、或增加时间和执行资源、或做出有利于自己的考核结果,它不存在着反对、欺骗等行为,以县乡禁牧政策为例,讨价还价式执行实质上是"下级政府向上级政府公开表达自己的利益要求",以各种方式"要求上级政府修改政策或者接受由乡镇政府提出的政策方案"[③];服从行为是地方政府完全按照中央政府的要求来执行政策或决定的行为。从执行的力度来看,地方政府的诸多对策性行为共同构成了地方政府的连续行动带(如图7所示)。地方政府选择何种行为策略主要依据行为的成本、收益以及中央政府所发布的政策或决定的性质。在中央集权的单一制国家中,地方政府采取抵制行为肯定不是对自身最有利的选择,因为中央政府掌握了省级地方政府官员的任免权,明确反对中央政府行为的官员是不可能继续其政治生涯的。

图7　地方政府执行行为的连续行动带

① Kevin J. O'Brien and Lianjiang Li, Selective Policy Implementation in Rural China. *Comparative Politics*, Vol. 31, Number 2, January 1999, pp. 167—185.
② 丁煌. 我国现阶段政策执行阻滞及其防治对策的制度分析. 政治学研究,2002(1):28—39。
③ 冯猛. 政策实施成本与上下级政府讨价还价的发生机制——基于四东县休禁牧案例的分析. 社会,2017(3):215—241。

二、地方政府博弈行为的基础

地方政府博弈行为的理论基础在于地方政府的自主性理论。

李连江和欧博文提出了"基层自主性"这一概念，用以描述中国基层干部能够根据自己的利益和意志来对政策进行取舍的现象。周志忍认为"政府自主性就是能够获得行动的独立性，建立全面协调的机构来制定政策，有效地动员各类资源，抑制市场自组织扩张带来的影响，从而使政府能够成功地实现社会控制"[①]，从行政权力的角度来看，政府的自主性是基于政府权力具有相对于社会权力的自主性和相对于统治权力的自主性[②]。

地方政府行为自主性是指"拥有相对独立的利益结构的地方政府，超越上级政府和地方各种具有行政影响力的社会力量，按照自己的意志实现其行政目标的可能性，以及由此表现出来的区别于上级政府和地方公共意愿的行为逻辑"，从政府间纵向关系来看，地方政府的自主性是地方政府能够在何种程度上摆脱上级政府，特别是中央政府对其行为的控制，按照自己的意志去实现其特定的行政目标[③]。地方政府针对中央政府的绩效考核而采取的各种行为即是地方政府自主性的体现。

省级政府的自主性行为受多种因素影响，在不同省份、不同历史阶段呈现个性化的差异[④]。这些因素包括中央政府的绩效考核力度、绩效管理的精细化程度。中央政府的绩效考核力度、绩效管理精细化程度不一样，省级地方政府的自主性行为呈现出不同的状况，而且即使是面对同一中央政府的同一绩效考核力度和管理精细化程度，由于不同省级地方政府的感知不一样，也会导致其自主性行为的差异。省级地方政府的抵制、

---

① 周志忍. 政府自主性与利益表达机制互融. 21 世纪经济报道, 2005-12-25。

② 张国庆. 行政管理学概论. 北京：北京大学出版社, 2000：113。

③ 何显明. 市场化进程中地方政府行为自主性研究. 复旦大学行政学博士论文, 2007：37。

④ 朱成燕. 省级政府的自主性与治理改革——以浙江省自主性变革为例. 中共浙江省委党校学报, 2016(1)：74—80。

忽视、象征性执行、选择性执行、讨价还价式执行、服从行为反映了其自主性程度的区别。省级地方政府针对中央政府行为的选择空间奠定了省级地方政府与中央政府博弈的基础。

地方政府的博弈行为有其法律、产生方式、组织形态、财政体制、个体行为和实践方面的现实基础。

从法律方面而言，我国宪法规定第105条规定："地方各级人民政府是地方各级国家权力机关的执行机关，是地方各级国家行政机关。"这一条规定说明省级政府要按照省级人大的要求、以地方利益为核心进行工作，而宪法第110条又规定："地方各级人民政府对上一级国家行政机关负责并报告工作。全国地方各级人民政府都是国务院统一领导下的国家行政机关，都服从国务院。"这一条规定要求省级政府要服从中央政府的要求、以中央政府的意志为核心来进行工作。以地方利益为核心和以中央政府的意志为核心并不总是一致的，特别是在我国全面深化改革的今天，中央政府全面深化改革的行为并不必然意味着帕累托改进，个别地方的利益与中央的意志更有可能是冲突的关系。因此，从法律上而言，地方政府可以选择服从或不服从中央政府的要求。

从地方政府的产生方式方面而言，省级行政领导都是通过省级人大选举产生的，因此省级地方政府应该对省级人大负责，以地方利益为核心做出行为；而地方党委是由上级党委任命产生的，因此要对上负责。我国省级地方政府由省级行政机关和省级党委组成，由于它们产生方式不同，省级地方政府有着对地方负责和对中央政府负责的双重要求。

从组织形态方面而言，一方面，省级地方政府是我国行政组织体系中的一个重要环节，是中央政府的下级政府，因此省级地方政府要服从中央政府；另一方面，省级政府又是相对独立的组织，有自己的独立利益，这又要求它按照自己利益来行为。

从财政体制方面而言，从改革开放以来，我国就确立了省级政府相对独立的财政制度，确立其独立的利益边界。从1980—1993年我国中央政府和省级地方政府之间以各种不同形式的"分灶吃饭"体制，确立了各自利益的边界，而从1994—2018年实行分税制则进一步强化了二者的相对独立利益，从 2018 年实施了国地税合并的政策，但中央政府与省级地方政府各自的收入划分却并没有合并在一起。

从个体行为方面来看，地方政府的具体行为选择往往是地方政府官员做出的，省政府在应对中央政府决定的具体行为选择往往是省政府主要领导人做出的，因此省政府主要领导人的价值取向、利益偏好往往决定了省政府对中央政府行为的反应。一般而言，理性的地方政府领导人——包括省政府领导人都会试图获得更高的职位和更多的财政自由度[①]。根据胡鞍钢调查，地方干部将本地区政府的目标按重要性排序来看，居首位的是追求地方财政收入增长，居第二位的是追求 GDP 增长[②]。地方财政收入的增长意味着地方政府有更多可支配的收入，这体现了财政自由度增长；而 GDP 的增长则是此时晋升锦标赛的主要内容，关系到官员的政治职位。前者是其政治上的利益所在，后者是其经济上的需求所在，二者在一定的程度上是相通的，都会给其带来更多的成就感。在某种意义上，政府决策行为已经演变为一种满足一个地区、一个集体和个人（主要是决策者或行政首脑）政治利益和经济利益的工具[③]。对更高职位的追求，会导致省政府官员服从中央政府的决策；而对更多财政自由度的追求，则会导致省政府官员基于自身理性的考虑而决定是否服从，二者并不总是一致的。

从实践方面来看，有时候省级地方政府不服从中央政府的行为不仅不会受到惩罚，反而会受到鼓励。如邓小平在南方谈话时就讲道："农村改革中的好多东西，都是基层创造出来，我们把它拿来加工提高作为全国的指导。"[④]这事实上是对地方违反中央政府的某些行为予以肯定。总之，中央政府与地方政府的利益虽有重合，但更多的是分歧，"往往存在着矛盾"[⑤]。

---

① 向俊杰. 我国生态文明建设的协同治理体系研究. 北京：中国社会科学出版社，2016：74。
② 金乐琴、张红霞. 可持续发展战略实施中中央与地方政府的博弈分析. 经济理论与经济管理，2005(12)：11—15。
③ 庞明川. 中央与地方政府间博弈的形成机理及其演进. 财经问题研究，2004(12)：55—61。
④ 邓小平文选：第三卷. 北京：人民出版社，1993：382。
⑤ 任晓. 中国行政改革. 杭州：浙江人民出版社，1998：261。

三、基于绩效改进的央地考核博弈模型

央地博弈模型在西方主要用于分析联邦政府和地方政府之间的讨价还价，多体现为财政税收方面。目前，央地博弈模型在我国也主要用来分析中央政府与地方政府在财政税收方面的分配问题，但也有少数学者用央地博弈模型来分析了我国的环境管理[①]、城市空气污染治理[②]、西部环境保护[③]、生态治理[④]等改革政策过程中中央政府与地方政府的静态博弈，分析了碳减排[⑤]、去产能政策[⑥]、环境规制[⑦]改革政策实施过程中的动态演化博弈。这些研究无疑为本文研究框架的构建提供了很好的借鉴。但所构建的静态博弈模型过于简洁，动态博弈模型没有反映中央政府与地方政府重复博弈过程中博弈双方在每次博弈之后行为策略的变化以及由该变化所带来的央地收益变化。

绩效改进是绩效管理的根本目的[⑧]，它是指绩效管理者和行为者根据绩效考核结果有针对性地采取措施以提高未来工作绩效的过程，特别是在绩效目标达成度不理想的状况下，被考核者一定要改变原有的工作方式或工作强度，以期获得更好的业绩；而在被考核者业绩理想而组织目标不理想的情况下，考核者会调整考核行为，以期改进组织绩效。

具体而言，在中央政府与省政府针对节能减排考核事项进行博弈的过程中，双方会根据自己在博弈过程中目标的达成度来调整自己的行为方式或行为力度。因此，中央政府与省政府的博弈变成了如下图 8 的

---

① 邓志强、罗新星. 环境管理中地方政府和中央政府的博弈分析. 管理现代化, 2007(5):19—21。

② 杨博文、王勇军. 中央与地方在城市污染治理中的非均衡博弈分析. 统计与决策, 2014(3): 52—55。

③ 胡红安、李海霞. 西部环境保护:中央与地方的博弈分析. 贵州社会科学, 2008(12):49—53。

④ 余敏江、刘超. 生态治理中地方与中央政府的"智猪博弈"及其破解. 江苏社会科学, 2011(2): 147—152。

⑤ 曹飞. 中央政府与地方政府碳减排的演化博弈分析. 武汉科技大学学报, 2016(4):433—438。

⑥ 陈建华. 中央政府—地方政府博弈框架下去产能政策效果研究. 上海金融, 2017(8):24—32。

⑦ 潘峰等. 环境规制中地方政府与中央政府的演化博弈分析. 运筹与管理, 2015(3):88—93。

⑧ 董克用. 人力资源管理概论. 北京:中国人民大学出版社, 2018:326。

模式：

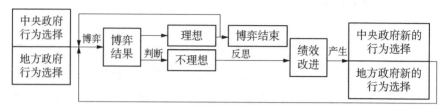

图8 基于绩效改进的央地博弈模型

在基于绩效改进的央地博弈中，一般而言，是中央政府首先采取某一绩效考核行为，启动了博弈，然后地方政府采取相应的对策行为，双方开始博弈；博弈结果出来了以后，中央政府和省级地方政府都会根据自己的利益、目标是否达成或者达成的程度来判断结果是否是理想的；如果是理想的，中央政府就需要进一步判断政策是否需要进一步执行，如果需要，就重复前面的博弈，如果不需要，就结束博弈；如果博弈结果是不理想的，中央政府就需要进行反思，并在此基础上提出绩效改进计划，提出新的行为措施，一方面是改进自己的行为方式和行为力度，另一方面基于自己在博弈中的主动地位而改进绩效考核的方案，包括考核指标、考核信息收集方法等。在绩效改进的基础上，中央政府和地方政府都会产生新的行为选择，进行新的博弈。由此循环反复。

下面第二节依据该模型，以中央政府的目标达成度为判断博弈结果是否理想的标准，对节能减排绩效考核进行历时性分析。

第二节 节能减排一票否决绩效考核的逻辑演进

在实施节能减排绩效考核的整个生命周期内，按照中央政府行为选择的不同，央地博弈先后经历了基于原则性要求的无考核行为阶段、表态式一票否决绩效考核阶段、考核式一票否决绩效考核阶段和科学化绩效考核四个阶段。比较中央政府在这四个阶段的目标达成度，可以判断一票否决绩效考核在节能减排方面的有效性和必要性。

一、基于原则性要求的无考核行为阶段

进入 21 世纪，我国环境资源的约束日益趋紧，成为影响我国经济社会健康发展的重要因素。在这种情况下，2003 年 7 月胡锦涛总书记及时地提出了科学发展观的指导思想，其"第一要义是发展，核心是以人为本，基本要求是全面协调可持续性，根本方法是统筹兼顾"，具体而言包括统筹城乡发展、统筹区域发展、统筹经济社会发展、统筹人与自然和谐发展、统筹国内发展和对外开放。其中可持续发展的基本要求、统筹人与自然和谐发展的根本方法，就是要解决我国发展过程中生态环境急剧恶化问题、环境资源约束趋紧问题，它内在地要求各级地方政府转变 GDP 至上的观念，通过节能减排减少污染、保护环境，树立新的发展观念和新的发展模式[①]。它本质上是中央政府对地方政府在追求地方发展过程中提出的新要求。2004 年的《政府工作报告》在阐述本年度的工作任务时，明确要求各级政府"坚持科学发展观，按照'五个统筹'的要求，更加注重搞好宏观调控，更加注重统筹兼顾……推动经济社会全面、协调、可持续发展"；2005 年的《政府工作报告》在阐述本年度的工作部署时则提出"坚持用科学发展观统领经济社会发展全局"，"把深化改革同落实科学发展观、加强和改善宏观调控结合起来"。这些是中央政府对地方政府在生态环境保护方面提出的具体要求。上述围绕科学发展观提出的一系列与环境保护有关的要求，都没有提出具体的行政管理措施，如需要达到的具体目标、监督方式、考核办法、约束机制等，即便是在《国务院关于国家环境保护"十五"计划的批复》（国函[2001]169 号）和《国家环境保护"十五"计划》中也只是要求"地方各级人民政府要将环境保护目标和措施纳入省、市、县长目标责任制，建立总量控制指标和环境质量指标完成情况考核制度"，并没有提及中央政府对地方政府的考核。因此，中央政府的上述行

---

① 赵凌云等.新中国成立以来发展观与发展模式的历史互动.当代中国史研究,2005:24—32.

为都属于一种基于原则性要求的无考核行为方式。

面对这一要求,各省级地方政府可以采取图7中除抵制行为以外的所有行为策略。由于中央政府此时采取的是基于原则性要求的无考核行为,并无具体措施要求,而且对省级地方政府将这一要求执行到什么程度并无明确的规定,因而省级地方政府无法针对中央政府的要求进行"选择性"执行或讨价还价式执行,省级地方政府只有服从、忽视和象征性执行三种行为选择。在这里,所谓"服从"是指各省级地方政府完全按照"统筹人与自然发展""推动经济社会全面、协调、可持续发展"的要求,调整发展模式,集中本省的资源,积极保护生态环境,改变生态环境不断恶化的现状。所谓"忽视"是指省级地方政府根据自身的利益,将本省的资源集中于中央政府所强调的其他事项上——特别是促进本省财政收入和GDP增长的事项上,而非生态环境保护方面。所谓象征性执行是指省级地方政府通过制定本省实施科学发展观、实施统筹人与自然发展的具体文件来回应中央政府原则性要求的行为。省级地方政府采取"服从"的策略,将会导致该省要转变发展方式,花费大量的资源用于环境保护,同时降低本省的经济发展速度,不利于本省在执行中央政府考核项目方面获得更好的结果,而且本省在这方面努力的结果由于其外部性也会让周边省份受益。省级地方政府采取象征性执行行为则需要其精心制作相应的文件,以表明其"执行",这就需要其付出时间和精力,另外其制作的文件还会被中央政府用来督促其开展相应的工作。而省级地方政府采取"忽视"策略则可以延续以往的发展方式,继续保持本省经济的快速发展,并获得相邻省份环境保护所产生的外部效应,同时由于中央政府对于节能减排工作仅仅是要求其与其他工作"统筹"进行,而且程度上"更加统筹兼顾",并无明确的绩效考核标准,因此"忽视"的成本并不高,是一种相对最优选择。在此过程中,降低经济发展速度会导致本省的GDP增长过慢,进而使得自身在竞争锦标赛中落后,同时也会减少本省可支配的资金数量。基于上述考虑,理性的省级地方政府及其领导人选择"忽视"的行为策略。

事实上,从中央政府提出统筹兼顾的原则性要求(2003年)到2005年底,我国节能减排的形势进一步恶化,以节能减排的主要污染物COD

和 SO_2 的排放为例,根据国家"十五"规划的要求,2005 年全国主要污染物排放总量比 2000 年减少 10%,但实际情况是全国的 SO_2 的排放量不减反增,逐年增长,比 2000 年增加了 27.78%,COD 排放量波动较大,实际只下降了 2.13%(具体情况见表 46)。从省级地方政府对中央政府原则性要求的响应程度来看,根据中国环境年鉴的数据,2004 年我国 COD 下降的省份有 13 个,SO_2 下降的省份有 5 个,二者同时下降的省份只有 2 个,分别是甘肃省和山东省;2005 年,我国 COD 下降的省份有 6 个,SO_2 下降的省份有 1 个,二者都下降的省份是 0 个[1]。中央政府的政策目标落空,几乎所有的省份都"忽视"了中央政府"统筹人与自然发展"的原则性要求。

表 46　2003—2005 年全国 COD 和 SO_2 排放情况

单位:万吨

年度	COD 排放量(年增长率)	SO_2 排放量(年增长率)
2000	1445.0	1995.1
2003	1333.6(−2.43%)	2158.7(12.05%)
2004	1339.2(0.42%)	2254.9(4.46%)
2005	1414.2(5.62%)	2549.3(13.06%)

数据来源:2004 年、2005 年、2006 年的中国环境年鉴。

事实表明各省级地方政府理性地选择了"忽视"中央政府关于"科学发展"与"统筹人与自然发展"的原则性要求,将注意力集中于经济发展速度方面。忽视的结果是我国的 GDP 增长速度继续保持年均 10% 以上,能源消耗持续上升约 72885 万吨标准煤,增长了 48.01%,年均增长 16%[2],这给我国的生态环境带来了更大的压力,节能减排的形势进一步恶化。

---

① 杨明森. 中国环境年鉴. 北京:中国环境年鉴社,2004 年版、2005 年版、2006 年版。

② 中华人民共和国统计局. 中国统计年鉴. http://www.stats.gov.cn/tjsj/ndsj/2007/indexch.htm。

二、表态式节能减排一票否决绩效考核阶段

在这种情况下，为了扭转这种局面，中央政府加大了对省级地方政府在节能减排方面的监督、控制力度，没有采取表态式绩效考核和单项工作绩效考核的行为，而是提出要进行节能减排一票否决绩效考核。2005年12月，国务院发布了《关于落实科学发展观加强环境保护的决定》（国发[2005]39号），文件中提出了要解决的九项重点工作，并且要对地方政府的"评优创先活动要实行环保一票否决""建立问责制，切实解决地方保护主义干预环境执法的问题"。这些措施的提出，表明中央政府对此前各级地方政府的环境保护绩效很不满意，并加强了对省级地方政府环境保护行为的控制力度。但是在这个文件以及之后的相关文件中，中央政府并没有明确提出省级地方政府的环境保护行为要达到什么标准才是合格的、才不会被一票否决，也就是说缺乏明确的绩效考核标准。因此，从文本的角度看，国发[2005]39号文件所提出的环保一票否决缺乏可执行性，是一种表态式的一票否决绩效考核。

针对中央政府提出的一票否决绩效考核，省级地方政府有图7中的"忽视"、象征性执行、选择性执行、讨价还价式执行和"服从"五种行为策略选择。由于中央政府的表态式一票否决绩效考核是基于国发[2005]39号文件的明确要求，并有明确的工作内容，因此省级地方政府不能采取忽视的行为策略，否则就等同于抵制行为；由于中央政府没有明确的考核指标和考核办法，无法确定具体的省级地方政府是否应被"一票否决"，因而省级地方政府无法也没有动力进行选择性执行和讨价还价式执行策略，省级地方政府只能在象征性执行和"服从"策略之间进行选择。在这里，"服从"是指省级地方政府按照国发[2005]39号文件的精神和要求，结合本省的实际情况，不折不扣地完成九个方面的重点工作，达到国家环保部门所规定的环境要求。而象征性执行是指省级地方政府通过口头或者文本的方式向中央政府表明自己将不折不扣地采取措施执行国发[2005]39号文件的精神和具体工作内容，但在实践中并不执行。

采取"服从"行为策略,会要求相关省份在环境保护方面投入大量的资源,降低本省的经济发展速度,以达到相关工作应有的客观要求,这样能够获得中央政府的认可,进而参与"评优创先"活动,为自己的晋升增加政治资本;而采取象征性执行的策略,将会让该省节约了进行环境保护的资源,不会降低本省的经济发展的正常速度,同时让中央政府无法简单地断定其与中央政府"对抗",因而不会损害其政治利益。当然,在地方政府以经济发展速度作为主要考核指标的锦标赛体制下,保持较高的经济发展速度,使得该省有较多的资源发展其他方面的社会事务,也会在一定程度上增加其晋升机会和政治利益。在这种情况下,从纯理论的角度来看,省级地方政府选择象征性执行的策略就是一种相对最优的理性行为。

自从国发[2005]39号文件发布以后的半年内,各省级地方政府也相应地出台了贯彻《决定》的文件或者实施办法。省级地方政府的这一行为,从形式上看是对中央政府的"服从",它将中央政府的政策决定转化成更加具体和可执行的办法。中央政府在2006年的预期节能减排目标是主要污染物降低2%,万元GDP能耗降低4%[①],然而,从国发[2005]39号文件发布一年后,我国COD和SO_2排放的总体情况来看,COD排放增加了1.2%,SO_2排放增加了1.8%。环保部在经过大量科学测算和广泛征求意见的基础上,最后核定的结果是二氧化硫有11个省下降、COD有12个省下降;只有4个省市都完成了两个指标的年度削减计划[②]。与此同时,我国六大高能耗产业平均增速达20.6%。由此可见,国发[2005]39号文件的要求并没有得到各省级地方政府的切实遵守;中央政府的节能减排目标均没有达成,中央政府的国发[2005]39号文件完全落空。绝大多数省级地方政府在事实上实行了象征性执行的行为策略,是典型的"以文件贯彻文件"行为。在这一阶段内,省级地方政府在博弈中处于优势地位。

---

① 谢振华. 中国节能减排:政策篇. 北京:中国发展出版社,2008:283.
② 黄冬娅、杨大力. 考核式监管的运行与困境:基于主要污染物总量减排考核的分析. 政治学研究,2016(4):101—113.

中央政府在博弈中处于劣势的后果是,2006 年全国 COD 排放量 1428.2 万吨,比上年增长 0.99%,SO_2 排放 2588.8 万吨,比上年增长 1.55%[①]。同时我国的 GDP 增长了 12.7%,继续了粗放型发展模式,生态环境的压力进一步加大。

三、考核式节能减排一票否决绩效考核阶段

为了扭转博弈中的劣势,让各省级地方政府切实落实环境保护的要求,中央政府进一步加强了对省级地方政府的监督和控制力度。为此,中央政府在 2007 年 5 月发布了《国务院关于印发节能减排综合性工作方案的通知》(国发[2007]15 号),其中要求"各地区、各部门和中央企业要在 2007 年 6 月 30 日前,提出本地区、本部门和本企业贯彻落实的具体方案报领导小组办公室汇总后报国务院",并且要把节能减排指标完成情况纳入各地经济社会发展综合评价体系,作为政府领导干部综合考核评价和企业负责人业绩考核的重要内容,实行"一票否决"制。这表明如果节能减排工作做不好,否决的不仅仅是评优创先的机会,而是整个年度的政绩。同时,发改委公布了《节能减排综合性工作方案》明确了节能减排的具体工作目标、工作原则和 2007 年以及到 2010 年的具体工作指标,而环保部则发布了《"十一五"主要污染物总量减排统计办法》《"十一五"主要污染物总量减排监测办法》和《"十一五"主要污染物总量减排考核办法》三个文件,为贯彻国发[2007]15 号提供了有力的支持。2011 年 10 月,国务院针对"十二五"时期的节能减排发布了《关于加强环境保护重点工作的意见》(以下简称《意见》),提出了要解决影响科学发展和损害群众健康的七个方面突出环境问题,并强调"实行环境保护一票否决制",具体而言,就是要"制定生态文明建设的目标指标体系,纳入地方各级人民政府绩效考核,考核结果作为领导班子和领导干部综合考核评价的重要内容,作为干部选拔任用、管理监督的重要依据"。中央政府的这些措施增加了

---

① 杨明森.中国环境年鉴.北京:中国环境年鉴社,2007:580—581。

对省级地方政府的绝对控制力度,进一步压缩了省级地方政府的博弈空间,是考核式一票否决绩效考核的具体体现。

面对中央政府强硬的博弈措施,省级地方政府有图7中所有五种策略行为选择。然而在这一阶段,中央政府的措施相对于前一阶段而言,明确了具体的考核目标、考核指标、考核标准、绩效考核范围、考核结果运用等内容,因此,省级地方政府不能再采取忽视策略或者象征性执行的策略,因为中央政府有具体的标准来衡量省级地方政府努力的程度,省级地方政府如果采取象征性执行的策略,必然会导致其在考核过程中不能达到合格的标准,会被一票否决。实际上,省级地方政府只有选择性执行、讨价还价式执行和"服从"三种策略。

所谓"服从"是指省级地方政府完全按照中央政府的要求切实做好环境保护工作,特别是节能减排工作,避免被"一票否决"而考核不合格。所谓"讨价还价"是指省级地方政府既不愿意完全按照中央政府的环境保护、特别是节能减排要求做出行为选择,又不愿意或不能直接或间接违背中央政府的节能减排要求,因而希望通过"讨价还价"让中央政府降低对本省的要求。在中国的政治体制下,服从中央政府的行为无疑是获得政治利益的直接途径,因此,各省级地方政府不会直接拒绝中央政府的明确要求,而是在执行的过程中就具体情况、具体问题和中央政府进行"协商",以争取最有利于自身利益的最大化。所谓选择性执行是指省级地方政府针对国发[2007]15号和《意见》的要求有选择性地部分执行,具体表现为具体要求就执行,原则性要求就不执行;有利的就执行,无利的就不执行;容易的就执行,困难的就不执行。虽然选择性执行没有完全贯彻中央政府的意图,但毕竟部分执行了,对于没有执行的部分,省级地方政府完全可以归因于各种客观因素、不确定性因素,以获得中央政府的谅解。相比较而言,选择性执行和讨价还价式执行比服从策略有利。

但在实践中,中央政府的考核指标确定了以后,省级地方政府针对考核指标进行了选择性执行,表现为纳入考核范围的污染物就认真执行,没有纳入考核范围的就不执行——不管是否造成污染的后果如何,也不管人民群众的反应如何。在绩效指标确定方面,国家环保总局在"十一五"时期主要确定了二氧化硫和化学需氧量 COD 两项指标,在"十二五"阶段,则增加了氨氮和氮氧化物两项指标。中央政府确定指标了以后,直接导致省级地方政府只关心这四项指标,而忽视了其他指标,出现了对未纳入"基数"的行业和企业排放、未纳入考核指标的污染物排放监管松懈,甚至是姑息懈怠的现象①。这是省级地方政府进行选择性执行的直接体现,也是省级地方政府在执行资源有限的情况下和地方政府利益优先理念支配下的一种理性选择。

与此同时,省级地方政府和中央政府就考核目标、考核信息、考核结果运用等方面进行了充分的讨价还价。

在考核目标的确定方面,2007 年的考核目标是由各省自行上报,然后由中央政府加以微调而定,其中,单位 GDP 能耗降低指标低于 20% 的省份都被调高了(除西藏以外),高于 20% 都被中央政府维持下来②。对于这样的结果,指标较高的省级地方政府会利用各种途径和机会要求降低自己的指标,如内蒙古自治区就在 2007 年的年终工作报告中提出"建议国家在考核我区节能目标时,按照 20% 的全国平均水平给予考核"③。内蒙古要求将自己的节能目标从 25% 降低到 20%,这实际上就是省级地方政府和中央政府进行讨价还价的具体体现,而且相关省级地方政府一直没有放弃和中央政府就节能目标进行讨价还价。从 2007 年到 2010 年,山西省、吉林省和内蒙古自治区通过持续的讨价还价,使其在"十一五"期间的节能目标经过不断地调整,到 2010 年终于分别由 25%、30%、25% 逐步降低到 22%(具体情况见表 47),节能目标的降低使得这三个省在该期间的考核结果被评为"完成等级",避免了被"一票否决"。

---

① 黄冬娅、杨大力.考核式监管的运行与困境:基于主要污染物总量减排考核的分析.政治学研究,2016(4):101—113。
② 宋雅琴、古德丹."十一五规划"开局节能、减排指标"失灵"的制度分析.中国软科学,2007(9):25—33。
③ 谢振华.中国节能减排:政策篇.北京:中国发展出版社,2008:48。

表47 山西、内蒙古和吉林三省的"十一五"节能目标及其完成进度情况表

单位:%

	2006	2008			2009			2010		
	"十一五"目标	修改后的"十一五"目标	累计降低率	目标完成进度	修改后的"十一五"目标	累计降低率	目标完成进度	修改后的"十一五"目标	累计降低率	目标完成进度
山西	25.00	23.12	13.32	57.52	22.50	18.28	81.23	22.00	22.66	103.00
内蒙古	30.00	23.22	12.79	55.09	22.43	18.82	83.90	22.00	22.62	102.82
吉林	25.00	23.29	12.22	52.47	22.60	17.47	77.29	22.00	22.04	100.18

注:2006年的"十一五"目标来自于国函[2006]94号;2008年和2009年的累计降低率和目标完成进度、2010年的"十一五"目标和累计降低率分别来自于中华人民共和国发展和改革委员会的公告2009年第13号、2010年第8号以及国家发改委和国家统计局于2011年6月7日发布的公告。其余数据根据计算得出,计算方法:修改后的"十一五"目标÷累计降低率=目标完成度。

到了"十二五"期间,考核目标的制定过程就转变成了"两上两下",即"地方先根据地方发展规划估算",然后交给环保部初步确定,"再给地方,地方根据它自己的情况反映它的要求,我们再修改,再下去,最后收集意见,再根据总的要求形成控制目标"①。此时的节能减排绩效考核目标的确定,事实上就是中央政府与省级地方政府进行讨价还价的过程。

在绩效信息方面,地方政府存在操纵数据的巨大空间,报喜不报忧的情况十分普遍②,而中央政府也了解这一点。在节能减排的过程中,由于省级地方政府与中央政府的讨价还价,使得节能减排的数据往往难以客观地确定。各省级地方政府的指标完成情况的确认过程,是地方政府逐级往上报,然后上级政府予以确认的过程。这个"上报——确认"过程是核算核查节能减排数据的过程。虽然中央政府在核算方式上采取全国一个尺度,不留变通的政策空间,但是省级政府的工作人员仍然觉得核算核查过程时紧时松,"核算最人的问题是,他们想认什么就认什么,不想认什

① 黄冬娅、杨大力.考核式监管的运行与困境:基于主要污染物总量减排考核的分析.政治学研究,2016(4):101—113.
② 钟开斌.遵从与变通:煤矿安全监管中的地方行为分析.公共管理学报,2006(2):70—75.

么就不认什么,太随意。核算人员每年认的数据都不一样,权力太大"[1],如 2007 年环保部只认可了某省所上报 COD 减排量的 21% 和 SO_2 减排量的 19%[2]。中央政府在数据认定时的"随意"以及严格甚至是僵化的尺度,就是为了压缩省级地方政府的"讨价还价"空间。相关主体在对 2007 年上半年的各省节能减排考核信息核查中出现了省的数据、督查中心的数据和环保总局总量办的数据三者不统一的情况。比如根据地方政府上报的数据,2007 年上半年全国 COD 下降 4.7%,各督查中心核查后得出的数据是全国 COD 下降 3.7%,而经过总量司核算以后,同期全国 COD 增加 0.24%;二氧化硫排放的情况也有类似情况,地方上报数据汇总后得出二氧化硫排放全国下降 6.2%,督查中心核算后得出二氧化硫排放全国下降 3.8%,最终总量司核算的结果是二氧化硫全国排放下降 0.88%[3]。为此国家环保总局进一步规范了减排的统计办法,出台了总量核算细则,举办了总量核算细则培训会议,尽可能确保数据的一致性,力图杜绝省级地方政府在这个环节的博弈。

在考核结果的应用方面,根据国发[2007]15 号和《意见》的要求,对考核不合格的省级地方政府要实行一票否决。从 2007 年到 2015 年,每年都有相关省份的节能目标考核的等级为"不合格"(具体情况见表 48),但在事实上,没有哪一个省级地方政府的领导人因此被否决。这一结果让国发[2007]15 号与《意见》的制度目标落空。其原因固然有国家发改委和环保部没有干部管理权限的因素,但其中也有省级地方政府讨价还价的因素在内。政府内部谈判博弈发生在双边垄断的条件下,任何一方都不能选择退出,但是存在着"准退出"机制,即由于不能公开地抵制反抗或通过正式程序来讨价还价,而不得不采取那些非正式的、微妙的抵制方式,例如暗中调整,消极抵制,从而导致"集体无行动"。2007 年全国有 10

① 黄冬娅、杨大力. 考核式监管的运行与困境:基于主要污染物总量减排考核的分析. 政治学研究,2016(4):101—113。
② 周雪光. 政府内部上下级部门间谈判的一个分析模型——以环境政策实施为例. 中国社会科学,2011(5):69—91。
③ 黄冬娅、杨大力. 考核式监管的运行与困境:基于主要污染物总量减排考核的分析. 政治学研究,2016(4):101—113。

个省区市的考核不合格，是考核对象总数的 1/3，如果这种情况继续恶化，就会在事实上形成针对国发［2007］15 号的"集体无行动"，进而使得考核式节能减排一票否决陷入进退两难的境地，损害中央政府的权威；另一方面，绝大多数被考核对象不合格，说明考核目标和考核指标设置有问题。因此 2007 年以后，中央政府在节能减排方面有所退让，给予省级地方政府以一定的讨价还价空间。

表 48　2007—2015 年省级地方政府节能减排考核"不合格"情况表

考核年度	考核等级	省级地方政府名称	注：① 一般情况下，考核等级分为超额完成、完成、基本完成和未完成四个。按照等级名称之间的排他性关系以及相关年度的数据，基本完成应该是接近完成但事实上没有完成的情况。而 2010 年的"另行考核"实际上是没有完成，不仅仅是 2010 年没有完成，而且是过去的整个 5 年都没有完成，而基于干部管理权限等方面的原因，而交由中央考核。② 2012 年的数据缺失。数据来源：国家发展与改革委员会每年发布的《各省自治区直辖市节能目标完成情况公告》。
2007	基本完成	黑龙江、江西、河南	
	未完成	河北、山西、内蒙古、海南、贵州、宁夏、新疆	
2008	未完成	四川、新疆	
2009	未完成	新疆	
2010	另行考核	新疆	
2011	未完成	浙江、新疆、宁夏、青海、甘肃	
2013	未完成	新疆	
2014	基本完成	青海、新疆	
2015	基本完成	新疆	

在本阶段，省级地方政府选择性执行与讨价还价的结果，使绝大多数省级地方政府达到了能耗强度目标，但是我国的能源消耗总量还是在不断地增长，环境污染物总量不断攀升，特别是考核指标之外的污染物数量。与此同时，地方官员为了完成计划指标可能做出越权违法、损害私益的举动①，个别地方甚至出现对企业、居民和公共事业拉闸限电的局面②，最终"十一五"和"十二五"总量控制目标基本完成。

———————

① 杨军.企业生死谁定？——河南 28 家民营企业关停调查.南风窗,2006(5):20—22。

② 竺乾威.地方政府的政策执行行为分析：以"拉闸限电"为例.西安交通大学学报（社会科学版）,2013(2):40—46。

四、节能减排绩效考核科学化阶段

针对此前节能减排一票否决绩效考核中出现的问题,国务院在 2016 年发布的《关于印发"十三五"节能减排综合工作方案的通知》(以下简称《通知》)中,将节能考核指标增加了能源消耗总量,变成了"双控"(单位国内生产总值和能源消耗总量控制),污染物排放方面的指标保持不变。《通知》明确指出"将考核结果作为领导班子和领导干部年度考核、目标责任考核、绩效考核、任职考察、换届考察的重要内容",不再强调将考核结果作为政绩评价的"一票否决"考核指标,与此同时,中央政府进一步强化了环保督查工作,加强了对地方政府节能减排的关键事件和关键行为的监督。至此,节能减排一票否决绩效考核方式终止,节能减排绩效考核进入科学化阶段。

从形式上看,将节能减排目标完成情况的考核结果作为"领导班子和领导干部年度考核、目标责任考核、绩效考核、任职考察、换届考察的重要内容"和"纳入地方各级人民政府绩效考核",作为"领导班子和领导干部综合考核评价"的一票否决内容,二者的重要性是不可同日而语的。那么,在"十三五"期间,节能减排考核结果在对领导班子和领导干部考核结果中的整体权重降低了以后,是否会导致在节能减排方面的博弈中中央政府的决定和命令在更大程度上被省级地方政府"忽视",表现在考核结果方面,是否会有更多的省级地方政府被评价为目标"未完成等级"呢?

根据国家发改委 2017 年第 22 号公告和 2018 年第 14 号公告的内容,2016 年和 2017 年合计有 4 个省(区)的"双控"考核结果为"未完成等级",年均 2 个考核对象不合格,而根据表 4 的统计数据,从 2007 年到 2015 年,年均有 2.9 个考核对象的考核结果为不合格;在减排目标完成情况方面,根据 2017—2019 年环境保护部部长在全国人大会议上作的《国务院关于环境状况和环境保护目标完成情况的报告》可知我国 2016—2018 年均完成了减排的目标任务。由此可见,取消了"一票否决"并没有导致大规模的省级地方政府"不服从"中央政府的政策。从总体上看,此时省级地方政府的行为选择在更大程度上是一种服从行为。之所以产生这种结果,原因之一就在于工作压力与工作绩效之间是一种倒 U 形的关系,过低或者过高的工作压力都不会导致高工作绩效,只有适度的工作压力才会导致高工作绩效[1],取消"一票否决"降低了省级地方政府在节能减排方面过高的工作压力,进而导致省级地方政府的整体绩效略好于一票否决绩效考核时期;原因之二在于中央政府优化了节能减排的指标体系,采用"双控"指标代替了单位 GDP 能耗指标,避免了"能源消耗强度指标下降过多地依赖于 GDP 的增长速度",能源消费总量不断攀升的严峻问题[2],使得各省级地方政府不得不切实地强化节能减排工作。

第三节 节能减排绩效考核的公民满意度

我国政府进行节能减排绩效考核的公民满意度可以从公民的态度和行为两个方面加以衡量。

一、基于行为的公民满意度

公民的行为体现了公民行为时的心理状态。公民的信访行为体现了公民当时对特定领域事件的满意或不满意心理。全国公民在生态环境领域的信访行为量体现了公民对节能减排绩效考核改革的满意度,而信访量的变化则体现了公民满意程度的变化。下面通过分析公民在节能减排绩效考核过程中的信访行为,来分析其对环境基本公共服务供给侧改革评价的满意度(具体数据见图 9)。

---

[1] 田斌. 管理心理学. 西南交通大学出版社,2012:231。
[2] 范瑶. 扬州市能耗"双控"政策协同推进研究. 扬州大学公共管理专业,2018:8。

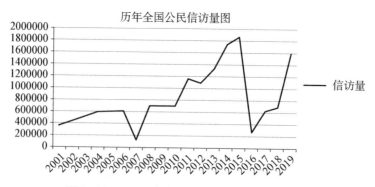

图 9　2001—2019 年全国公民环境信访行为趋势图

数据来源：历年全国环境统计公报。

　　图 9 的数据反映了我国公民 2001—2019 年之间的信访行为情况,包括了节能减排绩效考核前 2 年、基于原则性要求的无考核行为阶段、表态式节能减排一票否决绩效考核阶段、考核式节能减排一票否决绩效考核阶段、科学化绩效考核阶段等阶段的信访行为情况。

　　图 9 的数据表明,从 2001 年到 2019 年公民的环境信访行为量经历了三次增长、两次下跌。2001 年至 2006 年间,环境信访行为量呈缓慢增长的趋势,2007 年急剧下跌到 123357 件,然后开始第二次快速增长,直到 2015 年的 1872490 件,2016 年开始第二次急剧下跌到 263009 件,最后从 2017 年开始至今开始了第三次快速增长。2007 年和 2015 年的急剧下跌可能和特定年度的政府环境考核举措有关,如实施考核式节能减排一票否决绩效考核、北方地区清洁取暖改革等,这些重大举措的开始实施,给公民以希望和期待,从而减少了公民表达不满的环境信访行为。

　　图中数据表明,2015 年的公民环境信访量最高,达 1872490 件,远高于其他年度的公民信访量;2007 年的公民信访行为量最少,为 123357 件。将改革前 2 年的年均信访量 402566 件作为前测,将改革评价的基于原则性要求的无考核行为阶段、表态式节能减排一票否决绩效考核阶段、考核式节能减排一票否决绩效考核阶段、科学化绩效考核阶段的年均信访行为量作为后测,后测减去前测的值分别为 174129 件、213556 件、

643347 件、391072 件,改革评价各阶段的公民信访行为量比改革前分别
增长了 43.25％、53.05％、159.81％、97.14％;如果将整个节能减排绩效
考核期间的年均公民信访行为量作为后测,则后测减去前测的值为
475691.5 件,比改革前增长了 118.16％,这说明,改革评价实施后公民的
环境满意度有了很大程度的降低。

从节能减排绩效考核的四个阶段的信访行为量来看,基于原则性要
求的无考核行为阶段的年均信访行为量是 576695 件、表态式节能减排一
票否决绩效考核阶段的年均信访行为量是 616122 件、考核式节能减排一
票否决绩效考核阶段的年均信访行为量是 1045913 件、科学化绩效考核
阶段的年均信访行为量是 792738 件,无考核行为阶段年均信访量相对最
少,而考核式节能减排一票否决绩效考核阶段的年均信访行为量最多。
这在一定程度上说明公民对考核式节能减排一票否决绩效考核阶段的环
境满意度最低。

从总体上看,在公民的信访行为方面所显示的,公民的环境满意度在
前三个阶段逐步下降,在科学化绩效考核阶段又有所上升。总之,公民在
信访行为方面所体现的满意度不高,且逐年下降。

二、基于态度的公民满意度

测量中国公民对于节能减排绩效考核改革的满意度,采取问卷的方
式进行态度调查是最直接的方式。由于中国的人口总数已经超过了 14
亿,国土面积大且有相当多的人生活在农村,以全民普查的方式对全国所
有公民进行节能减排绩效考核改革的满意度调查在成本上和时间上不现
实,因而进行抽样就成为一种调查公民对"禁煤"改革政策实施满意度的
现实选择。

本书在这里直接采取了中国社会科学院"地方政府基本公共服务力
评价研究"联合课题组的数据来衡量节能减排绩效考核改革的公民满意
度。根据该课题组的做法,抽样在客观上分成两步,第一步是对调查的城
市进行抽样,第二步是对城市内的被调查公民进行抽样。在第一步的抽

样中,中国社会科学院的课题组选取了所有的直辖市、省会城市、计划单列市和经济特区共计38个城市作为代表。这些城市是中国各地发展状况最好的地区,能够代表中国整体状况。第二步对被调查公民进行抽样时则采取了中国社会科学院在进行城市基本公共服务力的公民满意度调查的方法。

由于中国社会科学院"地方政府基本公共服务力评价研究"课题组只有2011—2020年的公民环境满意度数据,而且本课题组在研究过程中也无法对10多年前的公民满意度进行调查,因此,本课题组只对2011年至2015年期间考核式一票否决绩效考核阶段和科学化绩效考核阶段(2016—2020年)的公民环境满意度情况进行分析(具体数据见表49)。

表49 2011—2020年节能减排绩效考核公民满意度情况表

年度	问卷发放份数 (份)	有效样本量 (份)	满意度得分 (%)	九项工作排名
2011	21000	19058	64.23	3
2012	27000	25115	61.39	3
2013	25000	19843	63.65	1
2014	27000	24717	60.01	2
2015	26000	24549	60.52	3
2016	26000	24554	60.05	6
2017	26000	24643	64.25	6
2018	18998	15613	65.47	1
2019	14348	14345	67.31	2
2020	14246	14246	71.48	4

数据来源:2011—2020年的《中国城市基本公共服务力评价》。

表49反映了中国社会科学院从2011年至2020年间对公民满意度调查的情况和结果。从样本量来看,每年的问卷样本量均超过了14000份,达到了一定的规模,能够在很大程度上反映太原市公民的环境满意度。

表49中的数据从满意度得分、九项工作之间的排名展示了太原市公

民对"禁煤"改革政策执行的满意程度。从满意度得分来看,2011—2020年间公民环境满意度得分最低的是 2014 年的 60.01 分,最高的是 2020年的 71.48 分,在考核式一票否决绩效考核的 2011—2015 年期间,公民环境满意度的年均得分为 61.96 分,而实行科学化绩效考核至今,公民环境满意度的年均得分为 65.712 分,实行科学化绩效考核期间的公民环境满意度明显高于实行考核式一票否决绩效考核期间,在一定程度上表明公众对科学化绩效考核方式更满意。从九项工作之间的排名来看,2011—2020 年间公民环境满意度排名最高的是 2013 年和 2018 年的第 1名,排名最低的是 2016 年和 2017 年的第 6 名;在实行考核式一票否决绩效考核期间,节能减排工作的公民满意度年均排名为 2.4 名,科学化绩效考核期间的公民满意度年均排名为 3.8 名,考核式一票否决绩效考核期间的排名情况要好于科学化绩效考核期间的排名情况。这样就出现了满意度得分高但是在全国九项工作之间排名不高的状况,出现这种状况的可能原因在于,一是 2016—2020 期间,全国公民对九项工作的整体满意度均比较高,导致公民对节能减排绩效考核工作的满意度得分绝对值虽高,但相对其他工作而言并不高;二是我国在 2016—2017 年间在北方地区的城市进行了清洁取暖改革,涉及公民生产与生活的诸多方面,引发了公民的不安心理,导致节能减排工作在整体工作中的相对满意度不高。

第四节　节能减排绩效考核案例的基本结论与讨论

一、基本结论

节能减排是目前我国政府环境基本公共服务供给侧改革的重要内容之一,这一内容的实现需要一系列行政手段的作用。本章主要从央地博弈的角度探讨了节能减排过程中的绩效考核问题。纵观节能减排绩效考核的产生、发展过程,可以得出以下几点结论:

第一,在节能减排进行的每个阶段,都有中央政府和省级地方政府之间的博弈,其原因在于二者的利益不完全一致和行为选择的巨大空间。央地利益不一致的本质是整体利益与局部利益的差别,这是中央政府和省级地方政府博弈存在的利益基础;二者行为选择的巨大空间让中央政府形成了绩效考核的连续行动带,省级地方政府形成了对策性行为的连续行动带,这是二者博弈的前提。中央政府与省级地方政府之间基于绩效改进的博弈,首先从中央政府发出"统筹人与自然发展"的原则性要求开始,然后经历了表态式一票否决绩效考核、考核式一票否决绩效考核和科学化绩效考核三种行政考核措施,而省级地方政府的对策行为则先后经历了"忽视"、象征性执行、选择性执行和讨价还价式执行、服从行为等主要对策性行为选择。中央政府采取哪一种行政考核措施,主要的考虑因素是省级地方政府在前一阶段的对策性行为以及由该对策性行为所导致的改革政策执行效果;而省级地方政府行为方式选择的主要考虑因素是哪种行为方式的利益最大。一般而言,当中央政府的行为比较笼统、模糊,没有具体措施要求和考核办法时,省级地方政府会采取"忽视"或者象征性执行的策略,而当中央政府的行为很具体,有明确的行为措施和考核办法时,省级地方政府会采取选择性执行、讨价还价式执行或者严格服从的行为策略。中央政府和地方政府博弈逻辑发展的最终结果是实施科学化的绩效考核。这一状态的出现在于中央政府是一个积极有为的政府、有事业心的政府。

第二,判断中央政府在博弈过程中所采取的四种博弈行为选择优劣的主要标准在于中央政府的目标达成度,具体包括节能减排目标的达成度和考核制度本身的达成度两个方面。表 50 对中央政府四种博弈行为的目标达成度进行了简要归纳。从节能减排目标的达成度来看,基于原则性要求的无考核行为和表态式一票否决绩效考核行为都没有实现预定的节能减排目标,考核式一票否决绩效考核行为和科学化绩效考核行为均达成了节能减排目标;从制度运行本身的目标来看,基于原则性要求的无考核行为虽然没有规定考核方案,不涉及考核制度的运行问题,但是省级地方政府对于中央政府基于原则性要求的无考核行为响应程度极低;而表态式一票否决绩效考核虽然有考核的要求,但是只有 4 个省级地方政府做出了积极的响应,全面完成了年度污染物排放削减计划,仅占全部考核对象的 12.9%,说明省级地方政府对中央政府的表态式一票否决绩效考核行为反应也很低;如果说年末考核不合格对象的数量在一定程度上反映了被考核者对于考核行为的忽视程度,那么省级地方政府不合格的数量反映了省级地方政府对中央政府节能减排绩效考核的忽视程度,反映了中央政府实施节能减排政策的行为的有效性程度。这说明中央政府基于原则性要求的无考核行为和表态式一票否决绩效考核基本上没有达到应有的制度目标,二者效果的区分度不大。考核式一票否决绩效考核行为虽然让绝大多数被考核对象做出了积极反应,但是对考核结果的运用并没有按照规定进行,部分地达到了制度目标;而科学化绩效考核行为不仅让绝大多数被考核者做出了积极的反应,而且不涉及考核结果运用不到位的问题,达到了相应的制度目标。综上所述,中央政府基于原则性要求的无考核行为和表态式一票否决绩效考核行为都没有实现既定的节能减排目标,也没有能保证制度目标的实现;考核式一票否决绩效考核行为与科学化绩效考核行为都能保证节能减排目标的实现,但是考核式一票否决绩效考核的制度目标没有能完全实现,会有损于中央政府的权威。这一结果表明,一票否决对于省级地方政府节能减排绩效考核而言并不是必不可少的,科学化绩效考核是一种相对理想的状态;认为环境保护必须实行一票否决,或者只需要"拿捏好"分寸的观点缺乏事实依据。

表 50　中央政府四阶段的目标达成度比较表

目标达成度 ＼ 阶段与时间	基于原则性要求的无考核阶段（2003—2005 年）	表态式一票否决绩效考核阶段（2006 年）	考核式一票否决绩效考核阶段（2007—2015 年）	科学化绩效考核阶段（2016 年至今）
节能减排目标	没有达成 *	没有达成	达成	达成
制度目标	不涉及	没有达成	结果运用没达到规定要求	达成

注：* 此处根据"十五"规划目标评价,只有减排目标,没有节能要求。

第三,节能减排作为环境基本公共服务供给侧改革的一个重要内容,直接涉及严控高耗能高排放产业方面,同时也关系到发展节能环保产业、强化环保技术创新、避免生态环境风险。对节能减排工作进行绩效考核,是上级政府对下级政府进行的绩效考核,本章重点关注的是中央政府对省级地方政府和所属国有企业进行的节能减排绩效考核。因此,从节能减排绩效考核来看,环境基本公共服务供给侧改革的效果评估,其主要动力来源于政府。但是在绩效考核过程中,也涉及到国有企业的考核,涉及私有企业的改革创新问题和公民的环境需求问题等,因此,市场机制的推动力和公民的环境需求拉动力也成为了重要的动力源。

第四,从公民满意度的角度来看,在整个节能减排绩效考核期间,只有考核式节能减排一票否决绩效考核和科学化绩效考核阶段的环境质量有明显的提高,而且这两个阶段的公民满意度得分也是逐步提高,但是这两个阶段的公民信访行为所体现出来的满意度不高,可能的原因是改革引发了公民的不安,以至于产生了更多的信访行为。对公民的信访行为做出及时的回应,也能够提高公民的满意度。

二、进一步的讨论

对于上述结论,有必要做进一步的讨论。

第一,中央政府实施节能减排一票否决绩效考核的整个政策生命过程为我们观察一票否决绩效考核的有效性提供了充分的现实素材。一票否决绩效考核作为中央政府考核省级地方政府,以及上级政府考核下级政府的一种行为选择,可以运用于节能减排,也可以运用于大气污染治理等其他方面,其作为上级政府考核下级政府工具的性质并没有不同。因此,本文对于节能减排一票否决绩效考核的分析可以适用于其他方面的一票否决绩效考核。各级政府在实践中对下级政府进行绩效考核时,出于有效实现政府目标和维护绩效考核制度威信的考虑,应该选择科学化的绩效考核行为,避免基于原则性要求的无考核行为、表态式一票否决绩效考核行为和考核式一票否决绩效考核行为,进而避免下级政府的忽视行为、象征性执行、选择性执行以及讨价还价式执行行为。

第二,表态式一票否决绩效考核和考核式一票否决绩效考核之间有着明显不同的政策效果。实践证明二者对于节能减排政策实施的效果之间的差距非常显著,考核式一票否决绩效考核在节能减排方面效果明显优于表态式一票否决绩效考核;而科学化的绩效考核在节能减排的效果方面与考核式一票否决绩效考核是一样的,甚至略好,在维护制度威信方面的效果要好很多。因此,可以认为科学的考核体系对于促进考核对象的工作有明显的促进作用。表态式一票否决绩效考核的节能减排效果略好于基于原则性要求的无考核行为,这说明,一票否决对于转变省级地方政府官员的思想意识,使之重视节能减排工作方面有一定的作用,但由于社会实践过程不可复制,因而无法证明一票否决绩效考核对于转变地方政府官员的思想意识是必不可少的,也无法证明科学化的绩效考核对于转变地方政府官员的思想意识是否能够起到和一票否决绩效考核一样的效果,或者更好。

第八章

结　论

　　本世纪以来，我国政府在环境基本公共服务的供给方面投入了大量的人力、物力，但是我国的环境污染、环境破坏现象依然比较严重、我国的环境质量依旧不高，人民群众很不满意。习近平总书记深刻认识到，环境质量问题依然很严重，已成为"民生之患、民心之痛"。这说明我国政府的环境基本公共服务供给存在着总量不足、供给错位问题。特别是我国进入中国特色社会主义新时代以后，社会的主要矛盾转变为人民日益增长的美好生活需要不平衡不充分的发展之间的矛盾，人民对于生态环境的需求进一步提高，生态环境的供给问题被进一步放大。在这种情况下，我国亟须进行环境基本公共服务方面的供给侧改革，以改善我国环境基本公共服务供给总量不足、供给错位的问题。本书针对环境基本公共服务供给侧改革问题进行了较为深入的研究，得出了以下结论：

　　第一，本书首先界定了环境基本公共服务和环境基本公共服务供给侧改革的概念，并明确了环境基本公共服务供给侧改革的内容。不可否认的是，作为主体的人，是"以概念的方式去把握、描述、解释和反思人与世界及其相互关系"，"以概念的方式去构建关于世界的规律性图景以及对世界的理想性、目的性的要求"[①]。本课题对于环境基本公共服务供给侧改革问题的把握、描述、解释和思考是从界定环境基本公共服务和环境

[①] 孙正聿.哲学通论.沈阳：辽宁人民出版社，1998：51。

基本公共服务供给侧改革开始的。环境基本公共服务是指以政府为主体的公共组织为保障和满足全体公民生存和发展所产生的基本环境需求，通过维护、保持一定的基本环境质量，而向全体公民所提供的一系列环境方面的公共服务。环境基本公共服务供给侧改革是政府采用改革的方法推进环境基本公共服务供给结构的调整，通过对环境基本公共服务供给的主体、方式、过程、动力等方面进行改革，大力发展节能环保产业、严控高能耗高排放产业、加强环保技术创新和避免生态环境风险，以矫正供给要素的扭曲，提高环境基本公共服务供给的质量和效率的过程。在我国目前的发展阶段，发展节能环保产业、严控高耗能高排放产业、加强环保技术创新和避免生态环境风险成为环境基本公共服务供给侧改革的主要内容。

第二，本书构建了分析环境基本公共服务供给侧改革问题的理论框架。环境基本公共服务供给侧改革涉及到主体、方式、过程、动力以及供给的质量与效率等多方面改革，本课题无法对上述改革的各个方面都进行深入的研究，因而立足于环境基本公共服务供给侧改革的实践过程，聚焦于环境基本公共服务供给侧改革的过程与动力问题。从环境基本公共服务供给侧改革的过程来看，本书将整个纷繁复杂的改革实践过程抽象为改革方案制定、改革方案的试点、改革方案实施以及改革效果评估四个环节；从环境基本公共服务供给侧改革的动力来看，本书将环境基本公共服务供给侧改革的动力来源抽象为环境承载力的驱动力、政府高位发动力、市场机制的推动力和公民环境需求的拉动力四个方面。在实践中，环境基本公共服务供给侧改革过程的四个环节和四个方面的动力，都不是孤立的，而是融合在一起的，因而本课题在此将改革过程的四个环节和四个方面的动力结合起来，形成了本课题研究的理论建构和分析框架，并在后文中运用四个案例进行了深入的探索性研究。

第三，本书以山东省清洁取暖改革方案的制定为例分析了环境基本公共服务供给侧改革方案制定环节的问题。山东省清洁取暖改革方案的制定从 2016 年开始一直延续到了 2021 年，前后共出台了 31 个具体的改革政策，是一个典型的渐进式改革方案制定过程，但整个改革方案的制定仍然体现出整体性、系统性、协同性以及顶层设计的特征,这是与我国改革开放初期"摸着石头过河"式的改革方案制定不同的特征;在这 31 个具体的改革政策中使用了强制型政策工具、激励型政策工具、能力建设型政策工具和机制转换型政策工具四种,这四种政策工具对山东省空气质量的改善均起到了显著的作用,其中能力建设型政策工具对空气质量的影响效果最好,其次是激励型政策工具;山东省清洁取暖改革过程,涉及到发展节能环保产业、严控高耗能高排放产业、环保技术创新和避免生态环境风险四个方面改革内容,主要是环境承载力的驱动力和政府高位发动力起到了强有力的动力作用,而市场机制的推动力和公民环境需求的拉动力则是中等强度的动力作用。

第四,本书以鲁陕两省的节能减排一票否决试验为例分析了环境基本公共服务供给侧改革方案的试验问题。鲁陕两省的节能减排一票否决试验从 2005 年开始至 2015 年结束,经历了四个阶段,其中第一、三、四阶段是与全国统一试验同步的阶段,而第二阶段是将全国其他省份的改革作为参照组的阶段。采用单组前后测的方式检验,第一阶段的改革试验是无效的,而第三、第四阶段的改革试验是有效的;采用交互分类设计的方式检验,第二阶段的改革是无效的。这说明,经过对第一、第二阶段的节能减排一票否决改革方案进行改良以后,第三、第四阶段的改革试验方案是有效的。然而,第三、第四阶段的改革方案并没有从时间维度加以推广,而是在 2016 年取消了节能减排一票否决的做法,其主要原因是政绩一票否决的制度性规定在政治上不可行、在实践中无法得到切实的执行,损害了制度的公信力,这说明环境基本公共服务供给侧改革不仅要在技术上可行、管理层面可行,还需要在政治上可行。鲁陕两省的节能减排一票否决试验案例,涉及到发展节能环保产业、严控高耗能高排放产业、环保技术创新和避免生态环境风险四个方面改革内容,主要是环境承载力的驱动力和政府高位的发动力起到了强有力的动力作用。

第五,本书以太原市"禁煤"改革的实践为例分析了环境基本公共服务供给侧改革方案的实施问题。太原市"禁煤"改革方案的实施从 2016 年开始,到现在已经进入到常态化实施的阶段。从"压力——回应"的角度来看,太原市政府在实施"禁煤"改革的过程中受到了来自系统内的资源压力、时间压力、监督压力、体制性压力,以及执行系统外的同级竞争压力、关联政策的压力、执行对象的压力等方面的压力。在不同的执行阶段,太原市政府受到的压力种类、压力方向和压力强度是不一样的,以及太原市政府所感受到的压力也是不一样的,这导致太原市政府在改革实施过程中采取了不同的回应方式,也取得了不同的改革方案实施效果。结果说明,地方政府在实施环境基本公共服务供给侧改革过程中并不是受到的压力越大,其改革实施的效果就越好,适度的压力才是地方政府采取合适执行方式的关键。从博弈的角度来看,太原市政府实施"禁煤"改革的过程是央地博弈、地方政府间竞争博弈执行者与执行对象博弈交织的过程。地方政府做出"一刀切"式的改革政策执行选择,是在中央政府监管严格、地方政府执行时间紧张且执行资源充分的情境下所做出的一种执行策略;地方政府间客观存在的晋升博弈、资源竞争博弈,强化了地方政府在特定情境下采取"一刀切"式改革政策执行的动机,进而推动了"一刀切"式执行的扩散;"一刀切"式执行方式对改革对象利益的损害,导致改革对象的强烈反抗,是"一刀切"式执行方式被终止的源泉。太原市"禁煤"改革实施案例,涉及到发展节能环保产业、严控高耗能高排放产业、环保技术创新和避免生态环境风险四个方面改革内容,主要是环境承载力的驱动力、政府高位的发动力、市场机制的推动力和公民环境需求的拉动力起到了强有力的动力作用。

第六,本书以节能减排绩效考核为例分析了环境基本公共服务供给侧改革的效果评估问题。节能减排绩效考核是环境基本公共服务供给侧改革的一个方面,在我国从 2003 年开始一直延续到了现在,经历了基于原则性要求的无考核阶段、表态式一票否决考核阶段、考核式一票否决绩效考核阶段和科学化考核阶段。以中央政府的绩效目标达成度为检验标准,可以发现,基于原则性要求的无考核行为和表态式一票否决绩效考核没有达成中央政府所设定的节能减排目标,只有考核式一票否决绩效考核和科学化绩效考核达到了节能减排的目标,但考核式一票否决没能达成政绩"一票否决"的制度目标,因此,环境基本公共服务供给侧改革的科学化绩效考核是相对最优的效果评估方式。节能减排绩效考核案例涉及到发展节能环保产业、严控高耗能高排放产业、环保技术创新和避免生态环境风险四个方面改革内容，主要是政府高位的发动力起到了强有力的动力作用。

第七，通过对上述案例的分析，本书认为环境基本公共服务供给侧改革应该实现改革过程中各个环节的协同和各方面动力的协同。环境基本公共服务供给侧改革的方案制定、试验、实施和效果评估等环节都不是、也不应该是相互孤立的，而是相互联系、相互协调的。改革方案的制定不能只考虑到改革方案本身，还应考虑到改革方案的试验、实施以及效果评估的，即在制定改革方案时就要改革方案的可实施性、改革方案所要达到的目标以及基于该目标所确定的效果评估指标体系等，在山东省清洁取暖改革方案制定的案例中，基于改革的渐进性特征，改革方案的制定事实上与方案的执行融合起来了；改革试验时不能单纯为了试验而试验，而应该出于检验改革方案科学性的目的、出于发现改革方案实施中问题的目的，即改革方案试验应为检验改革方案服务、为实施改革方案服务，鲁陕两省节能减排一票否决试验就是出于为检验改革方案和实施改革方案服务的目的；改革方案的实施不能局限于改革方案本身的执行，而应该围绕环境基本公共服务供给侧改革的目的，弥补改革方案中的缺陷、规避改革试验中发现的问题、并为改革方案的效果评估做好准备，在太原市"禁煤"改革方案实施的过程中，改革方案在执行中不断地调整，并在执行的每一个阶段都在进行阶段性效果评估，这本质上是将改革方案的实施与方案的制定、试验、效果评估密切联系起来；改革效果评估不能限定在改革方案实施结束时，而应该在改革方案出台之时就制定效果评估的方案，以改革效果评估的方案来引导、规范、激励改革方案的试验、实施，在节能减排绩效考核案例中，每个阶段的效果评估结果在事实上促进了改革方案的调整、引导了执行主体的实施行为。

环境基本公共服务供给侧改革过程中环境承载力的驱动力、政府高位的发动力、市场机制的推动力、公民环境需求的拉动力是相互影响、相互联系在一起。环境承载力所产生的驱动力是其他三种动力的基础。由于我国环境质量不高、环境承载力较低,凸显了我国的环境基本公共服务的数量不足和供给错位问题,进而导致公民的环境需求上升、政府为回应环境问题和公民环境需求而发动环境基本公共服务供给侧改革,市场主体则针对公民的环境需求和政府的改革政策在环保产业、高耗能高排放产业、环保技术创新方面做出改变。政府高位发动力是其他三方面动力发挥作用的支撑,我国政府是社会中的主导性力量,它支配着市场主体和公民的行为,并在很大程度上决定着环境承载力的演化方向。市场机制的推动力是环境基本公共服务供给创新的力量源,是最终促动环境承载力、政府发动力、公民需求拉动力解决环境基本公共服务供给侧改革问题的根源。公民环境需求的拉动力是环境基本公共服务供给侧改革的目的性动力源,其他动力源的最终服务对象是公民的需求,因而其他动力源最终受公民环境需求拉动力的制约。山东省清洁取暖改革方案制定案例、鲁陕两省节能减排一票否决试验案例、太原市"禁煤"改革案例以及节能减排绩效考核案例都是政府高位发动的结果,体现了政府高位发动力的作用,并由此促动环境承载力的驱动力、市场机制的推动力、公民环境需求的拉动力发挥作用。政府高位发动力的主导作用是中国环境基本公共服务供给侧改革在动力机制方面的重要特征。

第八,公民满意度是环境基本公共服务供给侧改革的根本目的。公民满意度可以从态度测量和行为判断两个角度进行测量和分析。态度测量主要通过问卷调查的方式进行,而行为判断主要是通过公民的行为反应来分析公民对于环境基本公共服务的满意或不满意心理状态,本研究主要通过公民的信访行为量来分析公民对于特定环境基本公共服务供给侧改革的满意度。通过对山东省清洁取暖改革方案制定、鲁陕两省节能减排一票否决绩效考核改革试验、太原市"禁煤"改革政策执行和节能减排绩效考核过程中的公民态度、信访行为进行分析,发现环境基本公共服务供给侧改革能够提升公民的环境满意度,但在改革初期却并不一定,原因在于改革意味着改变,会引发公民的不安,进而会产生更多的信访行为,形成公民不满意的行为表征。此时,政府应该对公民的信访问题做出积极的回应,以提高公民在心理上对改革的认可和支持度。

　　目前本书的研究重点关注环境基本公共服务供给侧改革的过程与动力问题,并采取案例研究法得出了上述结论。这些结论由于研究方法的限制,体现出一定的局限性。在今后的研究中,随着我国环境基本公共服务供给侧改革的进一步推进、市场机制的进一步成熟、社会主体力量的进一步壮大,要采用定量的研究方法对本课题的研究主题和结论进行进一步的研究,同时,关注环境基本公共服务供给侧改革中的社会主体(包括公民和社会组织)在改革中的作用,关注市场机制作用的发挥问题,并对这些问题进行进一步的研究。

参考文献

一、中文著作

[1] 习近平. 论把握新发展阶段、贯彻新发展理念、构建新发展格局[M]. 北京:中央文献出版社,2021。

[2] 《十八大以来主要文献选编》(下)[M]. 北京:中央文献出版社 2018。

[3] 习近平谈治国理政:第三卷[M]. 北京:外文出版社有限责任公司,2021。

[4] 习近平谈治国理政[M]. 北京:外文出版社,2014。

[5] 邓小平文选:第三卷[M]. 北京:人民出版社,1993。

[6] 杨华峰. 后工业社会的环境协同治理[M]. 长春:吉林大学出版社,2013。

[7] 胡洪曙. 基于获得感提升的中国基本公共服务供给侧结构性改革研究[M]. 北京:经济科学出版社,2021。

[8] 丁忠毅. 中国基本公共服务均等化与社会转型[M]. 北京:中国社会科学出版社,2019。

[9] 马蓉. 中国供给侧结构性改革中省际创新能力的测度与综合评价[M]. 北京:经济科学出版社,2020。

[10] 董克用. 人力资源管理概论[M]. 北京:中国人民大学出版社,2018。

[11] 杨继波. 环境公共品的有效供给机制及路径研究:基于居民参与治理的视角[M]. 上海:华东理工大学出版社有限公司,2020。

[12] 傅毅明. 大数据时代的环境信息治理变革:从信息公开到公共服务[M]. 北京:中国环境出版集团,2018。

[13] 张国庆. 行政管理学概论[M]. 北京:北京大学出版社,2000。

[14] 任晓. 中国行政改革[M]. 杭州:浙江人民出版社,1998。

[15] 王慧岩. 政治学原理[M]. 北京:高等教育出版社,1999。

[16] 张贤明. 基本公共服务均等化研究[M]. 北京:经济科学出版社,2017。

[17] 龚育之. 中国二十世纪通鉴(1940—1961)(第三卷)[M]. 北京:线装书局,2002。

[18] 王沪宁. 政治的逻辑:马克思主义政治学原理[M]. 上海:上海人民出版社,2004。

[19] 李振江. 法律逻辑学[M]. 郑州:郑州大学出版社,2018。

［20］向俊杰. 我国生态文明建设的协同治理体系研究［M］. 北京：中国社会科学出版社，2016。

［21］田斌. 管理心理学［M］. 成都：西南交通大学出版社，2012。

［22］谢振华. 中国节能减排：政策篇［M］. 北京：中国发展出版社，2008。

［23］卢现祥. 西方新制度经济学［M］. 北京：中国发展出版社，1996。

［24］张金马. 政策科学导论［M］. 北京：中国人民大学出版社，1992。

［25］郭少青. 论环境基本公共服务的合理分配［M］. 北京：中国社会科学出版社，2016。

［26］朱春奎. 政策网络与政策工具：理论基础与中国实践 M］. 上海：复旦大学出版社，2011。

［27］张成福、党秀云. 公共管理学（修订版）［M］. 北京：中国人民大学出版社，2007。

［28］陈庆云. 公共政策分析［M］. 北京：北京大学出版社，2006。

［29］陈振明. 政策科学教程［M］. 北京：科学出版社，2015。

［30］陈振明. 政策科学［M］. 北京：中国人民大学出版社，1998。

［31］袁方. 社会研究方法教程［M］. 北京：北京大学出版社，1997。

［32］张铭、严强. 政治学方法论［M］. 苏州：苏州大学出版社，2003。

［33］黄小勇. 现代化进程中的官僚制——韦伯官僚制理论研究［M］. 哈尔滨：黑龙江人民出版社，2003。

［34］盛洪. 现代制度经济学［M］. 北京：北京大学出版社，2003。

［35］艾尔·巴比. 社会研究方法（第十一版）［M］. 北京：华夏出版社，2018。

［36］约翰·吉尔林. 案例研究：原理与实践［M］. 重庆：重庆大学出版社，2017。

［37］罗伯特·K·殷. 案例研究：设计与方法（第 5 版）［M］. 重庆：重庆大学出版社，2017。

［38］理查德·A·波斯纳. 法律的经济分析（上）［M］. 北京：中国大百科全书出版社，1997。

［39］迈克尔·豪利特、M·拉米什. 公共政策研究：政策循环与政策子系［M］. 北京：三联书店，2006。

［40］丹尼尔·A. 科尔曼. 生态政治——建设一个绿色社会［M］. 上海：上海译文出版社，2002。

［41］宫本宪一. 环境经济学［M］. 北京：生活·读书·新知三联书店，2004。

［42］E·S·萨瓦斯. 民营化与公司部门的伙伴关系［M］. 北京：中国人民大学出版社，2002。

［43］戴维·奥斯本和特德·盖布勒. 改革政府——企业家精神如何改革着公营部门［M］. 上海：上海译文出版社，1996。

［44］珍妮特·V·登哈特、罗伯特·B·登哈特. 新公共服务：服务，而不是掌舵［M］. 北京：中国人民大学出版社，2010。

［45］文森特·奥斯特罗姆. 美国联邦主义［M］. 北京：生活·读书·新知三联书店，2003。

［46］埃莉诺·奥斯特罗姆. 公共事物的治理之道——集体行动制度的演进［M］. 上

海：上海译文出版社，2012。

[47] 莱斯特·M.萨拉蒙.公共服务中的伙伴——现代福利国家中政府与非营利组织的关系[M].北京：商务印书馆，2008。

[48] 罗尼·利普舒茨.全球环境政治：权力、观点和实践[M].济南：山东大学出版社，2012。

[49] 丹尼尔·H.科尔.污染与财产权：环境保护的所有权制度比较研究[M].北京：北京大学出版社，2009。

[50] 保罗·R.伯特尼、罗伯特·N.史蒂文斯.环境保护的公共政策[M].上海：上海三联书店，2004。

[51] 唐纳德·凯特尔.权力共享：公共治理与私人市场[M].北京：北京大学出版社，2009。

[52] 塞缪尔·亨廷顿.变化社会中的政治秩序[M].上海：三联书店，1989。

[53] 威廉姆·A·尼斯坎南.官僚制与公共经济学[M].北京：中国青年出版社，2004。

二、中文期刊文献

[1] 陈家刚、陈晓湃.基层公务员"为官不为"现象分析[J].中国领导科学，2019：73—76。

[2] 颜德如、张树吉：组织化过程中政策工具与组织协作的协同关系分析[J].上海行政学院学报，2021(1)：83—97。

[3] 刘强强.政策试点悖论：未实现预期效果又为何全面推广——基于"以房养老"政策的解释[J].福建行政学院学报，2019(5)：1—14。

[4] 向俊杰等.节能减排一票否决绩效考核：央地博弈中的逻辑演进[J].行政论坛，2020(1)：88—98。

[5] 文宏.网络群体性事件中舆情导向与政府回应的逻辑互动[J].政治学研究，2019(1)：77—91。

[6] 张国磊等.行政考核、任务压力与农村基层治理减负——基于"压力—回应"的分析视角[J].华中农业大学学报：社会科学版，2020(2)：25—30。

[7] 庞明礼.领导高度重视：一种科层运作的注意力分配方式[J].中国行政管理，2019(4)：93—99。

[8] 庞明礼、王晓晨."领导高度重视"式治理的绩效可持续性研究——基于对中部某县H村的观察[J].地方治理研究，2019(2)：2—12。

[9] 罗勇根等.空气污染、人力资本流动与创新活力——基于个体专利发明的经验证据[J].中国工业经济，2019(10)：99—117。

[10] 崔晶.政策执行中的压力传导与主动调适——基于H县扶贫迎检的案例研究[J].经济社会体制比较，2021(5)：129—138。

[11] 单明等.北方农村清洁取暖区域性典型案例实施方案及经验总结[J].环境与可持续发展，2020(3)：50—55。

[12] 王仁和、任柳青.地方环境政策超额执行逻辑及其意外后果——以2017年煤改

气政策为例[J].公共管理学报,2021(1):33—45。

[13] 张玲芳.对全省冬季清洁取暖财政资金使用及政策执行情况的调研[J].山西财税,2020(11):19—22。

[14] 李剑等.我国资源环境承载力研究的进展与展望[J].矿产与地质,2021(2):322—329。

[15] 齐绍洲、张振源.欧盟碳排放权交易、配额分配与可再生能源技术创新[J].世界经济研究,2019,(9):119—133。

[16] 陈鸿应.全国碳排放交易市场运行满月[J].上海化工,2021(5):5。

[17] 关斌.地方政府环境治理中绩效压力是把双刃剑吗?——基于公共价值冲突视角的实证分析[J].公共管理学报,2020(4):53—69。

[18] 徐乐、马永刚、王小飞.基于演化博弈的绿色技术创新环境政策选择研究:政府行为 VS. 公众参与[J].中国管理科学,2021(8):1—12。

[19] 孔祥利.以问责防治"为官不为":现状特点与制度反思——基于 39 份省级层面的制度文本分析[J].中共中央党校学报,2018(5):49—57。

[20] 王再武.地方官员"不担当不作为"现象解析:一个制度主义的视角[J].地方治理研究,2019,(4):20—28。

[21] 马振清."为官不为"的症结何在[J].人民论坛,2019(6):26—27。

[22] 张艳楠等.分权式环境规制下城市群污染跨区域协同治理路径研究[J].长江流域资源与环境,2021(12):2925—2937。

[23] 司林波、王伟伟.跨行政区生态环境协同治理绩效问责机制构建与应用——基于目标管理过程的分析框架[J].长白学刊,2021(01):73—81。

[24] 赵美欣.整体性治理理论下跨区域生态治理研究[J].云南农业大学学报:社会科学版,2022,16(02):39—44。

[25] 丘水林、靳乐山.整体性治理:流域生态环境善治的新旨向——以河长制改革为视角[J].经济体制改革.2020(03):18—23。

[26] 李晓莉.长三角区域生态一体化的整体性治理研究[J].党政论坛.2020(12):49—51。

[27] 范仓海、芮韦青.环境政策执行组织结构碎片化的整体性治理[J].领导科学,2020(16):10—13。

[28] 李辉等."避害型"府际合作何以可能?——基于京津冀大气污染联防联控的扎根理论研究[J].公共管理学报,2020(4):53—61。

[29] 璩爱玉.京津冀地区水污染联防联控联治机制研究[J].环境保护,2021(20):38—41。

[30] 杨振锐.生态服务合同:生态补偿制度民事合同路径[J].兰州财经大学学报.2020,36(05):117—124。

[31] 于宗绪等.基于 AHP 法和模糊综合评价法的城市水环境治理 PPP 项目绩效评价研究[J].生态经济,2020,36(10):190—194。

[32] 丁镭、黄亚林、刘云浪等.1995—2012 年中国突发性环境污染事件时空演化特征及影响因素[J].地理科学进展,2015,34(6):749—760。

［33］ 王文彬、唐德善.生态PPP项目省际差异及影响因素研究[J].干旱区资源与环境.2019,33(01):9—16。

［34］ 王帆宇.生态环境合作治理:生发逻辑、主体权责和实现机制[J].中国矿业大学学报:社会科学版,2021(03):98—111。

［35］ 吕培辰等.中国环境风险评价体系的完善:来自美国的经验和启示[J].环境监控与预警,2018(2):1—5。

［36］ 杨美勤、唐鸣.生态合作治理:促进"一带一路"国际合作的新动力[J].当代世界社会主义问题,2020(1):157—167。

［37］ 李波、于水.基于区块链的跨域环境合作治理研究[J].中国环境管理,2021(04):51—56。

［38］ 毛春梅、曹新富.区域环境府际合作治理的实现机制[J].河海大学学报:哲学社会科学版,2021(1):50—56。

［39］ 宋妍、陈赛、张明.地方政府异质性与区域环境合作治理——基于中国式分权的演化博弈分析[J].中国管理科学.2020,28(01):201—211。

［40］ 毕军等.我国环境风险管理的现状与重点[J].环境保护,2017(5):14—19。

［41］ 程瑜、张学升.生态补偿领域运用PPP模式的困境分析及路径创新[J].财政科学.2020(07):66—73。

［42］ 党秀云、郭钰.跨区域生态环境合作治理:现实困境与创新路径[J].人文杂志,2020(03):105—111。

［43］ 李磊.习近平美好生活观论析[J].社会主义研究,2018(1):1—8。

［44］ 肖建华、金波.省际环境污染合作治理行政协议履行机制困境与突破[J].中南林业科技大学学报:社会科学版,2021(03):45—51。

［45］ 郎威、陈英姿.我国高耗能行业能源消费结构的实证分析[J].经济纵横,2019(4):95—102。

［46］ 刘汉初等.中国高耗能产业碳排放强度的时空差异及其影响因素[J].生态学报,2019,39(22):8357—8369。

［47］ 秦炳涛等.中国高污染产业转移与整体环境污染——基于区域间相对环境规制门槛模型的实证[J].中国环境科学,2019(8):3572—3584。

［48］ 石磊.基层执法纠偏的路径选择——以环保"一刀切"为例[J].长白学刊,2020(1):86—93。

［49］ 黄宏、王贤文.生态环境领域"一刀切"问题的思考与对策[J].环境保护.2019(8):39—42。

［50］ 苗婷婷.地方政府间政策学习与横向竞争的逻辑辨析[J].中共宁波市委党校学报,2019(3):69—77。

［51］ 赵文瑛等.北方地区冬季清洁取暖进展及展望[J].石油规划设计,2020,(3):18—22,48。

［52］ 常赞灼、刘宜卓.政府主导型合村并居的异化反思与完善路径——基于史密斯模型的分析[J].河北农业大学学报:社会科学版,2021,23(4):71—74。

［53］ 于晓婷、邱继洲.论政府环境治理的无效与对策[J].哈尔滨工业大学学报:社会

科学版,2009,11(6)127—132。

[54] 潘岳.贯彻好实施好新环保法推进生态文明制度创新[J].环境保护,2014(21):14—17。

[55] 潘岳.以环境友好促社会和谐[J].求是,2006(15):15—18。

[56] 张璋.政策执行中的"一刀切"现象:一个制度主义的分析[J].北京行政学院学报,2017,(3):56—62。

[57] 梁平汉.多层科层中的最优序贯授权与"一刀切"政策[J].经济学(季刊),2013,(1):29—46。

[58] 白现军.从"一刀切"到"分类别":乡镇政府绩效考核制度创新——徐州模式解读[J].行政论坛,2013,(5):38—41。

[59] 刘圣中.不信任文化中的非人格化管理——匿名评审、年龄界限与一刀切现象的综合分析[J].公共管理学报,2007,(2):71—77,125—126。

[60] 张昭国、魏春英.基于农业学大寨运动为个案的"一刀切"现象论析[J].山西高等学校社会科学学报,2011,(6):15—18。

[61] 王宁.代表性还是典型性?——个案的属性与个案研究方法的逻辑基础[J].社会学研究,2002(5):123—125。

[62] 田先红、罗兴佐.官僚组织间关系与政策的象征性执行——以重大决策社会稳定风险评估制度为讨论中心[J].江苏行政学院学报,2016(5):70—75。

[63] 余敏江.论城市生态象征性治理的形成机理[J].苏州大学学报:哲学社会科学版,2011,(3):52—55。

[64] 冯志峰.中国运动式治理的定义及其特征[J].中共银川市委党校学报,2007,(2):29—32。

[65] 丁煌.我国现阶段政策执行阻滞及其防治对策的制度分析[J].政治学研究,2002(1):28—39。

[66] 冯猛.政策实施成本与上下级政府讨价还价的发生机制——基于四东县休禁牧案例的分析[J].社会,2017(3):215—241。

[67] 倪星、谢水明.上级威权抑或下级自主:纵向政府间关系的分析视角及方向[J].学术研究,2016,(5):57—63。

[68] 庄玉乙、胡蓉."一刀切"抑或"集中整治"?——环保督察下的地方政策执行选择[J].公共管理评论,2020(4):5—23。

[69] 周黎安.晋升博弈中政府官员的激励与合作——兼论我国地方保护主义和重复建设问题长期存在的原因[J].经济研究,2004,(6):33—40。

[70] 王浦劬、赖先进.中国公共政策扩散的模式与机制分析[J].北京大学学报:哲学社会科学版,2013,(6):14—23。

[71] 朱旭峰、赵慧.政府间关系视角下的社会政策扩散——以城市低保制度为例(1993—1999)[J].中国社会科学,2016,(8):95—116,206。

[72] 曹清峰.空间"邻近效应"与地方政府住房限购政策的实施[J].南开经济研究,2017,(1):77—89。

[73] 周林意、朱德米.地方政府税收竞争、邻近效应与环境污染[J].中国人口·资源

与环境,2018,(6):140—148。

[74] 杨海生、陈少凌、周永章.地方政府竞争与环境政策——来自中国省份数据的证据[J].南方经济,2008,(6):15—30。

[75] 李晨璐、赵旭东.群体性事件中的原始抵抗——以浙东海村环境抗争事件为例[J].社会,2012,32(05):179—193。

[76] 李杨.污染迁徙的中国路径[J].中国新闻周刊,2006—1—23:28—29。

[77] 任君.烧煤被行拘,曲阳"一刀切"治污就不怕老乡挨冻?[J].公关世界,2018,(23):68—69。

[78] 李松.环保还需要"一票否决"[J].环境保护,2011(2):51。

[79] 向俊杰.论政府间纵向关系视角下的一票否决制[J].阅江学刊,2013(3):61—67。

[80] 向俊杰.中央政府四项一票否决绩效考核制度的政治学分析[J].学术交流,2010(9):36—39。

[81] 尚虎平等.我国地方政府绩效评估中的"救火行政"——"一票否决"指标的本质及其改进[J].行政论坛,2011(5):58—63。

[82] 战旭英."一票否决制"检视及其完善思路[J].理论探索,2017(6):79—84。

[83] 尚虎平.我国地方政府"一票否决"式绩效评价的泛滥与治理[J].四川大学学报:哲学社会科学版,2011(4):113—123。

[84] 马雪松.如何拿捏好一票否决的分寸[J].人民论坛,2018(9):35—36。

[85] 曹现强.让一票否决有力度有意义[J].人民论坛,2018(9):36—37。

[86] 齐明山.转变观念界定关系——关于中国政府机构改革的几点思考[J].新视野,1999(1):37—39。

[87] H.布雷塞斯、M.霍尼赫.政策效果解释的比较方法[J].国际社会科学杂志:中文版,1987(2):115—134。

[88] 朱成燕.省级政府的自主性与治理改革——以浙江省自主性变革为例[J].中共浙江省委党校学报,2016(1):74—80。

[89] 金乐琴、张红霞.可持续发展战略实施中中央与地方政府的博弈分析[J].经济理论与经济管理,2005(12):11—15。

[90] 庞明川.中央与地方政府间博弈的形成机理及其演进[J].财经问题研究,2004(12):55—61。

[91] 邓志强、罗新星.环境管理中地方政府和中央政府的博弈分析[J].管理现代化,2007(5):19—21。

[92] 杨博文、王勇军.中央与地方在城市污染治理中的非均衡博弈分析[J].统计与决策,2014(3):52—55。

[93] 胡红安、李海霞.西部环境保护:中央与地方的博弈分析[J].贵州社会科学,2008(12):49—53。

[94] 余敏江、刘超.生态治理中地方与中央政府的"智猪博弈"及其破解[J].江苏社会科学,2011(2):147—152。

［95］曹飞.中央政府与地方政府碳减排的演化博弈分析［J］.武汉科技大学学报，2016（4）：433—438。

［96］陈建华.中央政府—地方政府博弈框架下去产能政策效果研究［J］.上海金融，2017（8）：24—32。

［97］潘峰等.环境规制中地方政府与中央政府的演化博弈分析［J］.运筹与管理，2015（3）：88—93。

［98］赵凌云等.新中国成立以来发展观与发展模式的历史互动［J］.当代中国史研究，2005：24—32。

［99］黄冬娅、杨大力.考核式监管的运行与困境：基于主要污染物总量减排考核的分析［J］.政治学研究，2016（4）：101—113。

［100］宋雅琴、古德丹."十一五规划"开局节能、减排指标"失灵"的制度分析［J］.中国软科学，2007（9）：25—33。

［101］钟开斌.遵从与变通：煤矿安全监管中的地方行为分析［J］.公共管理学报，2006（2）：70—75。

［102］周雪光.政府内部上下级部门间谈判的一个分析模型——以环境政策实施为例［J］.中国社会科学，2011（5）：69—91。

［103］杨军.企业生死谁定？——河南28家民营企业关停调查［J］.南风窗，2006（5）：20—22。

［104］竺乾威.地方政府的政策执行行为分析：以"拉闸限电"为例［J］.西安交通大学学报：社会科学版，2013（2）：40—46。

［105］彭向刚等.论生态文明建设视野下农村环保政策的执行力［J］.中国人口·资源与环境，2013（7）：13—21。

［106］王伟卓等."先污染，后治理"发展模式的研究和反思［J］.山西建筑，2011（11）：188—189。

［107］钟晓青.偷换概念的环境库兹涅茨曲线及其"先污染后治理"误区［J］.鄱阳湖学刊，2016（2）：102—110。

［108］周亚敏、黄苏萍.经济增长与环境污染的关系研究［J］.国际贸易问题，2010（1）：80—85。

［109］赵细康等.环境库兹涅茨曲线及在中国的检验［J］.南开经济评论，2005（3）：49。

［110］本刊记者.九届全国人大常委会十次会议听取《大气污染防治法》执法检查报告和《关于防治北京大气污染的工作报告》［J］.中国人大，1999（5）：7—8。

［111］苏扬.先污染后治理与循环经济［J］.资源与人居环境，2008（3）：51。

［112］余蔚茗、李树平、田建强.中国古代排水系统初探［J］.中国水利，2007（4）：51—53。

［113］卢洪友.环境基本公共服务的供给与分享——供求矛盾及化解路径［J］.人民论坛·学术前沿，2013（2）：98—103。

［114］乔巧、侯贵光、孙宁等.环境基本公共服务均等化评估指标体系构建与实证［J］.环境科学与技术，2014，37（12）：241—246。

［115］卢洪友等.中国环境基本公共服务绩效的数量测度［J］.中国人口·资源与环

境,2012(10):48—54。

[116] 张启春、江朦朦.中国省际环境基本公共服务绩效差异分析[J].财经理论与实践,2014(3):104—110。

[117] 侯贵光、吴舜泽、孙宁.城镇化视角下环境基本公共服务均等化发展方向[J].环境保护,2013(8):54—55。

[118] 魏枉、苏杨.深化环境公共服务均等化的 11 条建议[J],重庆社会科学,2012(4):116—117。

[119] 宫笠俐、王国锋.公共环境服务供给模式研究[J].中国行政管理.2012(10):21—25。

[120] 徐艳晴、周志忍.水环境治理中的跨部门协同机制探析——分析框架与未来研究方向[J].江苏行政学院学报,2014(6):110—115。

[121] 朱德米.构建流域水污染防治的跨部门合作机制——以太湖流域为例[J].中国行政管理,2009(4):86—91。

[122] 严燕、刘祖云.风险社会理论范式下中国"环境冲突"问题及其协同治理[j].南京师大学报:社会科学版,2014(3):31—41。

[123] 王俊敏、沈菊琴.跨域水环境流域政府协同治理:理论框架与实现机制[J].江海学刊,2016(5):214—219。

[124] 彭向刚等.论论生态文明建设中的政府协同[J].天津社会科学,2015(2):75—78。

[125] 高建、白天成.京津冀环境治理政府协同合作研究[J].中共天津市委党校学报.2015(02):69—73。

[126] 余敏江.让社会活力激发出来:长三角水环境协同治理中的行动者网络建构[J].江苏社会科学,2022(1):43—51。

[127] 吕建华、高娜.整体性治理对我国海洋环境管理体制改革的启示[J].中国行政管理,2012(5):19—22。

[128] 万长松、李智超.京津冀地区环境整体性治理研究[J].河北科技师范学院学报:社会科学版.2014,13(03):6—8。

[129] 康京涛.论区域大气污染联防联控的法律机制[J].宁夏社会科学,2016(2):67—74。

[130] 谢宝剑、陈瑞莲.国家治理视野下的大气污染区域联动防治体系研究——以京津冀为例[J].中国行政管理,2014(9):6—10。

[131] 曹锦秋、吕程.联防联控:跨行政区域大气污染防治的法律机制[J].辽宁大学学报:哲学社会科学版,2014(6):32—40。

[132] 任勇.供给侧结构性改革中的环境保护若干战略问题[J].环境保护,2016(16):17—24。

[133] 秋缬滢.供给侧改革视阈下如何创新环境治理格局?[J].环境保护,2016(22):9—10。

[134] 毛惠萍、刘瑜.促进供给侧绿色改革的环境政策研究[J].环境科学与管理,2017(6):12—17。

[135] 雷宇、陈潇君. 基于大气环境质量改善的能源供给侧改革分析[J]. 环境保护，2016(16)：25—28。

[136] 刘旭涛. 行政改革新理论：公共服务市场化[J]. 中国改革，1999(3)：7—9。

[137] 马庆钰. 关于"公共服务"的解读[J]. 中国行政管理，2005(2)：78—82。

[138] 吕炜、王伟同. 发展失衡、公共服务与政府责任[J]. 中国社会科学，2008(4)：52—64。

[139] 邱霈恩. 基本公共服务均等化：全民均等受益、共享发展成果[J]. 红旗文稿，2010(3)：28—30。

[140] 李克强副总理在第七次全国环境保护大会上的讲话[J]. 环境保护，2012(1)：8—14。

[141] 卢洪友、祁毓. 均等化进程中环境保护公共服务供给体系构建[J]. 环境保护，2013(2)：35—37。

[142] 刘培莹等. 案例城市环境基本公共服务与现状比较研究[J]. 环境科学与管理，2015(6)：9—14。

[143] 杨宜勇. 公共服务体系的供给侧改革研究[J]. 人民论坛·学术前沿，2016(3)：70—83。

[144] 胡鞍钢、周绍杰、任皓. 供给侧结构性改革——适应和引领中国经济新常态[J]. 清华大学学报：哲学社会科学版，2016(2)：17—23。

[145] 李宝娟. 我国环保产业发展的现状、问题及建议[J]. 环境保护，2021(2)：9—13。

[146] 李增荣. 对西部矿业公司铅业管理的思考[J]. 中国有色金属，2011(1)：232—235。

[147] 邵文彬、李方一. 产能过剩背景下我国高耗能行业增长的动因分析[J]. 软科学，2018(1)：41—46。

[148] 钟晖、王建锋. 建立绿色技术创新机制[J]. 生态经济，2000(3)：41—44。

[149] 李斌、赵新华. 科技进步与中国经济可持续发展的实证分析[J]. 软科学，2010(9)：1—7。

[150] 王鹏等. 污染治理投资、企业技术创新与污染治理效率[J]. 中国人口·资源与环境，2014(9)：51—58。

[151] 贾军、张卓. 中国高技术产业技术创新与能源效率协同发展实证研究[J]. 中国人口·资源与环境，2013(2)：36—42。

[152] 秦书生、胡楠. 习近平美丽中国建设思想及其重要意义[J]. 东北大学学报：社会科学版，2016(11)：633—638。

[153] 原超. "领导小组机制"：科层治理运动化的实践渠道[J]. 甘肃行政学院学报，2017(5)：35—46。

[154] Sebastian Heilmann. 中国经济腾飞中的分级制政策试验[J]. 开放时代，2008(5)：51—51。

[155] 周望. 政策试点是如何进行的？——对于试点一般过程的描述性分析[J]. 当代中国政治研究报告，83—97。

[156] 丁煌. 利益分析：研究政策执行问题的基本方法论原则[J]. 广东行政学院学报，

2004(6):27—30。

[157] 付云鹏、马树才.中国区域资源环境承载力的时空特征研究[J].经济问题探索,
      2015(9):96—103。

[158] 陈丹、王然.我国资源环境承载力态势评估与政策建议[J].生态经济,2015
      (12):111—115。

[159] 席晶、袁国华.中国资源环境承载力水平的空间差异性分析[J].资源与产业,
      2017(1):78—84。

[160] 郑微微、易中懿、沈贵银.中国农业生产水环境承载力及污染风险评价[J].水土
      保持通报,2017(4):261—267。

[161] 周侃、樊杰.中国欠发达地区资源环境承载力特征与影响因素——以宁夏西海
      固地区和云南怒江州为例[J].地理研究,2015(1):39—52。

[162] 卢小兰.中国省域资源环境承载力评价及空间统计分析[J].统计与决策,2014
      (7):116—119。

[163] 郑石明、罗凯方.大气污染治理效率与环境政策工具选择——基于29个省市的
      经验证据[J].中国软科学,2017(9):184—192。

[164] 刘炳江.强力推进排污权交易试点努力开创减排工作创新局面[J].环境保护,
      2014(18):15—18。

[165] 齐绍洲、林屾、崔静波.环境权益交易市场能否诱发绿色创新?—基于我国上市
      公司绿色专利数据的证据[J].经济研究,2018,53(12):129—143。

[166] 郭沛源.公众参与如何推动企业履行环境责任[J].世界环境,2014(1):30—31。

[167] 徐松鹤.公众参与下地方政府与企业环境行为的演化博弈分析[J].系统科学学
      报,2018(11):68—72。

[168] 郑思齐、万广华、孙伟增等.公众诉求与城市环境治理[J].管理世界,2013(6):
      72—84。

[169] 赵黎明、陈妍庆.环境规制、公众参与和企业环境行为——基于演化博弈和省级
      面板数据的实证分析[J].系统工程,2018(7):55—65。

[170] 孙海法、刘运国、方琳.案例研究的方法论[J].科研管理,2004(2):107—112。

[171] 王金红.案例研究法及其相关研究规范[J].同济大学学报:社会科学版,2007
      (3):87—96。

[172] 马德普.渐进性、自主性与强政府——分析中国改革模式的政治视角[J].当代
      世界与社会主义,2005(5):19—23。

[173] 徐湘林.以政治稳定为基础的中国渐进政治改革[J].战略与管理,2000(5):
      16—26。

[174] 徐湘林."摸着石头过河"与中国渐进政治改革的政策选择[J].天津社会科学,
      2002(3):43—46。

[175] 黄海艳、陈莉莎.地市级审计人员的工作压力与绩效的关系研究[J].中国行政
      管理,2015(12):89—93。

[176] 李为刚、王怀强."为官不易"不能"为官不为"——新常态下领导干部工作作风
      与工作状态的思考[J].社科纵横,2017(3):5—9。

[177] 许耀桐.治理为官不为、懒政怠政问题刍议[J].中共福建省委党校学报,2015(10):4—8。

[178] 何丽君."为官不为"的现状、原由及其治理对策[J].红旗文稿,2015(13):29—31。

[179] 薛冰."为官不为"的生成机理与治理路径[J].天津行政学院学报,2017(5):25—31。

[180] 燕继荣.官员不作为的深层原因分析[J].人民论坛,2015(10):22—25。

[181] 黄传慧.习近平治理"为官不为"问题的思想探析[J].中南民族大学学报:人文社会科学版,2017(5):16—20。

[182] 文宏、张书.官员"为官不为"影响因素的实证分析——基于A省垂直系统的数据[J].中国行政管理,2017(10):100—107。

[183] 石学峰.从严治党实践中的领导干部"为官不为"问题及其规制[J].云南社会科学,2015(2):18—22。

[184] 乔德福.习近平治理"为官不为"思想研究[J].华北水利水电大学学报:社会科学版,2016(6):46—50。

[185] 石学峰.容错免责机制的功能定位与路径建构——以规制"为官不为"问题为视角[J].中共天津市委党校学报,2018(5):8—13。

[186] 彭向刚、程波辉.行政"不作为乱作为"现象的制度分析——以近十年(2007—2017)的相关报道为文本[J].吉林大学社会科学学报,2018(4):130—141。

[187] 王鹏、谢丽文.污染治理投资、企业技术创新与污染治理效率[J].中国人口·资源与环境,2014(9):51—58。

[188] 张楠、卢洪友.官员垂直交流与环境治理:来自中国109个城市市委书记(市长)的经验证据[J].公共管理学报,2016,13(1):31—43。

[189] 吴怡频、陆简.政策试点的结果差异研究——基于2000年至2012年中央推动型试点的实证分析[J].公共管理学报,2018(1):58—70。

[190] 郑永君、张大维.从地方经验到中央政策:地方政府政策试验的过程研究——基于合规有效的框架的分析[J].学术论坛,2016(6):40—43。

[191] 周望."政策试验"解析:基本类型、理论框架与研究展望[J].中国特色社会主义研究,2011(2):84—89。

[192] 周望."政策试点"的衍生效应与优化策略[J].行导科学论坛,2015(4):24—29。

[193] 吴幼喜.改革试点方法分析[J].改革与战略,1995(4):7—10。

[194] 栗晓宏.节能减排的政策和制度创新——政府目标责任制特点分析[J].环境保护,2013(11):32—33。

[195] 李惠民等.中国"十一五"节能目标责任制的评价与分析[J].生态经济,2011(9):30—33。

[196] 吴威威.良好的公信力:责任政府的必然追求[J].兰州学刊,2003(6):24—27。

[197] 王绍光.中国公共政策议程设置的模式[J].中国社会科学,2006,(5):86—99。

[198] 杨雪冬.压力型体制:一个概念的简明史[J].社会科学,2012(11):4—12。

[199] 杨宏山.政策执行的路径—激励分析框架:以住房保障政策为例[J].政治学研

究,2014(1):78—92。

[200] 张军成、凌文辁. 挑战型—阻碍型时间压力对员工职业幸福感的影响研究[J]. 中央财经大学学报,2016(3):113—121。

[201] 张敏. 公共政策外部性的理论探讨:内涵、发生机制及其治理[J]. 江海学刊, 2009(1):125—129。

[202] 胡象明. 论政府政策行为超域效应原理及其方法论意义[J]. 武汉大学学报:人文社会科学版,2000(3):409—415。

[203] 任鹏. 政策冲突中地方政府的选择策略及其效应[J]. 公共管理学报,2015(1): 34—45。

[204] 秦小建. 压力型体制与基层信访的困境[J]. 经济社会体制比较,2011(6): 147—153。

[205] 陈家建、张琼文. 政策执行波动与基层治理问题[J]. 社会学研究,2015(3): 23—45。

[206] 李放、韩志明. 政府回应中的紧张性及其解析——以网络公共事件为视角的分析[J]. 东北师大学报:哲学社会科学版,2014(1):1—8。

[207] 倪星、王锐. 从邀功到避责:基层政府官员行为变化研究[J]. 政治学研究,2017 (2):42—52。

[208] 李瑞昌. 中国公共政策实施中的"政策空传"现象研究[J]. 公共行政评论,2012 (3):59—85。

[209] 杨爱平、余雁鸿. 选择性应付:社区居委会行动逻辑的组织分析——以 G 市 L 社区为例[J]. 社会学研究,2012(4):105—124。

[210] 王汉生等. 作为制度运作和制度变迁方式的变通[J]. 中国社会科学季刊:冬季号,1997(21):45—68。

[211] 张康之. 韦伯对官僚制的理论确认[J]. 教学与研究,2001(6):27—32。

[212] 魏娜. 官僚制的精神与转型时期我国组织模式的塑造[J]. 中国人民大学学报, 2002(1):87—92。

[213] 魏程琳等. 常规治理、运动式治理与中国扶贫实践[J]. 中国农业大学学报:社会科学版,2018(5):58—69。

[214] 唐皇凤. 常态社会与运动式治理——中国社会治安治理中的"严打"研究[J]. 开放时代,2007(3):115—129。

[215] 文宏、郝郁青. 运动式治理中资源调配的要素组合与实现逻辑[J]. 吉首大学学报:社会科学版,2017(6):38—46。

[216] 贺璇、王冰. "运动式"治污:中国的环境威权主义及其效果检视[J]. 人文杂志, 2016(10):121—128。

[217] 江天雨. 中国政策议程设置中的"压力—回应"模式的实证分析[J]. 行政论坛, 2017(3):39—44。

[218] 句华. 中国地方政府公共服务合同外包的发展现状[J]. 北京行政学院学报, 2012(1):24—29。

三、英文文献

[1] Joshua Fisher, et al. Four Propositions on Integrated Sustainability: toward a Theoretical Framework to Understand the Environment, Peace, and Sustainability Nexus [J]. Sustainability Science, 2021(16):1125 – 1145.

[2] Xiaoyun Li, Hongsheng Chen, and Zhenjun Zhu. Exploring the Relationship between Life Quality and the Perceptions of LivingEnvironment Crise [J]. BMC Public Health, 2021(21):774.

[3] Christian Nitzl, et al. The Influence of the Organizational Structure, Environment, and Resource Provision on the Use of Accrual Accounting in Municipalities [J]. Schmalenbach Business Review, 2020(72):271 – 298.

[4] Owen E. Hughes. Public Management and Administration: an Introduction [M]. Beijing: Renmin University Of China Press, 2004.

[5] Diana L. Perri 6, et al. Towards Holistic Governance: The New Reform Agenda [M]. New York: Palgrave, 2002.

[6] Coase R H. The problem of social cost [M]. Classic papers in natural resource economics. Springer. 1960:87 – 137.

[7] Yin, Robert K. 1994, Case Study Research: Design and Methods (2nd ed.) [M]. London: Sage. 1994:30 – 32.

[8] George A. Gonzlez. Corporate Power and the Environment: the Political Economy of US Environment Policy. Lanham [M]. MD: Rowman and Littlefield. 2001.

[9] Gene M Grossman, Alan B Krueger. Environmental Impacts of a North American Free Trade Agreement [M]. Massachusetts Institute: MIT Press, 1994.

[10] Calel R, Dechezleprêtre A. Environmental Policy and Directed Technological Change: Evidence from the European Carbon Market [J]. Review of Economics and Statistics, 2016(98):173 – 191.

[11] Carrion-Flores C E, Robert I. Environmental Innovation and Environmental Performance [J]. Journal of Environmental Economics and Management, 2010, 59(1):27 – 42.

[12] Cao Yuanzheng, Qian Yingyi and Barry Weingast. From Federalism, Chinese Style to Privatization, Chinese Style [J]. Economics of Transition 1999,7(1): 103 – 131.

[13] Jones C. An Introduction to the Study of Public Policy [M]. Mass: Duxbury Press, 1977:139.

[14] Cong R G, Wei Y M. Potential Impact of (CET) Carbon Emissions Trading on China's Power Sector: A Perspective from Different Allowance Allocation Options [J]. Energy, 2010,35(9),3921 – 3931.

[15] Cai W G, et al. On the Drivers of Eco-innovation: Empirical Evidence from

China [J]. Journal of Cleaner Production，2014,79(5):239 - 248.

[16] Clark，Peter，James Wilson. Incentive Systems: A Theory of Organizations [J]. Administrative Science Quarterly, 1961,6(2):129 - 166.

[17] Craig Volden，Michael M. Ting，Daniel P. Carpenter. A Formal Model of Learning and Policy Diffusion [J]. The American Political Science Review，vol. 102，no. 3(August 2008),pp. 319 - 332.

[18] Berry，F. S.. Sizing up State Policy Innovation Research [J]. Policy Study Journal, 1994,22(3):442 - 456.

[19] Carruthers，I.，and R. Stoner. Economic Aspects and Policy Issues in Groutndwater Development [R]. World Bank staff working paper No. 496，Washington，D. C.，1981:29.

[20] Zhang Y J，Shi W，Jiang L. Does China's Carbon Emissions Trading Policy Improve the Technology Innovation of Relevant Enterprises? [J]. Business Strategy and the Environment，2019,29(3):872 - 885.

[21] Yan Y，Zhang X，Zhang J，et al. Emissions Trading System (ETS) Implementation and its Collaborative Governance Effects on Air Pollution: The China Story [J]. Energy Policy, 2020,138:111282.

[22] Féres，J. and A. Reynaud. Assessing the Impact of Formal and Informal Regulations on Environmental and Economic Performance of Brazilian Manufacturing Firms [J]. Environmental & Resource Economics，2012,52(1): 65 - 85.

[23] Zheng S，Kahn M E. A New Era of Pollution Progress in Urban China? [J]. Journal of Economic Perspectives，2017,31(1):71 - 92.

[24] M. Howlett. Policy Instruments，Policy Styles，and Policy Implementation: National Approaches to Theories of Instrument Choice [J]. Policy Studies Journal，1991(2):1 - 21.

[25] A. Schneider，H. Ingram. Behavioral assumptions of policy tools [J]. Journal of Politics，1990(2):510 - 530.

[26] Yerkes R. M.，Dodson J. D.. The relation of strength of stimulus to rapidity of habit-formation [J]. Journal of Comparative Neurology and Psychology，1908 (18):459 - 482.

[27] Shipan Charles R，Volden Craig. The Mechanisms of Policy Diffusion [J]. American Journal of Political Science，2008,52(4):40 - 57.

[28] Kevin J. O'Brien and Lianjiang Li. Selective Policy Implementation in Rural China [J]. Comparative Politics，Vol. 31，Number 2，January 1999，pp. 167 - 185.

[29] Hardin，G. The Tragedy of the Commons [J]. Science. 1968(162):1243 - 1248.

[30] Ophuls，W. Leviathan or Oblivion [A]. In Toward A Steady State Economy，ed. H. E. Daly，San Francisco: Freeman，1973:228 - 229.

[31] Robert J. Smith. Resolving the Tragedy of the Commons by reating Private Property Rights in Wildlife [J]. CATO Journal, 1981(1):467.

[32] Welch, W. P. The Political Feasibility of Full Ownership Property Rights: The Cases of Pollution and Fisheries. Policy [J]. Science. 1983(16):171.

[33] Demsetz, H. Toward a Theory of Property Rights [J]. American Economic Review 1976(62):347 – 359.

[34] Johnson, O. G. Economic Analysis, the Legal Framework and Land Tenure Systems [J]. Journal of Law and Economics. 1972(15):259 – 276.

[35] Barbara J. Stevens. Comparing Public- and Private-Sector Productive Efficiency: An Analysis of Eight Activities [J]. National Productivity Review3, 1984(4): 395 – 406.

[36] William J. Pier, Rodert B. Vernon, John H. Wicks. An Enpirical Comparison of Government and Private Production Efficiency [J]. National Tax Journal 27, NO. 4, 1974:653 – 656.

[37] The World Bank. Making Service Work for Poor People [R]. 2004:159 – 178.

[38] R. C. Feiock, S. A. Andrew. Introduction: Understanding the Relationships Between Nonprofit Organizations and Local Governments [J]. International Journal of Public Administration, 2006(29):759 – 767.

[39] Simon Domberger and David Hensherson, On the Performance of Competitively Tendered Public Sector Cleaning Contracts [J], Public Administration, 1993, Autumn(71):441 – 454.

[40] Morello-Frosch R. , Pastor M. , Porras C. , Sadd J.. Environmental Justice and Regional Inequality in Southern California: Implications for Future Research [J]. Environ Health Perspect. 2002,110(2):149 – 154.

[41] Kirkulak B, Qiu Bin, Yin Wei. The impact of FDI on air quality: Evidence from China [J]. Journal of Chinese Economic and Foreign Trade Studies, 2011,4(2): 81 – 98.

[42] Cavanaugh M A, Boswell W R, RoehlingM V, Boudreau J W. An empirical examination of self-reported work stress among U. S. managers [J]. Journal of Applied Psychology, 2000,85(1):65 – 74.

[43] Gardner H K. Performance Pressure as a Double-Edged Sword: Enhancing Team Motivation While Undermining the Use of Team Knowledge [J]. Administrative Science Quarterly, 2012,57(1):1,46.

[44] Van Thiel S, Leeuw FL. The Performance Paradox in the Public Sector [J]. Public Performance & Management Review, 2002,25(3):267 – 281.

[45] Thau S, Mitchell M S. Self-gain or Self-regulation Impairment? Tests of Competing Explanations of the Supervisor Abuse and Employee Deviance Relationship through Perceptions of Distributive Justice [J]. Journal of Applied Psychology, 2010,95(6):1009 – 1031.

［46］ Ehrenfeld，D. W. Conserving Life on Earth［M］. Oxford University Press. 1972：322.

［47］ Heilbroner，R. L. An Inquiry Into the Human Prospect［M］. New York：Norton. 1974.

［48］ Albert Weale. The New Politics of Pollution［M］. Manchester：Manchester University Press，1992，pp 17－18.

四、其他文献

［1］ 习近平.决胜全面建成小康社会夺取新时代中国特色社会主义伟大胜利［N］.人民日报,2017－10－28:001。

［2］ 杨朝飞."先污染后治理"是教训不是规律［N］.人民日报,2013－7－6:10。

［3］ 朱洪园.河北曲阳多所乡村小学至今未供暖［N］.中国青年报,2017－12－05:001。

［4］ 杨雪冬.中国政府责任机制的鲜明特色［N］.北京日报,2018－5－21:14。

［5］ 周志忍.政府自主性与利益表达机制互融［N］. 21世纪经济报道,2005－12－25。

［6］ 李红祥等.如何推行环境公共服务均等化［N］.中国环境报,2012－3－27:2。

［7］ A. N.安吉克斯.古希腊城市供排水系统的发展［N］.光明日报,2014－01－08:16。

［8］ 陆振华.燃煤污染成公众健康主要危险因素［N］.21世纪经济报道,2010－9－1:008。

［9］ 朱洪园.河北曲阳多所乡村小学至今未供暖［N］.中国青年报,2017－12－05:1。

［10］ 曹婷婷.40余天 太原重污染天数同比减半［N］.山西日报,2017－11－15(06)。

［11］ 赵向南.骆惠宁在临汾调研时强调:深化改革激活力铁腕治污逼转型［N］.山西日报,2017－4－21:01。

［12］ 杨彧.太原市区今冬彻底告别原煤散烧［N］.山西日报,2017－09－26:05。

［13］ 程国媛.贺天才出席2018年散煤治理和清洁取暖工作推进会［N］.山西日报,2018－08－18:02。

［14］ 赵向南.骆惠宁在太原市检查环保督导整改工作［N］.山西日报,2017－05－11:01。

［15］ 杨彧、曹婷婷.不信蓝天唤不回——太原市散煤清洁治理深聚焦［N］.山西日报,2018－1－22:01。

［16］ 江西省纪委调研法规室.关于基层"一票否决"制规范使用的调研［N］.中国纪检监察报,2012－2－20:3。

［17］ 国家发展改革委经济体制与管理研究所.惨痛的教训——先污染后治理代价太高［N］.中国经济导报,2009－3－26:B06。

［18］ 宁骚.从"政策试验"看中国的制度优势［N］.光明日报,2014－1－6:11。

［19］ 范瑶.扬州市能耗"双控"政策协同推进研究［D］.扬州大学公共管理专业,2018。

［20］ 何显明.市场化进程中地方政府行为自主性研究［D］.复旦大学行政博士论文,2007。

［21］熊鹰.政府环境管制、公众参与对企业污染行为的影响分析［D］.南京农业大学博士学位论文,2007。

［22］晏荣.美国、瑞典基本公共服务制度比较研究［D］.中共中央党校博士学位论文,2012。

［23］张浩然.中国碳排放交易试点的环境、经济、技术效应研究［J］.太原理工大学博士学位论文,2021。

［24］李红祥、吴舜泽、葛察忠等.构建中国环境基本公共服务体系的思考［C］.中国环境科学学会.中国环境科学学会学术年会论文集［A］,北京:中国环境科学出版社,2011:1900－1905。

［25］毕军、Green E. G.、曲久辉等.生态环境风险管理研究［R］.中国环境与发展国际合作委员会专题政策研究项目报告.2015。

［26］《山西省环境状况公报》(2015—2021)。

［27］《太原市政府工作报告》(2016—2020)。

［28］《山西统计年鉴》(2016—2020)。

［29］BP集团.《BP世界能源统计年鉴》2021版。

［30］《中国统计年鉴》(2001—2020)。

［31］《中国环境年鉴》(2004—2020)。

后 记

　　环境问题是我国目前最重要的问题之一。生态环境通过作用于劳动者、劳动工具、劳动对象,进而影响生产力的发展;通过渗透到政治建设、经济建设、文化建设、社会建设之中,来影响一个国家经济社会的整体发展。本世纪以来,我国的生态环境问题日益严重,"各类环境污染呈高发态势,已成民生之患,民心之痛,这样的状况,必须下大力气扭转"(《十八大以来主要文献选编》〈下〉,2018 年,第 164 页)。为此,我国提出了生态文明建设的国家战略,努力为公民提供更多更充分的环境基本公共服务,以满足公民的环境需求。在这种情况下,就需要学术界积极回应实践中的环境问题。

　　而我选择环境公共治理作为自己的主要研究领域,一个重要的原因是工作环境。毕业后参加工作,就来到了东北林业大学,受学校氛围和身边的同事的影响,耳濡目染,自己研究的兴趣点也逐渐集中到环境政策、环境治理方面。再后来,到吉林大学行政学院攻读博士学位,也选择环境公共治理方面的主题进行研究,于是我的毕业论文将"中国生态文明建设的协同治理体系研究"确定为论文的主题。博士毕业后,历经辗转,来到山西农业大学公共管理学院。这期间虽然工作环境发生了变化,但这一研究方向始终坚持下来。

　　在此期间,幸运的是,在我博士毕业的第二年,我以"环境基本公共服务供给侧改革与公民满意度的提升"为主题的课题获得了国家社科基金的资助。本书就是该国家社科基金项目的研究成果。

在研究过程中，课题组坚持本土化、坚持实践调研的研究取向，获得了较为丰富的一手资料，形成并公开发表了多篇学术论文，主要有《"一刀切"式环保政策执行过程中的三重博弈——以太原市"禁煤"为例》《节能减排一票否决绩效考核：央地博弈中的逻辑演进》《论环境基本公共服务供给侧结构性改革的逻辑起点与方向》《我国省级环保厅局权力清单的权力项数量比较分析》《思想、制度与实践：环境保护绩效考核走向科学化》《论习近平生态文明思想的时空回应性及其当代价值》等；另外，我和山西农业大学城乡建设学院的毛海涛教授一起撰写研究报告的《乌马河受灾调查及生态化治理建议》被山西省省委书记和主管副省长肯定性批示，并被山西省水利厅采纳。这些成绩的取得是团队共同努力的结果。

其中本书的撰写，由向俊杰拟定了写作提纲并撰写了摘要、绪论、第一章、第三章、第四章、第六章、第七章、第八章。陈威撰写了第二章、第五章，研究生查雨佳、陈岩、李非飞协助做了一些资料收集、辅助调研的工作，广东金融学院的陈亮博士协助作者对第四章的定量分析部分进行了技术处理。在此一并表示感谢。

在课题研究和本书的写作过程中，诸多学界师友提出了很多建设性的意见和建议，促进了课题的研究和本书的写作，在此一并表示感谢！当然，本书的文责由作者自负。

本书的写作过程中参考了学界同仁诸多研究成果，作者在文中已一一列出，但难免存在着遗漏之处，还请读者不吝指出。本书的出版还得益于上海三联书店郑秀艳女士认真、细致、辛勤的工作，在此表示真诚的感谢！

向俊杰

2023 年 6 月

图书在版编目(CIP)数据

基于公民满意度的环境基本公共服务供给侧改革研究/向俊杰,陈威著.—上海:上海三联书店,2024.3
ISBN 978-7-5426-8498-1

Ⅰ.①基…　Ⅱ.①向…②陈…　Ⅲ.①环境管理—公共服务—研究—中国　Ⅳ.①X321.2

中国国家版本馆 CIP 数据核字(2024)第 087436 号

基于公民满意度的环境基本公共服务供给侧改革研究

著　　者 / 向俊杰　陈　威

责任编辑 / 郑秀艳
装帧设计 / 一本好书
监　　制 / 姚　军
责任校对 / 王凌霄

出版发行 / 上海三联书店
　　　　　(200041)中国上海市静安区威海路 755 号 30 楼
邮　　箱 / sdxsanlian@sina.com
联系电话 / 编辑部: 021-22895517
　　　　　发行部: 021-22895559
印　　刷 / 上海惠敦印务科技有限公司

版　　次 / 2024 年 3 月第 1 版
印　　次 / 2024 年 3 月第 1 次印刷
开　　本 / 640 mm × 960 mm　1/16
字　　数 / 300 千字
印　　张 / 19.25
书　　号 / ISBN 978-7-5426-8498-1/X·6
定　　价 / 78.00 元

敬启读者,如发现本书有印装质量问题,请与印刷厂联系 021-63779028